21世纪高等学校系列教材

供电系统继电保护

主　编　李　晶　路文梅

副主编　李　钢

编　写　刘　峰

主　审　焦彦军

U0248571

中国电力出版社

CHINA ELECTRIC POWER PRESS

内 容 提 要

本书为21世纪高等学校系列教材。

本书共分十二章，主要内容包括变电所的控制与信号回路、继电保护概述、继电保护基础元件、微机保护基础知识、输电线路电流保护、电网的距离保护、输电线路纵联保护、电力变压器继电保护、母线保护、厂用电保护、输电线路自动重合闸装置、备用电源和设备的自动投入装置等。

本书可作为普通高等院校电气工程及其自动化专业继电保护课程教材，也可作为高职高专教育相关专业教材，还可供从事继电保护或相关工作的工程技术人员参考。

图书在版编目（CIP）数据

供电系统继电保护/李晶，路文梅主编 . —北京：中国电力出版社，2008.7（2021.11重印）

21世纪高等学校规划教材

ISBN 978 - 7 - 5083 - 7628 - 8

Ⅰ. 供… Ⅱ.①李…②路… Ⅲ. 供电—继电保护—高等学校—教材 Ⅳ. TM72、TM77

中国版本图书馆 CIP 数据核字（2008）第 091851 号

中国电力出版社出版、发行

（北京市东城区北京站西街 19 号　100005　http://www.cepp.sgcc.com.cn）

北京传奇佳彩数码印刷有限公司

各地新华书店经售

*

2008 年 7 月第一版　2021 年 11 月北京第十一次印刷

787 毫米×1092 毫米　16 开本　14.75 印张　357 千字

定价 43.00 元

前　言

　　本教材针对技术应用型本科的教学特点，按照电气工程及其自动化和供用电技术等专业的教学计划，以最新的国家标准、规范、规程为依据，结合编者多年的教学经验编写而成。

　　本教材在编写过程中注重基本知识、基本概念和基本技能，突出新设备、新原理和新技术，特别是自适应技术、微机保护、自动装置等内容。教材内容本着由浅入深的原则设置，全面介绍了供电系统继电保护的基本概念、基本知识、原理、特点及相关新技术，有利于读者全面了解供配电系统继电保护的概念及其所涵盖的内容，有利于读者阅读和理解。

　　本教材由沈阳工程学院李晶、河北工程技术高等专科学校路文梅主编，其中第四、五章由路文梅编写，其余各章由李晶编写。华北电力科学研究院有限责任公司李钢和沈阳工程学院刘峰做了部分编写工作。李晶进行全书的修改及定稿。本书在编写过程中得到许多同行的大力帮助，在此表示衷心的感谢。

　　本教材承华北电力大学焦彦军教授审阅，提出了许多宝贵意见，在此表示感谢。

编　者

2008 年 5 月于沈阳工程学院

目　录

第一章 变电所的控制与信号回路

第一节 二次回路基本概念

一、二次回路的内容

二次回路是电力系统安全、经济、稳定运行的重要保障，是变配电所电气系统的重要组成部分。随着变配电所电压等级的提高，电气控制正向自动化、弱电化、微机化和综合化方面发展，因此二次回路变得愈加重要。

变配电所的电气设备，通常可以分为一次设备和二次设备两大类，其接线形式又可分为一次接线和二次接线。

一次设备是构成电力系统的主体，是指直接生产、输送、分配电能的电气设备，如变压器、断路器、隔离开关、电力电缆、输电线路、母线、避雷器、电抗器、电流互感器、电压互感器等。

二次设备是对一次设备进行监测、控制、调节和保护的电气设备，包括计量和测量表计、控制和信号装置、继电保护装置、自动装置、远动装置等。

一次回路又称一次接线或主接线，是一次设备及其相互连接的电路。

二次回路又称二次接线，是二次设备按照一定规则连接起来以实现某种技术要求的电路。

一次设备和二次设备通过电流互感器和电压互感器形成电的联系，一次回路和二次回路之间呈相辅相成的关系。

二次回路是一个具有多种功能的复杂网络，其内容包括高压电气设备和输电线路的控制、调节、信号、测量与监察、继电保护与自动装置、操作电源等回路。现将各回路分述如下：

(1) 控制回路的作用是对变配电所的一次开关设备进行远方合、跳闸操作，以满足改变电力系统运行方式及处理故障的要求。控制回路按自动化程度的不同分为手动控制、半自动控制和自动控制；按控制方式的不同分为分散控制和集中控制；按控制距离的不同分为就地控制和远方控制；按操作电源的不同分为直流控制、交流控制、强电控制和弱电控制等。强电控制采用直流 110V 和 220V，交流 100V、5A；弱电控制采用直流 60V 及以下，交流 50V、1A 及以下。

(2) 信号回路的作用是准确、及时地显示出一次设备工作状态，为运行人员提供操作、调节和处理故障的可靠依据。信号回路按信号性质的不同分为事故信号、预告信号、指挥信号、位置信号、继电保护及自动装置信号等；按信号的显示方式不同分为灯光信号、音响信号和其他显示信号；按信号的响应时间不同分为瞬时动作信号和延时动作信号；按信号的复归方式不同分为手动复归信号和自动复归信号。

(3) 测量与监察回路的作用是指示或记录主要电气设备和输电线路的运行参数，作为生产调度和值班人员掌握电气一次系统的运行情况，进行经济核算和故障处理的主要依据。

(4) 调节回路的作用是可调节某些一次设备的工作参数，以满足电力系统的安全、经济、稳定运行。调节方式分为手动、半自动和自动三种。

（5）继电保护与自动装置回路的作用是监视一次设备的运行状况。一旦出现故障或不正常状态便自动进行处理，并发出信号。

（6）操作电源回路为提供上述各二次系统的工作电源，高压断路器的跳、合闸电源及其他重要设备的事故电源。大型变电所主要采用蓄电池组操作电源；中小型变配电所广泛采用整流型操作电源。

二、二次回路接线图

图纸是工程的语言。二次接线图是变配电所的重要技术资料。为了使图纸简洁清晰，绘制二次接线图必须使用国家标准规定的图形符号，并遵守国际 IEC 的绘图标准。

（一）常用图形符号与文字符号

在二次接线图中，为了说明各二次元件之间的连接状况，每个元件需用具有一定特征的图形和文字符号表示，以免混淆。表1-1～表1-3中列出原理图中常用的图形和二次接线图中常用元件及保护装置的文字符号，以供学习时参考。

表1-1 　　　　　　　　原理图中常用的图形（一）（继电器采用集中表示法）

序号	图形符号	名　称	序号	图形符号	名　称
1	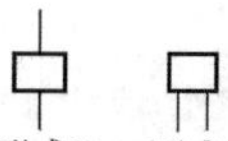 （形式1）（形式2）	操作器件一般符号（继电器、接触器线圈）	7		电铃
			8		蜂鸣器
2	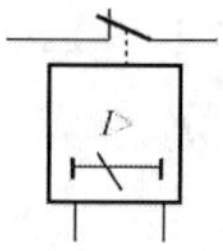	反时限过流继电器	9		动合按钮
3		气体（瓦斯）继电器	10		动断按钮
			11		接通的连接片
4		时间继电器	12	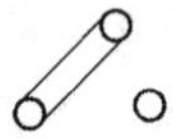	断开的连接片
5		动合触点的继电器	13		指示灯
			14		熔断器
6		信号继电器	15		电流互感器
			16		电压互感器

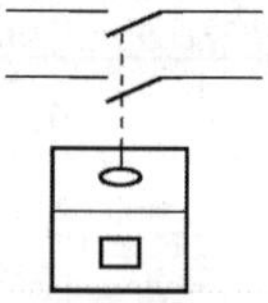

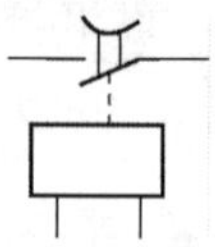

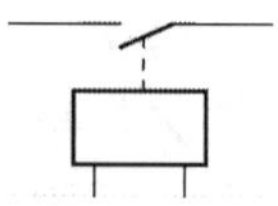

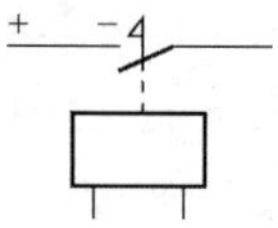

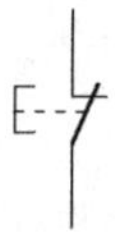

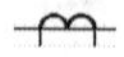

表 1 - 2 原理图中常用的图形（二）

序号	图形符号	名　称	序号	图形符号	名　称
1	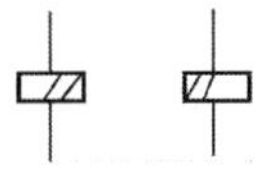	具有两个绕组的操作器件分离表示法	6		延时闭合动断触点
2	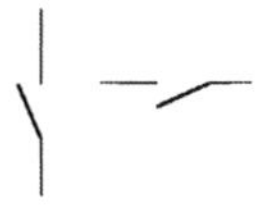	动合触点	7		延时断开动断触点
3		动断触点	8		延时闭合、延时断开动合触点
4		延时闭合动合触点	9		避雷器
5		延时断开动合触点			

表 1 - 3 二次接线图中常用元件及保护装置的文字符号

序号	元件名称	文字符号	序号	元件名称	文字符号
1	自动重合闸	AAR	23	闪光母线	MF
2	备自投装置	AAT	24	电流表	PA
3	电容	C	25	电压表	PV
4	熔断器	FU	26	断路器	QF
5	一般信号灯	HL	27	隔离开关	QS
6	红灯	HR	28	刀开关	QK
7	绿灯	HG	29	电阻	R
8	光字牌	HP	30	控制、选择开关	SA
9	蜂鸣器、电铃	HA	31	按钮开关	SB
10	电流继电器	KA	32	电流互感器	TA
11	电压继电器	KV	33	电压互感器	TV
12	时间继电器	KT	34	电流变换器	UA
13	中间继电器、接触器	KM	35	低电压继电器	UR
14	信号继电器	KS	36	逆变器、整流器	U
15	温度继电器	K0	37	电压变换器	UV
16	气体继电器（瓦斯）	KG	38	二极管、三极管	V
17	功率方向继电器	KW	39	直流控制回路电源小母线	+WC、－WC
18	差动继电器	KD	40	直流信号回路电源小母线	+WS、－WS
19	阻抗继电器	KZ	41	直流合闸电源小母线	+WO、－WO
20	极化继电器	KP	42	连接片	XB
21	防跳继电器	KCF	43	合闸线圈	YC
22	负序电压继电器	KVN	44	跳闸线圈	YT

（二）二次回路图形符号中的触点状态

在二次回路中，继电器及其他电气元件触点位置均以一定的状态表示。

电气元件通常有以下几种工作状态。

（1）失电状态。失电状态指电气元件线圈尚未通电的状态。

（2）原始状态。原始状态指电气元件线圈已投入工作，但尚未使该元件动作的状态。例如，电流互感器二次回路中的电流继电器在正常工作时属于此状态。

（3）工作状态。工作状态指电气元件动作时的状态。例如，电气一次系统发生短路时电流继电器动作。

继电器是各种继电保护装置的基本组成元件。继电器的工作特点（继电特性）是：表征外界现象的输入量达到整定值时，其输出电路中的被控电气量将发生预定的阶跃变化。

通常，继电器线圈在没有输入量（或输入量未达到整定值）的状态下，断开着的触点称动合触点（或常开触点）；闭合着的触点称动断触点（或常闭触点）。动合触点当继电器线圈（或电器）的输入量达到整定值时，其触点闭合；动断触点当继电器线圈（或电器）的输入量达到整定值时，其触点断开。例如，中间继电器的线圈不带电不动作时，其动断触点闭合，动合触点断开；而当中间继电器线圈带电动作时，其动断触点断开，动合触点闭合。对于断路器辅助触点的状态，则取断路器分闸状态为正常状态，在分闸时，动断触点闭合，动合触点断开；而合闸时，动断触点断开，动合触点闭合。

（三）二次回路接线图分类

二次回路接线图分为归总式原理接线图、展开式原理接线图、安装接线图。

二次回路的最大特点是其设备、元件的动作严格按照设计的先后顺序进行，其逻辑性很强，所以读原理图时只需按一定的规律进行，便会显得条理清楚，易读易记。

看图的基本方法可以归纳为如下六句话（即"六先六后"）：先一次，后二次；先交流，后直流；先电源，后接线；先线圈，后触点；先上后下；先左后右。下面对这"六先六后"进行说明。

"先一次，后二次"，就是当接线图中有一次接线和二次接线同时存在时，应先看一次部分，弄清是什么设备和工作性质，再看对一次部分起监控作用的二次部分，具体起什么监控作用。

"先交流，后直流"，就是当接线图中有交流和直流两种回路同时存在时，应先看交流回路，再看直流回路。因交流回路一般由电流互感器和电压互感器的二次绕组引出，直接反应一次接线的运行状况；而直流回路则是对交流回路各参数的变化所产生的反应（监控和保护作用）。

"先电源，后接线"，就是不论在交流回路还是直流回路中，二次设备的动作都是由电源驱动的，所以在看接线图时，应先找到电源（交流回路的电流互感器和电压互感器的二次绕组），再由此顺回路接线往后看；交流回路是沿闭合回路依次分析设备的动作；直流回路则从正电源沿接线找到负电源，并分析各设备的动作。

"先线圈，后触点"，就是先找到继电器或装置的线圈，再找到其对应的触点。因为只有线圈通电（并达到其起动值），其相应触点才会动作；由触点的通断引起回路的变化，进一步分析整个回路的动作过程。

"先上后下"和"先左后右"，这个要领主要是针对端子排图和屏后安装图而言。看端子排图一定要配合展开图来看。

　　以上所说的"六先六后"是二次回路看图的基本方法和一般性规律，对于个别情况还需具体分析。

　　1. 归总式原理接线图（简称原理图）

　　图1-1为6～10kV线路两相式过电流保护原理接线图。在图1-1中属于一次设备的有母线、隔离开关 QS、电流互感器 TA 和线路等；属于二次设备的有电流继电器 KA1、KA2，时间继电器 KT、信号继电器 KS、断路器的辅助触点及跳闸线圈 YT 等。

　　原理图是表示保护、测量表计、控制信号和自动装置工作原理的一种二次接线图，以整体的图形表示，直观、完整，易于了解整套装置的动作过程。但一、二次回路在一起，电流与电压回路混合，触点和线圈集中表示，在实际工作中受到限制。

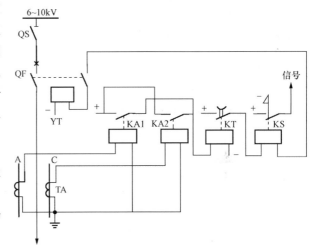

图1-1　6～10kV线路两相式过电流保护原理接线图

　　原理图的特点如下：

　　（1）只能表示继电保护装置的主要元件，对细节无法表示。

　　（2）不能表明实际位置，不便维护和调试。

　　（3）没有表示内部的接线情况，如回路编号。

　　（4）标出的"＋、－"较分散，不易看图。

　　（5）复杂装置难以表示，实际很少采用。

　　原理图中电流继电器线圈分别串接于对应相的电流互感器二次侧，两个电流继电器的动合触点并联后接于时间继电器触点，然后与信号继电器线圈相串联，通过断路器的辅助触点接于断路器跳闸线圈电路中。正常运行情况下，电流继电器线圈内通过电流低于其动作电流，动合触点是断开的，因此时间继电器线圈与电源构不成回路，保护不能动作。如在线路某处发生短路故障时，线路上流过短路电流，并通过电流互感器反应到二次侧，使所接的电流继电器线圈中通过与之成一定比例的电流，当达到其动作值时，电流继电器 KA1 或 KA2 瞬时动作，闭合其动合触点，将由直流操作电源正母线来的正极加在时间继电器 KT 的线圈上，其线圈的另一端接在由操作电源的负母线引来的负极上，时间继电器 KT 启动，经过一定时限后其触点闭合，电源正极通过其触点和信号继电器 KS 的线圈、断路器的辅助触点和跳闸线圈 YT 接至电源负极。信号继电器 KS 的线圈和跳闸线圈 YT 中通有电流，使断路器 QF 跳闸，短路故障被切除，继电器 KS 动作发出信号。此时电流继电器的线圈中的电流突变为零，保护装置返回。信号继电器动作后，一方面接通中央事故信号装置，发出事故音响信号，另一方面信号继电器"掉牌"，并在控制屏上显示"掉牌为复归"的光字牌。

　　原理图中常用的图形见表1-1和表1-2，二次接线图中常用元件及保护装置的文字符号见表1-3，常用系数符号见表1-4，二次交直流回路数字标号组见表1-5和表1-6。

表 1 - 4 　　　　　　　　　　　　常 用 系 数

K_{re}—返回系数	K_{TV}—电压互感器电压变比	K_{sen}—灵敏系数	Δf—返整定匝数相对误差系数
K_{rel}—可靠系数	K_{st}—同型系数	K_{ss}—自启动系数	K_{TA}—电流互感器电流变比
K_b—分支系数	K_{np}—非周期分量系数	K_{brk}—制动系数	K_{con}—接线系数

表 1 - 5 　　　　　　　　　　　交流回路数字标号组

回路名称	互感器的文字符号	回 路 标 号 组				
		A组	B组	C组	中线（N）	零序（L）
保护装置及测量仪表的电流回路	TA	A401～A409	B401～B409	C401～C409	N401～N409	L401～L409
	1TA	A411～A419	B411～B419	C411～C419	N411～N419	L411～L419
	2TA	A421～A429	B421～B429	C421～C429	N421～N429	L421～L429
保护装置及测量仪表的电压回路	TV	A601～A609	B601～B609	C601～C609	N601～N609	L601～L609
	1TV	A611～A619	B611～B619	C611～C619	N611～N619	L611～L619
	2TV	A621～A629	B621～B629	C621～C629	N621～N629	L621～L629
控制保护及信号回路		A1～A339	B1～B339	C1～C339	N1～N339	
绝缘监察电压表的公共回路		A700	B700	C700	N700	

表 1 - 6 　　　　　　　　　　二次直流回路数字标号组

回 路 名 称	数 字 标 号 组			
	Ⅰ	Ⅱ	Ⅲ	Ⅳ
正电源回路	1	101	201	301
负电源回路	2	102	202	302
合闸回路	3～31	103～131	203～231	303～331
绿灯或跳闸回路监视继电器回路	5	105	205	305
跳闸回路	33～49	133～149	233～249	333～349
红灯或合闸回路监视继电器回路	35	135	235	335
备用电源自动合闸回路	50～69	150～169	250～269	350～369
开关器具的信号回路	70～89	170～189	270～289	370～389
事故跳闸音响信号回路	90～99	190～199	290～299	390～399
保护及自动重合闸回路	01～099（或 J1～J99）			
机组自动控制回路	401～599			
励磁控制回路	601～649			
发电机励磁回路	651～699			
信号及其他回路	701～999			

2. 展开式原理接线图（又称展开图）

图 1-2 是根据原理接线图绘制的。它是将交流电流回路、交流电压回路、直流回路、信号回路分开，各继电器的线圈、触点被拆开，分别绘制在各自所属回路，相同的一个继电器线圈和触点用同一标号。例如图 1-1 中的电流继电器 KA1、KA2，其电流线圈在交流电

流回路中，如图 1-2（a）所示；而它们的触点则接于直流回路中，如图 1-2（b）所示，图 1-2（a）中的电流继电器 KA1 的线圈和图 1-2（b）中的电流继电器 KA1 的触点采用了相同的符号 KA1 来表示。

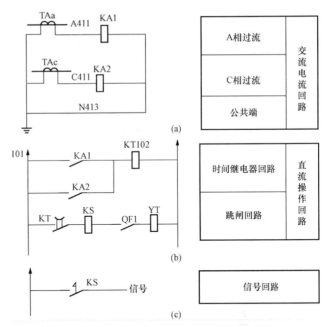

图 1-2 6～10kV 线路过电流保护展开图
（a）交流回路；（b）直流操作回路；（c）信号回路

展开图的表示方式是将电路分成交流电流回路、交流电压回路、直流操作回路和信号回路几个部分进行分别绘制，对同一回路内的线圈和触点是按电流通过的先后顺序自左向右排列；交流回路按 A、B、C 的相序自上向下排列；直流回路按动作顺序自上向下排列。在每一行中各元件的线圈和触点是按实际连接顺序排列的，在每一回路的右侧附有文字说明，以方便阅读。各导线、端子都有统一规定的回路编号和标号，便于分类查找、施工和维修。因此，在实际工作中展开图得到了广泛应用。

展开图的特点如下：

（1）易于跟踪回路的动作顺序。

（2）易于二次回路设计。

（3）易于发现接线中的错误。

下面将整套保护装置动作分析如下：当线路发生相间短路时，电流互感器的一次侧有短路电流流过，其二次侧绕组流过相应电流，电流继电器动作。在直流回路中，短路相电流继电器 KA1 或 KA2 的动合触点闭合，接通时间继电器 KT 的线圈回路，KT 延时闭合的动合触点经一定时限后闭合，接通断路器跳闸回路，断路器跳闸线圈 YT 和信号继电器 KS 线圈中有电流流过，使断路器跳闸，断开故障线路，同时信号继电器 KS 动作，发出保护装置的动作信号。

3. 安装接线图

根据施工安装的要求，表示二次设备的具体位置和布线方式的图形为安装接线图，简称安装图。

安装图包括屏面布置图和屏后接线图。

（1）屏面布置图。屏面布置图应满足下列一些要求。

1）凡需经常监视的仪表和继电器，都不应布置得太高。

2）操作元件，如控制开关、调节手轮、按钮等的高度要适中，以保证操作调节方便，并且各元件之间应保持一定的距离，操作时不致影响相邻的设备。

3）经常需要检查和试验的设备，应布置在屏的中部，而且同一类型的设备应布置在一起，这样检查和试验都比较方便。此外，应力求布置紧凑和美观。详见以下举例。

a）控制屏屏面布置图。图1-3为110kV线路控制屏屏面布置图。电流表、功率表（对于其他设备的控制屏，还有电压表、功率因数表和频率表等）布置在最上几排，距地面高度为1.5～2.2m左右，下面为光字牌、转换开关、同期开关等。再往下为模拟母线、隔离开关位置指示器、信号灯以及控制开关等，模拟母线应涂上相应电压等级规定的颜色，例如110kV母线涂米红色；35kV涂鲜黄色等。

b）继电保护屏屏面布置图。图1-4为继电保护屏屏面布置图。

对一些不需要经常观察的继电器，可布置在屏的上部，对于运行中需要监视和检查的继电器，则应布置在屏的中部，离地面高度约为1.5m。

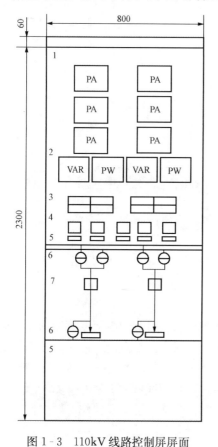

图1-3　110kV线路控制屏屏面
布置图（单位：mm）

1—电流表；2—有功功率表和无功功率表；3—光字
牌；4—转换开关和同期开关；5—模拟母线；
6—隔离开关位置指示器；7—控制开关

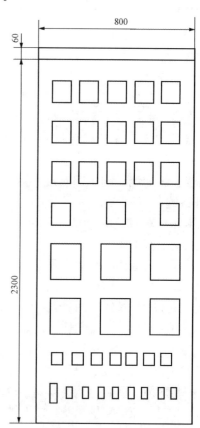

图1-4　继电保护屏屏面
布置图（单位：mm）

一般按电流继电器、电压继电器、中间继电器的顺序，由上而下依次排列。下面放置较大的继电器（如时间继电器、重合闸继电器和方向继电器等）以及信号继电器，最下面为连接片和试验部件。这样布置基本符合接线的顺序，而且也便于检查和观察。

（2）屏后接线图。屏后接线图是配合现场安装施工时用的，接线图中所有设备都按顺序编号，设备接线柱上也加标号，同时还标有明确的去向，以使施工安装人员便于安装和检查。

第二节　二次回路操作电源

变配电所中各种电气设备的操作、控制、保护、信号及自动装置，都需要有可靠的供电电源，由于这种电源特别重要，所以一般都专门设置，通常又称其为操作电源。

一、对操作电源的基本要求

对操作电源的基本要求是：

（1）应保证供电的可靠性，最好装设独立的直流操作电源，以免交流系统故障而影响操作电源的正常供电。

（2）具备足够的容量。满足事故停电时，变配电所的直流电源负荷、最大冲击负荷及1h事故照明等用电需要，且能保证直流母线电压在规定的额定值（正常运行时，操作电源母线电压波动范围小于±5%额定值；事故时操作电源母线电压不低于90%额定值；失去浮充电源后，在最大负荷下的直流电压不低于80%额定值），波纹系数小于5%。

（3）在蓄电池充电或核对性放电时，应保证不影响对设备的供电。

（4）满足经济和实用的要求，要求其使用寿命长、维护工作量小、投资省、占地面积小、噪声干扰小等。

二、操作电源的分类

变配电所的操作电源分为直流操作电源和交流操作电源，以直流操作电源为主。直流操作电源（以下简称直流电源）又分为独立电源和非独立电源两种。独立电源是指不受外界影响的固定电源，如蓄电池组直流电源；非独立电源有复式整流和硅整流电容储能直流操作电源等。其电压等级分为220、110、48V和24V等。分述如下：

（1）蓄电池直流电源系统。蓄电池是一种可多次充电使用的化学电源。由多节蓄电池组成一定电压的蓄电池组可作为与电力系统运行状态无关的、可靠的直流操作电源，即使变配电所交流系统全部停电，其仍能在一段时间内可靠地给部分重要设备供电。

蓄电池组的电压通常采用110V或220V。

（2）电源变换式直流电源系统。电源变换式直流电源系统，是一种多功能新型独立电源，由220V交流电源经晶闸管整流变为48V直流电源，供全所48V操作用电，并对蓄电池进行浮充电；同时可经逆变装置将直流电源变为交流电源，再整流为220V直流电源。其在中、小型变电所中得到广泛应用。

（3）复式整流直流电源系统。复式整流直流电源系统是一种以所用变压器、电压互感器的二次电压、电流互感器的二次电流作为输入量的复合式整流设备。在正常运行状态下，由所有变压器或电压互感器二次电压经整流后供电；在事故状态下，由电流互感器的二次短路电流，通过铁磁谐振稳压器变为交流电压，经整流作为事故电源，供保护装置、断路器跳闸等重要负荷使用。

（4）硅整流电容储能直流电源系统。硅整流电容储能直流电源由硅整流设备和电容器组构成。在正常运行时，所用交流电源经硅整流设备变为直流电源，作为全所的操作电源并向电容器充电。在事故情况下，将电容器储存的电能向继电保护、自动装置以及断路器跳闸回路供电，以确保继电保护及断路器可靠动作。直流电源系统主要使用在中、小型变配电所。

（5）交流操作电源。交流操作电源就是直接使用交流电源作二次接线系统的工作电源。采用交流操作电源时，一般由电流互感器供电给反应短路故障的继电器和断路器的跳闸线圈；由自用电变压器供电给断路器合闸线圈；由电压互感器（或自用变压器）供电给控制与信号设备。这种操作电源接线简单、维护方便、投资少，但其技术性尚不能完全满足大、中型变电所的要求，主要用于小型变配电所。

以下重点介绍几类直流操作电源。

（一）110（220）V蓄电池组直流操作电源

图1-5为110（或220）V蓄电池组原理接线图。110（或220）V蓄电池组是独立的可靠电源，与系统运行情况无关，可以在全所完全停电的情况下保证操作、保护、信号等重要负荷供电。蓄电池组直流系统一般采用浮充电运行方式，即在运行中使蓄电池组与浮充电整流器并联工作，由浮充电整流器供给经常接在直流母线上的直流负荷，并不断用小电流使蓄电池组浮充电，以补偿蓄电池组的自放电，使蓄电池总是处在完全充电的状态下，保证在事故情况下，蓄电池的容量可以被充分利用。按照浮充电法工作的蓄电池组应每月放电一次，随后再经整流—逆变器进行完全充电，以避免由于浮充电流控制不当，对蓄电池造成损害（极板上积聚硫酸铅）。此外也为给一些平时没有浮充电流通过，且由于自放电造成容量略有不足的附加蓄电池充电。

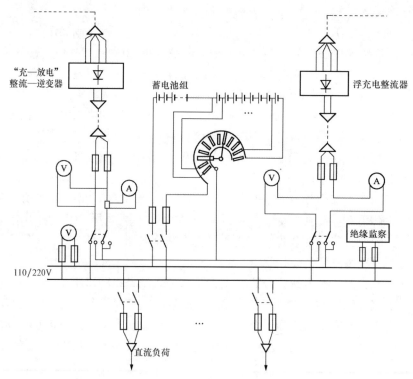

图1-5　110（或220）V蓄电池组原理接线图

110（220）V蓄电池组直流电源的缺点是需要专门的蓄电池室，投资大、设备复杂、建设时间长、运行维护困难，这种方式多用于110~330kV变配电所中。近年来，铅酸免维护型蓄电池已有生产，但价格更为昂贵。

（二）硅整流电容储能直流操作电源

经过交流整流的直流系统在电气一次系统发生故障时可能无法进行工作，故在交流整流后加装一定数量的储能电容器。当电气一次系统发生故障时，由储能电容器向控制回路、继电保护装置及断路器线圈放电，以保护这些装置可靠动作。

图1-6是目前使用较多的硅整流电容储能直流操作电源系统接线图。由图可见，电源有两组硅整流装置1U、2U，两组储能电容器组1C、2C，直流母线分为两段，构造简单，体积小。

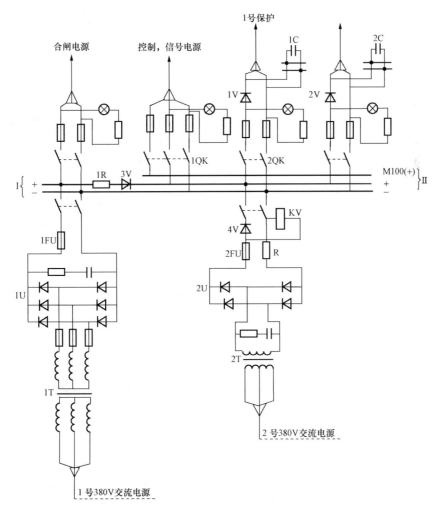

图1-6　硅整流电容储能直流操作电源系统接线图

（1）整流器及直流母线。整流器1U采用二相桥式整流，容量大，接于Ⅰ母线，供断路器合闸用，也兼向Ⅱ母线供电；2U容量较小，仅用作向控制和保护及信号回路供电，变压器1T、2T分别向整流器1U、2U提供交流电源。两组硅整流装置分别与直流母线Ⅰ和Ⅱ相连接，其间用电阻1R和二极管3V隔开。3V的作用相当于逆止阀，只允许合闸母线Ⅰ向控制母线Ⅱ供电，不能反向供电，以确保控制和保护及信号系统供电的可靠性。电阻1R用于限制控制母线Ⅱ侧发生短路时流过3V的电流不会过大，起保护 3V 的作用。

（2）储能电容器组。1C 和 2C 为两组储能电容器组，又称为补偿电容器组。电容器组所储能的能量，仅在事故情况下向保护和跳闸回路放电，作为事故电源。二极管 1V、2V 的作用是防止事故时电容器向母线上其他回路（如信号灯等）供电，设两组电容器组，一组供给 10kV 线路的继电保护和跳闸回路放电，另一组供给主变压器和电源进线的继电保护和跳闸回路用电。这样，当 10kV 出线上发生故障，继电保护动作，而当断路器操作机构失灵而不能跳闸（此时由于跳闸线圈长时间通电，已将电容器组 1C 的储能耗尽）时，可使起后备保护作用的主变压器过流保护仍可利用 2C 的储能将故障切除。

（3）保护和信号。整流器 1U、2U 输出端的熔断器 1FU、2FU 为快速熔断器，起短路保护作用。2U 输出端的电阻 R 起保护 2U 的作用（限流）。电压继电器 KV 监视 2U 的端电压，当 2U 输出电压降低或消失时，KV 返回，其动断触点闭合，发出预告信号。4V 为隔离二极管，防止在 2U 的输出电压消失后，由 1U 向 KV 供电，误发信号。

（三）复式整流直流操作电源

图 1-7 是复式整流的直流系统原理框图。正常运行时由所用变压器 T 或电压互感器 TV 供电，事故情况下由事故设备的电流互感器 TA 供给短路电流，经整流后作为操作电源。具体分析如下：

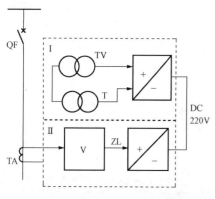

图 1-7　复式整流直流系统原理框图
Ⅰ—电压源；Ⅱ—电流源

（1）电压源Ⅰ。复式整流装置的电压源一般由两条独立的回路供电，可分别取自变电所用变压器和外接高压系统电源的变压器，如图 1-7 所示。在正常运行和非对称短路时，电压源的电压为额定值，基本保持恒定；而在母线或馈线发生三相短路故障时，电压源电压严重降低甚至消失。

（2）电流源Ⅱ。复式整流系统的电流源是事故情况下由电流互感器供给的短路电流，在正常运行时电流源无输出，但在发生三相短路时，TA 有一个大的短路电流发生，其功率比电容储能式大，经整流后可输出较大的直流电流作为事故电源。

考虑到短路电流变化范围较大，电流源必须设置稳压装置，才能获得比较平稳的直流电压。一般采用并联铁磁谐振饱和稳压器 V 稳压，其中将电容 C 与电感 L 构成谐振回路，起到滤波和改善电压波形的作用。

（3）阻容吸收装置。由于回路中电感元件的作用，交流电本身也有过电压作用于硅元件上，为了防止硅元件因过电压而击穿损坏，故装设由电阻 R 和电容 C 串联组成的阻容吸收装置。由于电容 C 上的电压不能突变，延缓过电压的上升速度，同时短路掉一部分高次谐波电压分量，使硅整流元件上出现的过电压不会在短时间内增至很大；电阻可限制电容器放电电流值和防止电容、电感发生振荡。

复式整流装置省掉了蓄电池，减少了运行维护工作量和投资，在短路故障时也有较大的直流输出，保证断路器能可靠跳闸。只是补偿容量有限，不能供给断路器的合闸用，合闸电源需另外设置。

（四）整流直流电源操作系统的交流电源

在中小型变配电所中，常采用整流直流电源，但必须有十分可靠的交流电源，下面以 35kV 变电所所用电源为例进行分析。

图 1-8 为所用变压器的一种接线方式。两台互为备用的所用变压器，一台接在 10kV 母线上，另一台则在电源进线断路器的外侧（高压线路上）。1 号所用变压器 1T 为 35kV/0.4kV，Yd11 接线；2 号所用变压器 2T 为 10kV/0.4kV，Yyn0 接线；两台所用变压器的二次侧电压有 30°的相位差，所以不能并列运行，而只能一台运行，另一台备用。

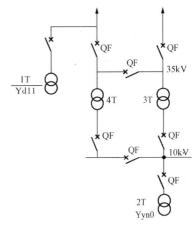

图 1-8　所用电源变压器的一种接线方式

第三节　断路器控制回路

一、对断路器控制回路的基本要求

断路器是电力系统中最重要的开关设备，在正常运行时断路器可以接通和切断电气设备的负荷电流，在系统发生故障时则能可靠地切断短路电流。

断路器的控制方式有多种，现分述如下。

1. 按控制地点分类

断路器的控制方式按控制地点的不同可分为集中控制和就地（分散）控制两种。

（1）集中控制。在主控制室的控制台上，用控制开关或按钮通过控制电缆去接通或断开断路器的跳、合闸线圈，对断路器进行控制。远方控制的断路器都是比较重要的，如主变压器断路器、母线断路器、35kV 及以上线路断路器等。

（2）就地（分散）控制。在断路器旁安装控制设备对断路器进行跳、合闸操作（可电动或手动），主要用作对次要断路器的控制，以减少主控制室的占地面积和控制电缆数。

2. 按控制电源电压分类

断路器的控制方式按控制电源电压的不同可分为强电控制和弱电控制两种。

（1）强电控制。从断路器的控制开关到其操作机构的工作电压均为直流 110V 或 220V。

（2）弱电控制。控制开关的工作电压是弱电（直流 48V），而断路器的操动机构的电压是 220V。

3. 按控制电源的性质分类

断路器的控制方式按控制电源性质的不同可分为直流操作和交流操作（包括整流操作）两种。

直流操作一般采用蓄电池组供电；交流操作一般是由电流互感器、电压互感器或所用变压器提供电源。

断路器的控制回路必须完整、可靠，因此应满足下面的基本要求。

（1）断路器的合、跳闸回路是按短时通电设计的，操作完成后，应迅速切断合、跳闸回路，解除命令脉冲，以免烧坏合、跳闸线圈。为此，在合、跳闸回路中，接入断路器的辅助触点，既可将回路切断，又可为下一步操作做好准备。

（2）断路器既能在远方由控制开关进行手动合闸和跳闸，又能在自动装置和继电保护作用下自动合闸和跳闸。

（3）控制回路应具有反映断路器状态的位置信号和自动合、跳闸的不同显示信号（红绿灯平光——手动合跳闸；红绿灯闪光——自动合跳闸）。

（4）无论断路器是否带有机械闭锁，都应具有多次合、跳闸的电气防跳措施。

（5）对控制回路及其电源是否完好，应能进行监视。

（6）对于采用液压和弹簧操作机构的断路器，应有压力是否正常、弹簧是否拉紧到位的监视和闭锁回路。

（7）接线应力求简单可靠，使用电缆芯数最少。

4. 常用的断路器触点图表

下面以表 1-7 所列 LW2-Z-1a、4、6a、40、20、20/F8 型控制开关为例介绍。表 1-7 中左列所示手柄的六种位置为屏前视图，而其余右边触点盒的触点通断状况是由屏后观察得到。触点排号为逆时针方向次序，"·"号表示触点接通，"—"表示触点断开。

表 1-7　　LW2-Z-1a、4、6a、40、20、20/F8 型控制开关触点图表

在"跳闸后"位置的手柄（前视）的样式和触点盒（后视）的动触点位置图																
手柄和触点盒型式	F8	1a		4		6a			40			20			20		
位置 ＼ 触点号		1—3	2—4	5—8	6—7	9—10	9—12	11—10	14—13	14—15	16—13	19—17	17—18	18—20	21—23	21—22	22—24
跳闸后		—	·			·			·				·				·
预备合闸		·		·						·			·				
合闸					·		·		·					·		·	
合闸后		·			·						·	·				·	
预备跳闸			·	·				·		·					·		·
跳闸				·		·				·			·				·

前视 → ← 后视

在变电所的工程图中，控制开关的应用十分普遍，按新标准将控制开关 SA 的触点通断状况用图形符号表示如图 1-9 所示。图中六条垂直虚线表示控制开关手柄的六个不同位置；C 为合闸；PC 为预备合闸；CD 为合闸后；T 为跳闸；PT 为预备跳闸；TD 为跳闸后。水平线表示触点的引出线，水平线下的黑圆点表示该对触点在此位置是接通的，否则是断开的。

二、断路器控制回路和信号回路

1. 控制回路的组成

断路器控制回路由控制元件、中间放大元件和操动机构三部分组成。

（1）控制元件。运行人员按下按钮或转动控制开关等控制元件发出合、跳闸命令。一般因按钮的触点数量太少，不能满足控制和信号回路的需要，所以目前多采用带有转动手柄的控制开关，使断路器合闸或跳闸。

常用的控制开关有两种型式：一种是开启式（如 LW1 系列）；另一种是封闭式（如上述的 LW2 系列）。这两种控制开关，除由结构上是否外露加以区别外，利用 LW2 系列控制开关来控制断路器时，在合闸过程中有"预备合闸"位置，在跳闸过程中有"预备跳闸"位置，可以减少误操作的几率。所以，变电所中多采用这种开关。

（2）中间放大元件。断路器的合闸电流很大，如电磁式操动机构，其合闸电流可达几十安到几百安，而控制元件和控制回路所能通过的电流仅仅只有几安，因此必须用中间放大元件进行转换。常用直流接触器去接通合闸回路。

（3）操动机构。高压断路器的操动机构有电磁式、弹簧式和液压式等，它们都附有合闸线圈和跳闸线圈。当线圈通电后，引起连杆动作，进行合闸和跳闸。

2. 断路器的基本跳、合闸回路

断路器基本跳、合闸回路如图 1-10 所示，其工作原理简述如下。

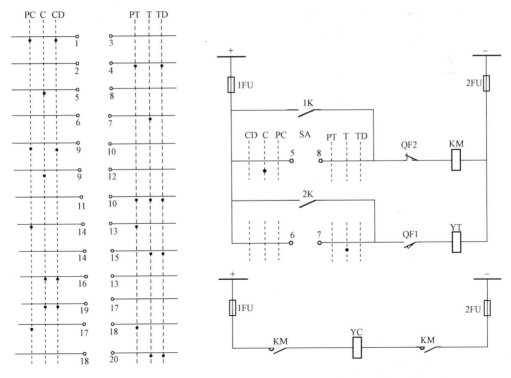

图 1-9 LW2-Z-1a、4、6a、40、20/F8 型开关触点通断符号的表示

图 1-10 断路器基本跳、合闸回路

（1）合闸操作。手动合闸是将控制开关 SA 打至"合闸"位置，此时其 5-8 触点瞬时接通；而断路器在跳闸位置时其动断触点 QF2 是接通的，所以合闸接触器 KM 线圈通电起动，其动合触点接通，断路器合闸线圈 YC 通电起动，断路器合闸。当合闸操作完成后，断路器的动断辅助触点 QF2 断开，合闸接触器 KM 线圈断电，在合闸回路中的两个动合触点断开，切断断路器合闸线圈 YC 的回路；同时，断路器动合触点 QF1 接通，准备好跳闸回路。

断路器的自动合闸是由自动重合闸装置的出口触点 1K 闭合实现的。

（2）跳闸操作。手动跳闸是将控制开关 SA 打至"跳闸"位，此时其 6-7 触点接通，而断路器在合闸位置时其动合触点 QF1 是接通的，所以跳闸线圈 YT 通电，断路器进行跳闸。当跳闸操作完成后，断路器的动合触点 QF1 断开，而动断触点 QF2 接通，准备好合闸回路。

断路器的自动跳闸是由保护装置出口继电器 2K 触点闭合来实现的。

图 1-11 中下面的"+"和"−"为合闸小母线，因合闸电流较大（一般在一百至数千安培），所以采用专设的大容量合闸电源，与控制电源分开。

3. 断路器的防跳控制回路

防跳就是防止断路器发生连续跳、合的跳跃现象。断路器跳跃使遮断容量严重下降，长时间跳跃会造成断路器损坏，也会影响用户和电网的工作。使断路器产生跳跃的原因很多，如手动合闸后控制开关 SA 的手柄尚未松开（5-8 触点仍在接通状态）或者自动重合闸装置的出口触点 1K 烧结，若此时发生永久性故障，就会出现跳跃现象。一般 10kV 及以下电压等级的断路器多采用机械防跳装置；35kV 及以上断路器要求采用电气防跳。

断路器控制回路中，通常加装防跳中间继电器 KCF，如图 1-11 所示。KCF 常采用 DZB 型中间继电器，它有两个线圈：电流起动线圈 KCF1 及电压（自保持）线圈 KCF2。

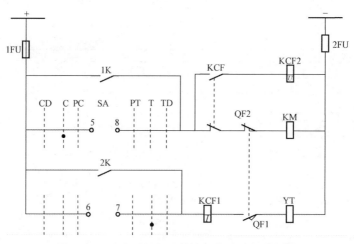

图 1-11　由防跳继电器构成的断路器控制回路

当手动合闸时 SA5-8 触点尚未断开或自动装置 1K 触点烧结，此时发生故障，则继电保护装置动作，2K 触点闭合，经 KCF1 的电流线圈、断路器动合触点 QF1，跳闸线圈通电起动，使断路器跳闸。同时，KCF1 电流线圈起动，其动合触点闭合，使其经电压线圈 KCF2 自保持，而 KCF 的动断触点断开，可靠地切断 KM 线圈回路，即使 SA5-8 触点接通，KM 也不会通电，防止了断路器跳跃现象的发生。只有合闸命令解除（SA5-8 触点断开或 1K 断开），KCF2 电压线圈断电，才能恢复至正常状态。

4. 断路器的位置指示

断路器的跳闸、合闸状态在主控制室应有明确的指示信号，一般有双灯制（红灯、绿灯）和单灯制（白灯）两种接线方式。

（1）双灯制控制接线。断路器的双灯制位置指示接线如图 1-12 所示。当断路器在跳闸

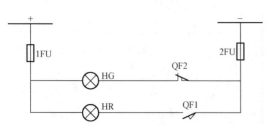

图 1-12　断路器的位置指示接线图

位置时，其动断触点 QF2 接通，绿灯（HG）亮；当断路器在合闸位置时，其动合触点 QF1 接通，红灯（HR）亮。

（2）单灯制控制接线。单灯制用灯光和控制开关手柄位置来表示断路器手动跳、合闸位置。有中控台的，一般也设置跳、合闸位置继电器，利用其相关的触点接通中央音响信号及模拟灯信号回路。

断路器位置分为跳闸后、预备合闸、合闸、合闸后、预备跳闸和跳闸。

三、断路器的控制回路实例

断路器控制回路的接线方式较多，按监视方式可分为灯光监视的控制回路和音响监视的控制回路。前者多用于中、小型变电所，后者常用于大型变电所。现以灯光监视的断路器控制回路为例分析。

图 1-13 是灯光监视的断路器控制回路接线图，该接线图的动作原理分析如下：

（1）手动合闸或自动合闸。手动合闸，SA5-8 触点瞬间接通（或自动装置动作，其出口继电器动合触点 1K 闭合），此时断路器动断触点 QF2 和防跳继电器 KCF 动断触点是接通的，所以控制电源电压加到合闸接触器 KM 的线圈上，其动合触点闭合，起动合闸回路中的断路器合闸线圈 YC，断路器合闸。

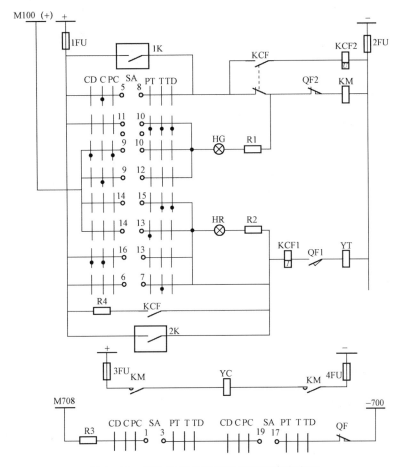

图 1-13　灯光监视的断路器控制回路接线图

手动合闸时的灯光信号：手动合闸后，SA16-13 触点接通，断路器合闸后其动合触点 QF1 闭合，所以红灯 HR 经 SA16-13→R2→KCF1→QF1→YT 通电发平光。但因回路中串有 KCF1、R2 及 HR 等电阻元件，所以 YT 和 KCF1 两线圈上压降达不到其起动值，所以断路器不会跳闸。

自动合闸时的灯光信号：自动装置动作，1K 闭合，KM 起动，断路器自动合闸。此时，SA 是处在"跳闸后"位置，SA14-15 触点接通，所以红灯 HR 经 SA14-15 触点→R2→KCF1→QF1→YT 接至闪光小母线 M100（＋）上，红灯 HR 闪光。

（2）手动跳闸或保护装置动作跳闸。手动跳闸，SA6-7 触点接通（或保护装置动作，其出口继电器动合触点 2K 闭合），此时断路器动合触点 QF1 是闭合的，所以控制电源电压加到断路器跳闸线圈 YT 和防跳继电器 KCF1 线圈上。YT 阻抗大于 KCF1 的阻抗，但 KCF1 电流线圈灵敏度高于 YT，所以两线圈同时起动。YT 起动断路器跳闸，而防跳继电器 KCF 起动，其触点进行切换。

手动跳闸的灯光信号：手动跳闸后，SA10-11 触点接通，而断路器动断触点 QF2 闭合，所以绿灯 HG 经 SA10-11→R1→QF2→KM 线圈通电发平光。但因回路中串有 HG 和 R1 电阻元件，KM 线圈上压降达不到其起动值，所以断路器不会合闸。

自动跳闸时的灯光信号：自动装置动作，2K 闭合，断路器跳闸。此时，SA 在"合闸后"位置，SA9-10 触点接通；断路器跳闸后，QF2 闭合，所以绿灯 HG 经 SA9-10 触点→R1→QF2→KM 线圈接到闪光小母线 M100（＋）上，绿灯 HG 闪光。

（3）跳、合闸回路完整性监视。在跳、合闸回路中接入红、绿信号灯。跳闸回路，红灯亮表示断路器在合闸状态（QF1 动合触点闭合），且跳闸回路是完好的（YT 回路畅通）。合闸回路，绿灯 HG 亮，表示断路器在跳闸状态（QF2 动断触点闭合），且合闸回路是完好的（KM 线圈回路畅通）。

（4）熔断器完好性监视。红灯 HR 或绿灯 HG 有一个亮，则表明熔断器 FU 是完好的。

（5）KCF 动合触点串一电阻 R4 与 2K 动合触点并联，防止当 2K 先于 QF1 跳闸时烧坏 2K 触点，而加入 KCF 动合触点与 R4 串联，即使 2K 先跳开，因有与之并联的 KCF 及 R4，所以 2K 不会烧坏。

第四节　中央信号回路

下面简单介绍信号回路的作用、基本要求和分类。

一、信号回路的作用和基本要求

在变电所中，为了掌握电气设备的工作状态，需用信号随时显示当时的情况。发生事故时，应发出各种灯光和音响信号，提示运行人员迅速判明事故的性质、范围和地点，以便做出正确的处理。所以，信号装置具有十分重要的作用。

对中央信号系统的基本要求：

（1）断路器事故跳闸时，能及时发出音响信号（蜂鸣器声），并使相应的位置指示灯闪光，亮"掉牌未复归"光字牌。

（2）发生故障时，能及时发出区别于事故音响的另一种警铃声，并使显示故障性质的光字牌点亮。

（3）中央信号应能保证断路器的位置指示正确。对音响监视的断路器控制信号电路，应能实现亮屏（运行时断路器位置指示灯亮）或暗屏（运行时断路器位置指示灯暗）运行。

（4）对事故信号、预告信号及光字牌，应能进行是否完好的实验。

（5）音响信号应能重复动作，并能手动和自动复归，而故障性质的显示灯仍保留。

（6）变电所发生事故时，应能通过事故信号的分析迅速确定事故的性质。

（7）接线应简单、可靠，对信号回路是否完好应能监视。

二、信号装置的分类

变电所中的信号装置按用途可分为事故信号、预告信号、位置信号、指挥和联系信号。

1. 事故信号

当断路器事故跳闸时，继电保护动作起动蜂鸣器发出较强的音响，以引起运行人员注意，同时断路器位置指示灯发出闪光，指明事故对象及性质。

2. 预告信号

当设备发生故障而出现不正常运行状况时，继电保护动作起动警铃发出音响，同时标有故障性质的光字牌也点亮。它可以帮助运行人员发现故障和隐患，以便及时处理。变电所中常见的预告信号有：

（1）变压器等电气设备过负荷。

（2）变压器油温过高、轻瓦斯保护动作及通风设备故障等。

（3）SF_6 气体绝缘设备的气压异常。

（4）直流系统绝缘损坏或严重降低。

（5）断路器控制回路及互感器二次回路断线。

（6）小电流接地系统单相接地故障。

（7）液压操动机构的压力异常等。

（8）继电保护和自动装置交、直流电源断线。

（9）信号继电器动作（掉牌）未复归。

（10）断路器三相位置或有载调压变压器三相分接头位置不一致。

预告信号又分为瞬时预告信号和延时预告信号两种。瞬时预告信号有轻瓦斯保护动作，绝缘监察等，一旦异常发生时立即发出信号；延时预告信号有过负荷等，异常发生后，可延迟一定时间再发信号。

3. 位置信号

位置信号表明开关电器、控制电器及设备的位置状态，它包括断路器、隔离开关、接触器、电力变压器的有载调压分接头位置信号等。

4. 指挥信号和联系信号

指挥信号是用于主控制室向各控制室发出操作命令的；联系信号用于各控制室之间的联系。

在以上各种信号中，事故信号与预告（故障）信号为全厂（所）共用一套，并设于中央控制室内，因此又称为中央信号系统。

中央信号回路按音响信号的复归办法可分为就地复归和中央复归两种。中央复归指的是在主控制台上用按钮开关将信号解除并恢复到原位；就地复归是指到设备安装地操作信号复归按钮。按其音响信号的动作性能可分为能重复动作和不能重复动作。重复动作是当出现故障时，发出灯光和音响信号；故障信号在音响后，当光字牌仍然亮着紧接着又有新的故障发生时，信号装置应能再次发出音响和灯光信号。不重复动作是第一次故障尚未清除而又发生第二次故障，此时不能发出音响信号。

思 考 题 与 习 题

1-1　二次设备和二次接线的作用是什么？

1-2　二次接线图分哪几种？各有何用途？

1-3　对断路器控制回路的一般要求是什么？

1-4　中央信号按用途来分分为哪几种？如何区别？

1-5　如何判断断路器是事故跳闸？

1-6　为什么要设置"防跳"回路？

1-7　变电所一般装设哪些信号系统？各起什么作用？

1-8　信号回路的基本要求是什么？

1-9　说明变配电所操作电源的作用、种类和对它的基本要求。

第二章 继电保护概述

第一节 继电保护的任务和作用

电能是一种特殊的商品，为了实现远距离传送，需要提高电压，实施高压输电；为了分配和使用电能，需要降低电压，实施低压配电、供电和用电。发电—输电—配电—用电构成了一个有机系统。电力系统的安全运行对国民经济、人民生活、社会稳定都有着极其重要的影响。在电力系统中，继电保护和自动装置是保证电力系统安全运行和提高电能质量的重要工具。

一、电力系统的工作状态

电力系统是由发电机、变压器、输配电线路、用电设备等电气元件组成的统一的系统。电力系统运行中，由于自然条件的影响、设备的缺陷和绝缘老化、运行维护不当和操作错误等原因，运行中电气元件的正常工作就可能遭到破坏，但破坏的程度有所不同，电力系统的工作状态由此而分。

（一）正常运行状态

电力系统正常运行时，三相电压和电流对称或基本对称，电气元件和系统的运行参数都在允许范围内变动。

（二）不正常运行状态

不正常运行状态是指电力系统中电气元件的正常工作遭到破坏，各电气元件的运行参数偏离了正常允许的工作范围，但没有发生故障的运行状态。最为常见的不正常运行状态有：因电流超过供电元件的额定值引起的过负荷、发电机突然甩负荷引起的过电压运行、系统中有功缺额引起的频率降低、电气元件温度过高、系统振荡等。

（三）故障状态

电气元件发生短路和断线时的状态均为故障状态，如三相短路、两相短路、单相接地短路、两相接地短路、发电机和电动机以及变压器绕组间的匝间短路、单相断线、两相断线等，以及由上述几种故障组合而成的复杂故障。其中，最常见且最危险的是各种类型的短路故障。

电力系统中电气元件发生短路故障时，可能造成下列严重后果：

（1）故障点通过较大的短路电流，引燃电弧，使故障元件损坏或烧毁。

（2）比正常工作电流大许多的短路电流产生热效应和电动力效应，使故障回路中的设备遭到损坏或缩短设备使用年限。

（3）部分电力系统的电压大幅度下降，使用户的正常工作遭到破坏，影响产品质量。

（4）破坏电力系统运行的稳定性，使系统产生振荡，甚至引起整个系统瓦解，造成大面积停电的恶性事故。

（四）事故

运行实践表明，不正常运行状态如不及时排除，则可能导致发生故障。故障如不及时处理，可能出现事故。事故是指整个电力系统或其中一部分的正常工作遭到破坏，以至造成对用户少送电或电能质量变坏到不能容许的程度，甚至造成设备损坏和人身伤亡。

为了避免或减少事故的发生，提高电力系统运行的可靠性，必须改进电气元件的设计制造，保证设计、安装和检修的质量，提高运行管理的水平，采取预防事故的措施，尽可能消除发生故障的可能性。在电气元件上一旦发生故障，就必须采取措施，尽快地将故障元件从系统中切除，保证非故障的部分继续安全运行，避免事故的发生，或缩小事故的范围和影响。

由于电力系统是一个整体，电能的生产、传递、分配和使用是同时进行的，各电气元件之间都是通过电路或磁路联系起来的，任何一个电气元件发生故障，故障量将以近似光速的速度影响到整个系统的各个部分。为此，要求在极短的时间内切除故障，通常要求切除故障的时间短到十分之几秒甚至百分之几秒，显然，在这样短的时间内由运行值班人员及时发现故障和排除故障是不可能的，这就要靠装在每个电气元件上具有保护作用的自动装置来完成这个任务。到目前为止，在供用电系统中还有不少是由单个继电器和其他附属设备构成，故称这种保护装置为继电保护装置，电力系统的运行状态也应不间断的实时监控，一旦发生不正常运行状态能及时通知运行值班人员采取措施或起动自动控制装置，恢复正常运行，这也必须借助于继电保护装置来完成。

二、继电保护的任务

继电保护是一个完整的体系，它主要是由电力系统故障分析、继电保护原理和继电保护技术所构成，而完成继电保护功能的核心是继电保护装置。

继电保护装置是指安装在电力系统各电气元件上，能在指定的保护区域内迅速地、准确地反应电力系统中各电气元件的故障和不正常运行状态，并动作于断路器跳闸或发出信号的一种自动装置。

继电保护的基本任务是：

（1）当电力系统中某电气元件发生故障时，能自动、迅速、有选择地将故障元件从电力系统中切除，避免故障元件继续遭到破坏，使非故障元件迅速恢复正常运行。

（2）当系统中电气元件出现不正常运行状态时，能及时反应并根据运行维护的条件发出信号或跳闸。反应不正常运行状态的继电保护装置，一般不需要立即动作，允许带一定的延时。

综上所述，继电保护在电力系统中的主要作用是通过预防事故或缩小故障范围来提高系统运行的可靠性。继电保护是电力系统中重要的组成部分，它是保证电力系统安全和可靠运行一种重要的反事故措施。在现代化的电力系统中，如果没有继电保护装置，就无法保证电力系统的正常运行。

第二节　继电保护的基本原理、分类及构成

一、继电保护的基本原理

为了完成继电保护所担负的任务，就必须能够区分正常运行与故障和不正常运行状态之间的差别。因此，最关键的就是要寻找这些状态前后电气物理量的变化特征，找出其间的差别，从而构成各种不同原理的保护。

众所周知，在电力系统发生短路故障时，许多参数较比正常时都有了变化，当然有的变化可能明显，有的不够明显，显然，变化明显的参数就适合用来作为保护判据，来构成保护。比如，根据短路电流较正常电流升高的特点，可构成过电流保护；利用短路时母线电压降低的特点可构成低电压保护；利用短路时线路始端测量阻抗降低可构成距离（低阻抗）保护；利用电压与电流之间的相位差的改变可构成方向保护。除此之外，根据线路内、外部短路时，两侧电流相位差变化的特点，可以构成差动原理的保护。当然还可以根据非电气量的变化来构成某些保护，如反应变压器油在故障时分解产生的气体而构成的瓦斯保护。

原则上，只要找出正常运行与故障时系统中电气量或非电气量的变化特征（差别），即可形成某种判据，从而构成某种原理的保护，且差别越明显，保护性能越好。

二、继电保护装置的分类和构成

（一）继电保护装置的分类

继电保护装置按其被保护对象、保护原理、反应故障的类型、保护所起的作用，有不同的分类方法，如：

（1）按被保护的对象分类有线路保护、元件保护（如发电机保护、变压器保护、电动机保护、母线保护等）。

（2）按保护原理分类有电流保护、电压保护、距离保护、差动保护、方向保护、零序保护等。

（3）按保护所反应故障类型分类有相间短路保护、接地故障保护、匝间短路保护、断线保护、失步保护、失磁保护及过励磁保护等。

（4）按继电保护装置的实现技术分类有机电型保护（如电磁型保护和感应型保护）、整流型保护、晶体管型保护、集成电路型保护及微机型保护等。

（5）按保护所起的作用分类有主保护、后备保护、辅助保护等。

主保护是指满足系统稳定和设备安全要求，能以最快速度有选择地切除被保护元件故障的保护。

后备保护是指当主保护或断路器拒动时用来切除故障的保护，它又分为远后备保护和近后备保护两种，其中远后备保护是指当主保护或断路器拒动时，由相邻元件的保护来实现的后备保护；近后备保护是指当主保护拒动时，由本元件的另一套保护来实现后备的保护。由于远后备保护是一种完善的后备保护方式，同时它的实现简单、经济，故应优先选用。只有当远后备不能满足要求时，才考虑采用近后备保护方式。

辅助保护是为补充主保护和后备保护的性能或当主保护和后备保护退出运行而增设的简单保护。

（二）继电保护装置的构成

20 世纪 80 年代前应用的常规继电保护装置都属于模拟型的，20 世纪 80 年代后发展的微机继电保护则属于数字型的。这两类继电保护装置所实现的保护功能是基本相同的。

1. 模拟型继电保护装置

这种保护装置的构成种类很多，就一般而言，它们都是由测量元件、逻辑元件和执行元件三个主要部分组成。其原理框图如图 2-1 所示。

测量元件的作用是测量从被保护电气元件输入的有关物理量（如电流、电压、阻抗、功率方向等），并与已给定的整定值进行比较，以确定电力系统是否发生了短路故障或出现不

图 2-1　继电保护原理构成框图

正常运行状态；逻辑元件的作用是根据测量部分的输出信号进行逻辑判断，以确定保护装置是否应该动作，并将有关命令传给执行元件；执行元件的作用是执行逻辑元件的判断结果，最后完成保护装置所担负的任务，如故障时跳闸，不正常运行时发信号，正常运行时不动作。

2. 数字型微机继电保护

这种保护装置是把被保护元件输入的模拟电气量经模数转换后变成数字量，利用计算机进行处理和判断。微机保护装置由硬件部分和软件部分构成，其构成原理详见第四章。

第三节　对继电保护的基本要求

对动作于信号或跳闸的继电保护，在技术上一般应满足选择性、速动性、灵敏性、可靠性四个基本要求，即称保护四性。

一、选择性

选择性是指电力系统发生故障时，保护装置仅将故障元件切除，而使非故障元件仍能正常运行，以尽量缩小停电范围的一种性能。

下面以图 2-2 为例，来说明选择性的概念。

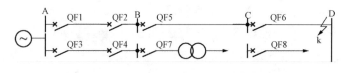

图 2-2　单侧电源网络选择性动作说明图

如图 2-2 所示的单侧电源网络中，当 k 点短路时，短路电流流经 QF1、QF2、QF5、QF6 断路器，根据选择性的要求，应由线路 CD 的保护动作，断开断路器 QF6，若 QF5 被断开，即属于失去选择性。但应该说明，当 k 点短路时由于某种原因断路器 QF6 拒动时，则断路器 QF5 应该动作，切除故障，虽然扩大了停电范围但它使故障的影响被限制在最低程度，线路 BC 的保护对线路 CD 的保护起后备保护作用。

二、速动性

速动性就是指保护快速切除故障的性能。故障切除时间包括继电保护动作时间和断路器的跳闸时间之和。一般的快速保护动作时间为 0.06～0.12s，最快的可达 0.01～0.04s。一般的断路器的动作时间为 0.06～0.15s，最快的可达 0.02～0.06s。应该指出，要求在这样短的时间内切除故障，将使继电保护装置复杂化。因此，在确定保护切除故障的时间时，必须从系统的结构、被保护电气元件的重要性和工作条件等具体情况出发，进行技术经济比较后予以确定。一般对不同结构和不同电压等级的电网，切除故障的最小时间应有不同的要求。其中继电保护装置的动作时间对于 400～500kV 以上的电网为 0.02～0.04s；220～330kV 的电网为 0.04～0.1s；110kV 的电网为 0.1～0.7s；配电网络故障切除的最小时间还可更长一些，其主要取决于不允许长时间电压降低的用户，一般为 0.5～1.0s。所有上述情况，对远处的故障允许以较长的时间切除。对作用于断路器跳闸的继电保护装置的基本要求，一般也适用于反映不正常运行状态的继电保护装置。只是对作用于信号的继电保护装置不要求快速动作而是按照选择性要求延时发出信号。

当系统发生故障时，快速切除故障可以提高系统并列运行的稳定性；减少用户在电压降低情况下的工作时间；减少故障元件的损坏程度，避免故障进一步扩大。因此，在发生故障时，应力求保护装置能迅速动作，切出故障。

三、灵敏性

灵敏性是指在规定的保护范围内，保护对故障和不正常运行状态的反应能力。满足灵敏性要求的保护装置应在区内故障时，不论短路点的位置、短路的类型及系统的运行方式如何，都能灵敏地正确地反应出来。

通常，灵敏性用灵敏系数来衡量，并表示为 K_{sen}，也称为灵敏度。任何继电保护装置对规定的保护区内短路故障，都必须具有一定的灵敏度，以保证在考虑了短路电流计算、保护动作值整定实验等误差后，在最不利于保护动作的条件下仍能可靠动作。

在计算保护的灵敏系数时，可按如下原则考虑：

(1) 在可能的运行方式下，选择最不利于保护动作的运行方式。

(2) 在所保护的短路类型中，选择最不利于保护动作的短路类型。

(3) 在保护区内选择最不利于保护动作的那点作为灵敏度校验点（计算 K_{sen} 所选的短路点）。

在继电保护整定计算中，通常考虑电力系统的两种运行方式，即最大运行方式和最小运行方式。最大运行方式是指在被保护元件末端短路时，系统的等值阻抗最小，通过保护装置的短路电流为最大时的运行方式。最小运行方式是指在同样的短路情况下，系统的等值阻抗最大，通过保护装置的短路电流为最小时的运行方式。一般来说，一个系统在尽可能小的运行方式下，满足继电保护装置的灵敏性要求是有困难的，因此，通常根据实际可能出现的最小运行方式计算。在《继电保护和安全自动装置技术规程》（DL/T 400—1991）中，对各类保护的灵敏系数 K_{sen} 的要求都作了具体规定，在具体装置的灵敏度校验时可按照规程规定的灵敏系数来校验。

对于反映故障参数增加而动作的保护装置，其灵敏系数的计算公式为

$$K_{sen} = \frac{保护区末端金属性短路时故障参数的最小计算值}{保护装置的动作参数}$$

对于反映故障参数降低而动作的保护装置，其灵敏系数的计算公式为

$$K_{sen} = \frac{保护装置的动作参数}{保护区末端金属性短路时故障参数的最大计算值}$$

四、可靠性

可靠性是指在规定的保护区内发生故障，它能可靠动作，即不拒绝动作（简称拒动）；而在正常运行或保护区外发生故障时，它能可靠不动，即不错误动作（简称误动）。简单说就是该动则动，不该动则不动。

影响保护动作的可靠性有内在的和外在的因素，内在的因素主要是装置本身的质量，如，保护原理是否成熟、所用元件好坏、结构设计是否合理、制造工艺水平、内外接线情况、触点多少等；外在的因素主要是体现在运行维护水平、调试和安装是否正确上。继电保

护装置的任何拒动和误动，都会降低电力系统供电的可靠性。如不能满足可靠性的要求，则继电保护装置本身便成为扩大事故或直接造成事故的根源。因此，可靠性是对继电保护装置最根本的要求。

为了保证继电保护装置的可靠性，一般来说，宜选用尽可能简单的保护方式，应采用由可靠的元件和简单的接线构成的性能良好的继电保护装置，并应采用必要的检测、闭锁和双重化等措施。

上述四项基本要求是互相联系而又互相矛盾的。从一个保护设计与运行的角度上看，很难同时很好地满足这四项基本要求。因此在实际中，对一套继电保护的设计和评价往往是结合具体情况，协调处理各个性能之间的关系，取得合理统一，达到保证电力系统安全运行的目的。对继电保护装置的四项基本要求是分析研究继电保护性能的基础，也是贯穿全课程的一个基本线索。

第四节　继 电 保 护 概 况

一、继电保护技术的发展概况

继电保护技术的发展是伴随电力系统、电子技术、计算机技术、通信技术发展而发展。从继电保护装置结构方面来看，它的发展过程大致可分为五个阶段，即机电型保护阶段、整流型保护阶段、晶体管型保护阶段、集成电路型保护阶段、微机型保护阶段。从它的构成原理方面来看，一直是随着电力系统发展而不断提出相应的新原理保护，新原理保护又在电力系统运行中不断完善，不断趋向成熟。

随着电子技术、通信技术和计算机技术的不断发展，继电保护必将向着综合自动化领域迈进，目前微机保护已经在全国普遍应用。就保护的原理方面目前仍然没有太大的突破，但是在实现手段上有了根本的变化。微机保护与以往的各种类型的继电保护相比，最大的不同是采用数字计算技术实现的各种保护功能。由于微机保护具有灵活性大、可靠性高、易于获得附加功能和维护调试方便等优点，因此必将得到越来越广泛的应用。但是，采用微机保护要求良好的抗电磁干扰措施和较好的工作环境；同时，微机保护所有保护功能都是依赖软件实现的，硬件电路几乎是一样的，这样一套硬件电路可以完成多个保护功能，也就给硬件电路提出了更高的要求；另外，由于微机保护采用的硬件芯片发展迅速，更新换代时间短，从而导致微机保护服役时间比较短。

我国电力系统有着输电线路长、输送功率大、系统结构薄弱、安全性要求高的特点，国产继电保护装置更适合国情。考虑到我国幅员广大，各地继电保护水平不一以及经济发展水平的差异，目前运行的保护装置仍然有机电型、整流型、晶体管型和集成电路型。当然随着科学技术的不断进步，新型保护装置也会不断出现，保护装置也将更加成熟，给继电保护工作者和电力系统安全运行带来更美好的前景。

二、继电保护课程学习特点

（1）继电保护是一门专门研究电力系统故障及反事故措施的技术学科，学生应特别注重学习和提高对电力系统故障和异常工作情况的认识加强事故分析计算的能力。

（2）继电保护是理论与实践并重的课程，学生应在认真学习基本理论的同时，重视独立完成习题、实验、实习和课程设计等实践性教学环节的作业任务。

（3）学习继电保护的必要理论基础是电工理论、电机学、电子学、微型计算机、电力系统分析等，学习过程中应注意提高对这些基础知识的运用能力和水平。

（4）与继电保护联系密切的课程是电力系统电磁暂态和机电暂态分析，学好这些课程有助于理解、掌握继电保护的原理。

思 考 题 与 习 题

2-1 何谓电力系统故障、不正常运行状态与事故？它们之间有何关系？

2-2 电力系统常见故障有哪些类型？发生故障会产生什么后果？

2-3 什么是继电保护装置？其作用是什么？

2-4 举例说明继电保护选择性的概念。

2-5 继电保护的任务及其基本要求是什么？

2-6 什么是主保护和后备保护？近后备和远后备保护有什么区别和特点？

第三章　继电保护基础元件

第一节　常用继电器

一、继电器的作用及分类

继电器是组成机电型、整流型等继电保护装置的基本元件，它是一种当输入量达到规定值时，其电气输出电路被接通或断开的自动动作的电器。

继电器的种类很多，通常按用途分为控制继电器和保护继电器两大类，本书主要讲述保护继电器。

保护继电器按动作原理可分为电磁型、感应型、整流型、晶体管型等继电器；按其反映物理量性质可分为电流、电压、功率方向、阻抗继电器等；按其作用又可分为测量继电器（如电流、电压、阻抗继电器）和辅助继电器（如时间、中间、信号继电器）。

二、常用电磁型继电器

（一）电磁型继电器的结构和原理

电磁型继电器基本结构如图 3-1 所示，有螺管线圈式、吸引衔铁式、转动舌片式三种，主要构成元件有电磁铁 1、可动衔铁或舌片 2、线圈 3、触点 4、反作用弹簧 5 和止挡 6。

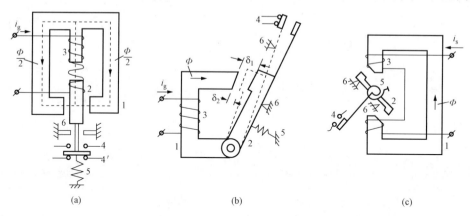

(a)　　　　　　　　　　　　(b)　　　　　　　　　　　　(c)

图 3-1　电磁型继电器基本结构
(a) 螺管线圈式；(b) 吸引衔铁式；(c) 转动舌片式

电磁型继电器是利用电磁铁的铁心与衔铁间的吸力作用而工作的继电器。下面以吸引衔铁式为例，说明其工作原理。

当继电器线圈通入电流 i_g 时，产生磁通 Φ。Φ 经电磁铁 1、可动衔铁 2 和气隙形成回路，衔铁被磁化产生电磁力，这时存在三种力矩，有电磁转矩、弹簧反作用力矩和摩擦力矩。当电磁转矩 $M_e \geqslant M_s + M_f$（M_s 是弹簧反作用力矩；M_f 是摩擦力矩），可动衔铁被吸引，带动其上面的可动触点动作，使继电器动作；当电磁转矩 $M_e \leqslant M_s - M_f$，可动衔铁在弹簧的反作用力作用下，被拉回原位，使继电器返回。

由电磁学原理可知，电磁力（或电磁转矩）与磁通的平方成正比。当磁路不饱和时，电磁力（或电磁转矩）也和电流的平方成正比，即

$$M_e = K_1 \Phi^2 L = K_1 \left(\frac{N}{R_m} I_g\right)^2 L = K_2 I_g^2 \tag{3-1}$$

式中　N——继电器线圈的匝数；

　　　　R_m——磁路的磁阻；

　K_1、K_2——系数，其值与磁阻有关，当磁路不饱和时为常数。

式（3-1）说明，作用在继电器可动部分上的电磁转矩与通入电流的平方成正比，与通入电流的方向无关，所以根据电磁原理构成的继电器，可以制成直流的，也可以制成交流的。

（二）电磁型电流继电器

电磁型电流继电器在电流保护中作为测量和起动元件，是反应被保护元件电流升高而动作的一种继电器。它是采用转动舌片式，基本结构如图 3-1（c）所示，其具有一对常开触点（也称动合触点）。所谓常开触点是指继电器线圈没带电时打开的触点；相对应的还有一种触点叫常闭触点（也称动断触点），一般在电磁型电压继电器中用得较多，所谓常闭触点是指继电器线圈没带电时闭合的触点。

1. 电流继电器动作电流、返回电流及返回系数

当其线圈通以电流时，产生电磁转矩。当电磁转矩满足前面所述的关系时，继电器就动作或返回。下面通过实验的方法来理解电磁式过电流继电器动作电流、返回电流的概念，其实验接线如图 3-2 所示。

合上电源开关 S，调整自耦调压器，使加入继电器的电流升高，当小灯刚好点亮时，此时正好满足 $M_e = M_s + M_f$，这时电流表的指示值就是继电器的动作电流；调整自耦调压器，减小加入继电器的电流，当小灯刚好熄灭时，此时正好满足 $M_e = M_s - M_f$，这时电流表的指示值就是继电器的返回电流，由此得出动作电流和返回电流的定义。

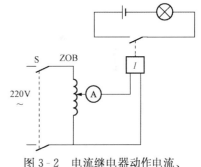

图 3-2　电流继电器动作电流、返回电流实验接线

（1）动作电流。当电磁转矩 $M_e = M_s + M_f$ 时所对应加入的继电器的电流就是过电流继电器的动作电流（$I_{g.op}$），也即使电流继电器动合触点闭合的最小电流，称为电流继电器的动作电流。

（2）返回电流。当电磁转矩 $M_e = M_s - M_f$ 时所对应加入继电器的电流就是过电流继电器的返回电流（$I_{g.re}$），也即使电流继电器动合触点打开的最大电流，称为电流继电器的返回电流。

（3）返回系数。定义为继电器返回电流与动作电流的比值，即

$$K_{re} = I_{g.re} / I_{g.op} \tag{3-2}$$

由于摩擦力矩和剩余力矩的作用使电磁式电流继电器的返回系数小于1。

2. 电流继电器动作电流的调整方法

（1）改变继电器线圈的连接方法。在图 3-3 所示的电流继电器内部接线图中，利用连接片，将继电器的上下两个线圈串联或并联，可将继电器动作电流改变一倍。因为继电器是

接在电流互感器二次侧（相当于电流源），故电流是不变的，当上下两个线圈串联时，继电器的总磁势为 $2IN$（N 为每个线圈的匝数）；当上下两个线圈并联时，每个线圈的电流仅为 I 的一半，故此时继电器的总磁为 IN。由此可见，两个线圈并联时的动作电流为两个线圈串联时的 2 倍。故把这种调整电流的方法称为粗调。

（2）改变弹簧的反作用力矩 M_s（即改变动作电流调整把手的位置）。当调整把手由左向右移动时，由于弹簧作用力的增加，使弹簧的反作用力矩 M_s 增大，因而使继电器的动作电流增大；反之，如将调整把手由右向左移动，则动作电流减小。这种方法可以连续而均匀地改变继电器的动作电流。故把这种调整电流的方法称为细调。

经过粗调和细调，可以使继电器的最大整定电流值为最小整定电流值的 4 倍。最大整定电流值，一般在继电器型号中的斜线之后标出。例如，DL-11/10 型继电器，其最大电流整定值为 10A，整定值调整范围为 2.5～10A。当线圈串联时，整定值可在 2.5～5A 范围内均匀调整；而线圈并联时，整定值可在 5～10A 范围内均匀调整。

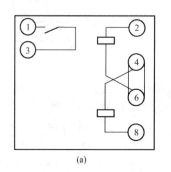 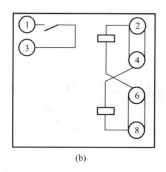

(a)　　　　　　　　　　　　(b)

图 3-3　DL-10 型继电器的内部接线

(a) 动合触点、两绕组串联接法；(b) 动合触点、两绕组并联接法

（三）电磁型电压继电器

电磁型电压继电器在电压保护中作为测量和起动元件，它的作用是测量被保护元件所接入的电压大小并与其整定值比较，决定其是否动作。电压继电器与电流继电器的结构和工作原理基本相同。电磁式电压继电器分为低电压继电器和过电压继电器，过电压继电器的工作情况及参数与过电流继电器类似，所以在这里不作具体介绍，这里重点介绍低电压继电器。

电磁式低电压继电器是反应被保护元件电压降低而动作的一种继电器。它也是采用转动舌片式结构，一般具有一对常开触点（也称动合触点）和一对常闭触点（也称动断触点），

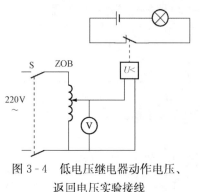

图 3-4　低电压继电器动作电压、返回电压实验接线

基本结构如图 3-1（c）所示。下面通过实验的方法来理解低电压继电器动作电压、返回电压的概念，其实验接线如图 3-4 所示。

合上电源开关 S，调整自耦调压器，使加入继电器的电压升高至额定电压，这时继电器的动断触点打开；然后调整自耦调压器，减小加入继电器的电压，当小灯刚好点亮时（动断触点闭合），电压表的指示值就是继电器的动作电压；然后调整自耦调压器，升高加入继电器的电压，当小灯刚好熄灭（动断触点打开）时，电压表的指示值就

是低电压继电器的返回电压。

（1）动作电压：使低压继电器动断触点闭合的最大电压。

（2）返回电压：使低压继电器动断触点打开的最小电压。

（3）返回系数：定义为继电器返回电压与动作电压的比值，即

$$K_{re} = U_{g.re} / U_{g.op} > 1 \qquad (3-3)$$

（四）电磁型时间继电器

时间继电器是一种辅助继电器，它在继电保护装置中作为时限元件，用来建立保护装置所需动作时限，实现主保护与后备保护或多级线路保护的选择性配合。

电磁型时间继电器是由一个电磁起动机构带动一个钟表延时机构组成。电磁起动机构采用螺管绕组式结构，如图3-5（a）所示。电磁型时间继电器一般由直流电源供电，但也可以由交流电源供电。时间继电器一般有一对瞬时转换触点和一对延时主触点（终止触点）。根据不同要求，有的还有一对滑动延时触点。

现以 DS-100、DS-120 系列的时间继电器为例，介绍该类继电器的工作原理。它们的结构图如图3-5所示。在继电器绕组1上加入动作电压后，衔铁3被瞬时吸下，扇形齿曲臂9被释放，在钟表弹簧11的作用下使扇形齿轮10按顺时针的方向转动，因钟表机构中钟摆和摆锤的作用，使可动触点22以恒速转动，经一定时限后与静触点接触。改变静触点位置，可以改变动触点的行程，即可调整时间继电器的动作时限。

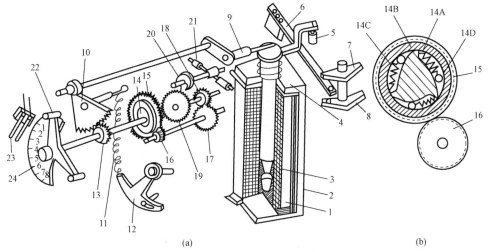

(a)   (b)

图3-5 DS-100、DS-120系列时间继电器的结构与内部接线图

1—绕组；2—磁路；3—衔铁；4—返回弹簧；5—轧头；6—可动瞬时触点；7、8—静瞬时触点；9—曲柄销；10—扇形齿轮；11—主弹簧；12—可改变弹簧拉力的拉板；13—齿轮；14—摩擦耦合子（14A—凸轮；14B—钢环；14C—弹簧；14D—钢珠）；15—齿轮；16—钟表机构的齿轮；17、18—钟表机构中的中间齿轮；19—掣轮；20—卡钉；21—重锤；22—可动触点；23—静触点；24—标度盘

当绕组外加电压消失时，在返回弹簧4的作用下，衔铁被顶回原来的位置，同时扇形齿曲臂也立即被衔铁顶回原处，使扇形齿轮复原，并使钟表弹簧重新被拉伸，以备下次动作。

时间继电器一般具有一对瞬时动作的动合触点（瞬动触点）、一对延时闭合的动合触点

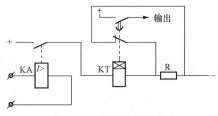

图 3 - 6　时间继电器接入
附加电阻的电路图

（延时动合触点）。根据不同的要求，有的时间继电器还带有一对滑动延时动合触点。

为了缩小时间继电器的尺寸，继电器的线圈一般按短期通电设计。当需要长期（大于 30s）加入电压时，在继电器线圈回路要串入一附加电阻 R，如图 3 - 6 所示。在正常情况下，电阻 R 被继电器瞬时动断触点所短接，继电器起动后，该触点立即断开，电阻 R 串入继电器线圈回路，以限制电流，提高继电器的热稳定。

（五）电磁型中间继电器

中间继电器作为辅助继电器，一般是吸引衔铁式结构。它的用途有三方面：一是增加触点的数目，以便同时控制几个不同的回路；二是增大触点的容量，以便接通或断开电流较大的回路；三是提供必要的延时和自保持作用，以便在触点动作或返回时得到一定延时，以及使动作后的回路得到自保持。

（六）电磁型信号继电器

信号继电器是辅助继电器，一般是吸引衔铁式结构。由于保护的操作电源一般采用直流电源，因此信号继电器多为电磁式直流继电器。

信号继电器的作用是：当保护装置动作时，明显标示出继电器或保护装置动作状态，或接通灯、声、光信号电路，以便分析保护动作行为和电力系统故障性质。

第二节　电流互感器和电压互感器

一、电流互感器

继电保护装置绝大多数是根据故障时电流增大，电压降低或电流、电压间的相位角的变化等电气量而工作的，这些电气量一般都是通过电流互感器和电压互感器加到继电保护装置。电压互感器的二次额定电压为 100V，电流互感器的二次额定电流为 5A 或 1A。互感器的二次侧都应有可靠的保护接地，以防止互感器的一、二次绕组间绝缘损坏时，高电压对二次设备及人身安全的危害，运行中电流互感器的二次绕组不允许开路，以防止数值很大的二次绕组感应电势，危及设备和人身安全。在本节主要介绍互感器在继电保护中应用的特殊问题。

（一）电流互感器极性

电流互感器绕组的极性问题，对于继电器保护装置能否正确动作有直接的关系。因此对电流互感器一、二次绕组的同极性端子都应注明标记。通常用 L_1 和 K_1、L_2 和 K_2 分别表示一、二次绕组的同极性端子。如只需标出相对极性关系时，也可在同极性端子上标以 "·"或 "＊"，电流互感器一次和二次绕组的极性习惯用减极性原则标注，即当一、二次绕组中同时向同极性端子加入电流时，它们在铁心中所产生的磁通方向相同。如图 3 - 7 （a）、（b）所示，L_1 和 K_1 或 L_2 与 K_2 为同极性端子；当一次电流从同极性端子 L_1 流入时，在二次绕组中感应出的电流应从同极性端子 K_1 流出，按照上述原则标注电流方向，并忽略励磁电流，铁心中的合成磁势为一次绕组和二次绕组磁势的相量差，其表达式为

$$\dot{I}_1 N_1 - \dot{I}_2 N_2 = 0$$

即
$$\dot{I}_2 = \frac{\dot{I}_1 N_1}{N_2} = \frac{\dot{I}_1}{K_{TA}} = \dot{I}_1'$$ (3 - 4)

$$K_{TA} = \frac{N_2}{N_1} = \frac{I_1}{I_2}$$

式中　$\dot{I}_1$、$\dot{I}_2$——电流互感器一、二次电流；

$\dot{I}_1'$——换算到二次侧的一次电流；

N_1、N_2——电流互感器一、二次绕组的匝数；

K_{TA}——电流互感器的变比。

由式（3 - 4）可见，$\dot{I}_1'$ 与 $\dot{I}_2$ 大小相等、方向相同，如图 3 - 7（c）所示。

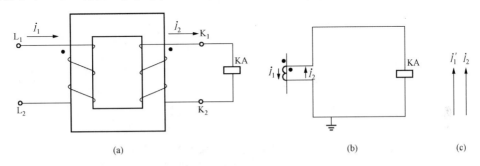

图 3 - 7　电路互感器的极性、正方向和相量图
(a) 原理图；(b) 电路图；(c) 相量图

（二）电流互感器误差

电流互感器的工作原理同变压器相似，其特点是一次绕组直接串联在一次电路中，并且匝数很少，故一次电流完全取决于被测电路的负荷电流，而与二次电流的大小无关。电流互感器二次绕组所接仪表及继电器的绕组的阻抗很小，因此在正常情况下，在接近于短路的状态下运行。其等值电路可用 T 形等值电路表示，如图 3 - 8 所示，其中，Z_1'、Z_2 为一、二次绕组漏阻抗；Z_m' 为励磁阻抗；$\dot{I}_m'$ 为励磁电流。

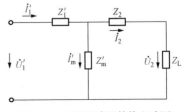

图 3 - 8　电流互感器等值电路图

1. 电流互感器的基本误差

在实际运行中，由于励磁电流的存在，$\dot{I}_1 \neq \dot{I}_1'$，即 $\dot{I}_2 = \dot{I}_1' - \dot{I}_m$，因而出现了电流互感器的误差。电流互感器的基本误差分为比值误差和角度误差。

（1）比值误差表示一、二次电流数值的误差，用 f_i 表示，且
$$f_i = \frac{I_2 - I_1'}{I_1'} \times 100\%$$ (3 - 5)

（2）角度误差表示一、二次电流相位的误差，用 δ_i 表示，且
$$\delta_i = \arg \frac{\dot{I}_2}{\dot{I}_1'}$$ (3 - 6)

电流互感器的误差决定于其结构、铁心质量、一次电流的大小和二次回路阻抗。产生误差的根本原因是由于励磁电流的存在。从电流互感器的运行角度考虑，产生误差的主要因

素是：

（1）电流互感器的二次负荷阻抗 Z_L。Z_L 是很小的，如果 Z_L 增大了，电流互感器的输出电压增大，其铁心趋向饱和，励磁电流增大，故误差增大。

（2）一次电流倍数 n。一次电流倍数是指通过电流互感器的一次电流 I_1 与一次额定电流 I_{1N} 之比，即

$$n = \frac{I_1}{I_{1N}} \tag{3-7}$$

从图 3-9 可看出，当 n 较小时，随 n 的增大，二次电流 I_2 线性增大。当 n 大到一定程度时，其铁心开始饱和，I_2 不随 n 的增大而线性增大，而是增大得较慢，从而出现了电流互感器的误差。当 $n=n_{10}$ 时，其变比误差 $f_i=10\%$，n_{10} 称为饱和电流倍数，n_{10} 是保护用电流互感器的一个重要参数。n_{10} 越大，电流互感器过电流性能越好。

2. 电流互感器的 10％误差曲线

继电保护的运行经验表明，电流互感器的比值误差在一定程度上影响着保护装置的工作质量。对于继电保护用电流互感器规定：在实际运行条件下，其比值误差不超过 10%，角度误差不超过 $7°$。因此，继电保护用电流互感器应根据 10％误差曲线选择和校验。制造厂家对各种型号的电流互感器都给出了 10％误差曲线，10％误差曲线是指电流互感器的比值误差为 10%，角度误差不超过 $7°$ 时，允许的饱和电流倍数与允许的负荷阻抗 Z_L 之间的关系曲线，如图 3-10 所示。如果实际的一次电流倍数（纵坐标）与二次负荷（横坐标）的交点在这条曲线之下，则电流互感器的误差就不超过允许值。

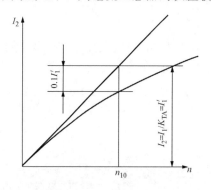　　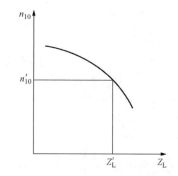

图 3-9　电流互感器二次电流与
一次电流倍数关系曲线

图 3-10　电流互感器 10％误差曲线

3. 电流互感器接线方式

电流互感器的接线方式是指电流互感器二次绕组与电流继电器的连接方式。目前常用的有三相三继电器的完全星形接线、两相两继电器的不完全星形接线和两相单继电器的两相电流差接线。

两相电流差接线，如图 3-11（a）所示，其是由两个分别装在 A、C 相上的电流互感器的二次绕组接成两相电流差，然后接入一个电流继电器绕组的接线。通过继电器的电流为 A、C 两相电流之差，$\dot{I}_g = \dot{I}_a - \dot{I}_c$。在对称运行和三相短路短路情况下，$\dot{I}_g = \sqrt{3}\,\dot{I}_a = \sqrt{3}\,\dot{I}_c$；在 A、C 两相短路时，$I_g = 2I_a$；在 AB 或 BC 两相短路时，$I_g = I_a$ 或 $I_g = I_c$。由此看出，在不同短路类型和短路相别下，通过继电器的电流 I_g 和电流互感器二次电流之比是不同的。

因此，在保护装置整定计算中，引入一个接线系数，定义为流入继电器的电流 $\dot{I}_g$ 与电流互感器二次电流 $\dot{I}_2$ 之比，以 K_{con} 表示，即

$$K_{con} = \frac{\dot{I}_g}{\dot{I}_2} \qquad\qquad (3-8)$$

三相完全星形接线，如图 3-11（b）所示，是将三个电流互感器的二次绕组和三个电流继电器的电流线圈分别按相连接在一起，均接成星形。两相不完全星形接线，图 3-11（c）所示。用装设在 A、C 相上的两个电流互感器和两个电流继电器分别按相连在一起，与完全星形接线的主要区别是 B 相上不装设电流互感器和电流继电器。

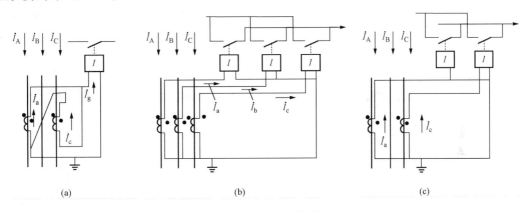

图 3-11　三种基本接线方式

(a) 两相电流差接线；(b) 完全星形接线；(c) 不完全星形接线

由式（3-8）可知，在完全星形和不完全星形接线中，$K_{con}=1$。而在两相电流差接线中，对于不同类型的故障和不同的故障相别，K_{con} 有不同的数值。如对称运行和三相短路时，$K_{con}=\sqrt{3}$；A、C 两相短路时，$K_{con}=2$；A、B 或 B、C 两相短路时，$K_{con}=1$。

两相电流差接线，虽然可以反应各种相间短路，但是它在不同类型的故障和不同的故障相别时其灵敏系数是不一样的。

完全星形接线和不完全星形接线都能反应各种相间短路故障。所不同的是，在大接地电流系统中完全星形接线还可以反应各种单相接地故障，不完全星形接线不能反应无电流互感器那一相（B 相）的单相接地故障。另外完全星形接线中性线电流为 $\dot{I}_a + \dot{I}_b + \dot{I}_c$。正常运行及三相对称短路时，其值近似为零。当发生接地短路故障时，其值为 3 倍零序电流。

对上述两种接线在各种短路故障时的性能分析如下：

（1）对相间短路故障的反应能力。完全星形和不完全星形接线都能正确反应被保护线路不同相别的相间短路故障，只是动作的继电器数目不同而已。两相不完全星形接线方式在 AB 和 BC 相间短路故障时只有一个继电器动作。三相完全星形接线方式在各种相间短路故障时，至少有两个继电器动作，动作可靠性较高。

（2）对小接地电流电网中的两点异地接地的反应能力。在小接地电流电网中，发生单相接地故障时，流过接地点的仅为零序电容电流，相间电压仍然对称，对负荷没有影响。为提高供电可靠性，允许小接地电流电网带一点接地继续运行一段时间。故在这种电网中，在不同地点发生两点接地短路时，要求保护动作只切除一个接地故障点，以提高供电可靠性。

　　在图 3-12 所示的网络中，在两条串联线路中，当发生 k1、k2 两点接地时，只希望保护 2 动作，切除距电源较远的线路Ⅱ，当保护 1 和 2 均采用三相完全星形接线时，由于两个保护在定值和时限上都按选择性要求而配合整定的，因此能够保证 100％地只切除线路Ⅱ。当保护 1 和 2 均采用两相不完全星形接线时，由于 B 相不装电流互感器和相应的电流继电器，当线路Ⅱ上发生 B 相接地，而线路Ⅰ上发生 A 相或 C 相接地时，保护 2 不能动作，只能由保护 1 动作切除线路Ⅰ，这样扩大了停电范围。这种接线方式在不同相别的两点接地组合中，只能保证 2/3 的机会有选择性地切除一条线路，有 1/3 机会误动作。这是不完全星形接线的缺点。

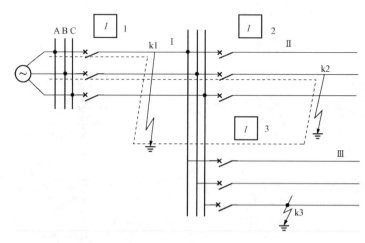

图 3-12　小接地电流电网

　　对于图 3-12 中的两条并行线路的不同两点 k2、k3 接地，同样只希望切除其中一条线路。设两条线路的保护动作时限相同，则当保护 2 和 3 均采用三相星形接线时，两套保护将同时动作，而切除两条线路。当采用两相星形接线时，显然，保护 3 动作，只切除线路Ⅲ。表 3-1 示出了两条线路上不同点两点接地时保护动作情况。可见，采用不完全星形接线方式，能保证有 2/3 的机会只切除一条线路。这是不完全星形接线的优点。

　　需要指出，采用不完全星形接线时，为保证在不同线路上发生两点或多点接地时能切除故障，电流互感器必须均装在同名的两相上，一般装在 A、C 相上。

　　由上面分析可知，对于小接地电流电网，当采用以上两种接线方式时，各有优缺点。但为了节省投资和并联线路上不同线路不同相两点接地的几率较高，一般采用不完全星形接线，因此，不完全星形接线方式广泛用于反应相间短路故障的电流保护中。

表 3-1　　　　　不完全星形接线方式在并行线路上不同点两点接地时保护动作情况

线路Ⅱ故障相别	A	A	B	B	C	C
线路Ⅲ故障相别	B	C	A	C	A	B
保护 2 动作情况	+	+	－	－	+	+
保护 3 动作情况	－	+	+	+	+	－
$t_2 = t_3$ 时切除线路数	1	2	1	1	2	1

　　注　"+"为动作；"－"为不动作。

（3）对 YNd11 接线变压器后两相短路的反应能力。当过电流保护接于变压器的一侧，作为变压器及另一侧线路故障的后备保护时，保护的接线将直接影响保护对某些故障的反应能力或灵敏性。在图 3-13（a）中，当 YNd11 接线变压器的低压侧（d 侧）发生 a、b 两相短路故障时，d 侧电流相量如图 3-13（b）所示，经过转换后，YN 侧电流相量如图 3-13（c）所示。由相量图可得变压器的 d 侧和 YN 侧各相电流之间的关系为（设变压器变比为 1）

$$\begin{cases} I_{a1} = I_{a2} \\ I_k^{(2)} = I_a = I_b = \sqrt{3}\, I_{a1} \\ I_c = 0 \end{cases} \tag{3-9}$$

$$\begin{cases} I_A = I_C = I_{a1} = \dfrac{1}{\sqrt{3}} I_k^{(2)} \\ I_B = 2\, I_A = \dfrac{2}{\sqrt{3}} I_k^{(2)} \end{cases} \tag{3-10}$$

由式（3-9）和式（3-10）可见，d 侧 a、b 两相发生短路时，YN 侧 A 相和 C 相中的电流只为 B 相电流的一半。若在 d 侧其他两相发生短路时，分析结果表明，总有一相电流比另两相电流大一倍。用同样的方法可分析在 YN 侧发生各种相别的两相短路时，d 侧电流的分布，也会得出相同结论。总之，当 YNd11 接线变压器后发生某种相别的两相短路时，另一侧中有两相的电流只为第三相的一半。

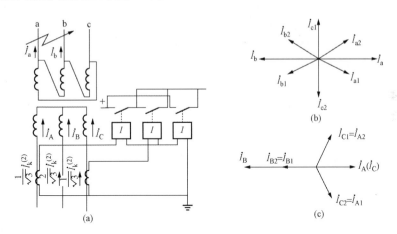

图 3-13　YNd11 接线变压器后两相接地时的电流分布

(a) 接线图；(b) 三角形侧电流相量图；(c) 星形侧电流相量图

当采用变压器高压侧（YN 侧）的过电流保护，作为变压器保护的后备保护时，若保护采用三相完全星形接线，则接于 B 相的电流继电器灵敏度最高，是其他两相电流继电器的两倍。当采用两相不完全星形接线时，因 B 相上没有电流继电器，所以不能反应 B 相的最大电流，故灵敏度只有三相完全星形接线时的一半。为克服这一缺点，可在不完全星形接线的中性线上接入一个电流继电器，如图 3-13 所示，流过这个继电器的电流大小与 B 相电流相等。因此，利用这个继电器可以提高 YNd11 变压器后两相短路故障时的灵敏度，使之与三相短路故障时的灵敏度相同。这种接线亦称为两相三继电器接线。

4. 电流互感器使用注意事项

（1）电流互感器在工作时其二次侧不允许开路。当电流互感器二次绕组开路时，电流互感器由正常短路工作状态变为开路状态，励磁磁势由正常时的很小值骤增，因此在二次绕组将感应产生很高数值的尖顶波电动势，其数值可达数千伏甚至上万伏，危及工作人员安全和仪表、继电器的绝缘。因此，电流互感器严禁二次侧开路运行。电流互感器二次绕组必须牢靠地接在二次设备上，当必须从正在运行的电流互感器上拆除继电器时，应首先将其二次绕组可靠的短路，然后才能拆除继电器。

（2）电流互感器的二次侧有一端必须接地。一端必须接地是为了防止一、二次绕组绝缘击穿时，一次侧高电压窜入二次侧，危及人身和设备安全。

（3）电流互感器若在连接时，要注意其端子的极性。在安装和使用电流互感器时，一定要注意端子极性，否则二次侧所接仪表、继电器中流过的电流不是预想的电流，甚至会引起事故。如不完全星形接线中，C相K_1、K_2如果接反，则中性线电流不是相电流，而是相电流的$\sqrt{3}$倍，可能使电流表烧坏。

二、电压互感器

电压互感器是将电力系统的一次电压按一定的变比变换成二次较小电压，供给测量表计和继电器，同时还可以使二次设备与一次高压隔离，保证工作人员的安全。其工作原理与变压器基本相同。

1. 电压互感器的极性

电压互感器一、二次绕组间的极性与电流互感器一样，按照减极性原则标注。如图3-14所示，用相同脚标表示同极性端子，当只需标出相对极性关系时，也可在同极性端子上示以"·"，电压互感器一、二次绕组各电量归算至同一侧时，$\dot{U}_1$与$\dot{U}_2$大小相同、方向相同，故接在二次侧的负荷KV与接在一次系统中一样，非常直观。

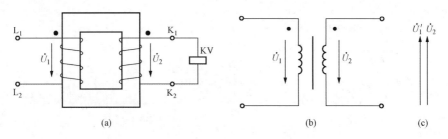

图3-14 电压互感器的极性、正方向和相量

（a）原理图；（b）电路图；（c）相量图

2. 电压互感器常用接线方式

电磁式电压互感器常用接线方式有三个单相电压互感器构成的星形接线，两个单相式电压互感器构成的Vv接线，三相五柱式电压互感器的接线方式，如图3-15～图3-17所示。

（1）星形接线。这种接线可由三个单相电压互感器构成。从图3-15可见，每个单相电压互感器二次侧都有一个主二次绕组和一个辅助二次绕组，一般主二次绕组接成星形，辅助二次绕组接成开口三角接线，这样就可以获得相电压、线电压和零序电压。

（2）Vv接线。由两个单相式电压互感器构成的Vv接线，又称不完全星形接线。从图3-16可见，电压互感器的一次绕组不允许接地，二次绕组采用b相接地，作为保护接地。这

种接线方式只用两个电压互感器就可以获
得三个线电压，比采用星形接线经济。当
自动装置和继电保护装置以及测量表计只
需要线电压时，可以采用此接线方式。它
的缺点是不能获得相电压。这种接线方式
适用于小电流接地系统。

（3）三相五柱式电压互感器的接线方式。
三相五柱式电压互感器是具有五个磁柱的铁
心，三个一次绕组缠绕在中间的三个铁心柱
上。这种接线方式的工作情况与图 3 - 16 类
似，只是一般常用于小电流接地系统。

3. 电压互感器误差

电压互感器等值电路与电流互感器等
值电路相同，工作时存在励磁电流，同时
电压互感器的负荷电流在一次绕组的电阻
和二次绕组的电阻、漏抗上形成电压降，
也使电压互感器的二次电压与折算到二次
侧的一次电压存在大小误差（比值误差）

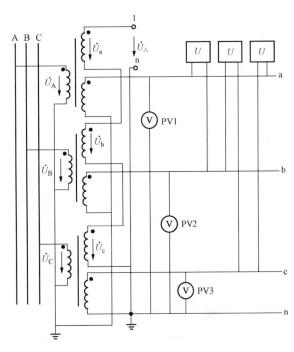

图 3 - 15　三个单相电压互感器构成的星形接线

和角度误差，但在继电保护中，电压互感器的比值误差和角度误差在一般情况下可不考虑。

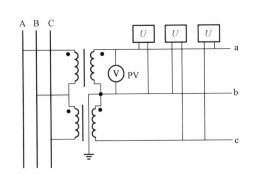

图 3 - 16　两个单相式电压互感器构成的 Vv 接线

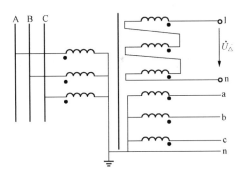

图 3 - 17　三相五柱式电压互感器的接线方式

4. 电压互感器使用注意事项

（1）电压互感器在工作时其二次绕组不允许短路。电压互感器同普通电力变压器一样，二次
侧如发生短路，将产生很大短路电流烧坏互感器。因此电压互感器一次、二次绕组必须装设熔断
器以进行短路保护。

（2）电压互感器二次侧有一端必须接地。这是为了防止一、二次侧接地时，一、二次绕组绝
缘击穿时，一次侧的高压窜入二次侧危及人身和设备的安全。

（3）电压互感器在连接时，也要注意其端子的极性。我国规定单相电压互感器一次绕组端子
标以 A、X，二次绕组端子标以 a、x，A 与 a 为同极性端。三相电压互感器按照相序，一次绕组
端子分别标以 A、X、B、Y、C、Z；二次绕组端子分别为 a、x、b、y、c、z；这里 A 与 a，B 与
b，C 与 c 各为相对应的同极性端。

第三节 测 量 变 换 器

在继电保护装置中，尤其是晶体管型保护、整流型保护和微机保护中，常用测量变换器（电流变换器、电压变换器、电抗变压器）来完成下述功能：

(1) 按照保护装置构成原理的要求，进行电气量的变换与综合。

(2) 将被保护设备的强电交流二次回路与保护装置的直流弱电回路相隔离。

(3) 利用测量变换器一、二次线圈的屏蔽层，抑制干扰信号的侵入，提高保护装置的抗干扰能力。

下面分别介绍这三种变换器的工作原理及特点。

一、电压变换器 (UV)

电压变换器用于将一次电压变换成装置所需要的二次电压。它是单相式的，其等值电路与工作原理和单相电压互感器相同。

当忽略其比值误差和角度误差时，则二次输出电压为

$$\dot{U}_2 = K_{UV}\,\dot{U}_1 \tag{3-11}$$

式中　K_{UV}——电压变换器变换系数；

　　　　$\dot{U}_1$——电压变换器一次输入电压；

　　　　$\dot{U}_2$——电压变换器二次输出电压。

二、电流变换器 (UA)

电流变换器用于将一次电流变换成装置所需要的二次电压。它是由一台小型电流互感器和并联在二次侧的小电阻组成。

当忽略其比值误差和角度误差时，则二次输出电压为

$$\dot{U}_2 = \frac{\dot{I}_1}{K_{TA}}R_2 = K_{UA}\,\dot{I}_1 \tag{3-12}$$

式中　K_{UA}——电流变换器变换系数 $K_{UA} = R_2/K_{TA}$；

　　　　K_{TA}——UA 里的小型电流互感器变比；

　　　　$\dot{I}_1$——电流变换器一次输入电流；

　　　　$\dot{U}_2$——电流变换器二次输出电压。

三、电抗变压器 (UR)

电抗变压器用于将一次电流变换成装置所需要的二次电压。原理结构、原理图及等值电路如图 3-18 所示。

电抗变压器与电流变换器都是将电流进行变换，它们的一次绕组都是接在电流互感器二次侧，但是两者存在很大的区别。电流变换器的铁心没有气隙，其励磁阻抗 Z_m 很大，磁路易饱和，而电抗变压器的铁心具有气隙，因此其励磁回路的励磁阻抗 Z_m 数值很小，相对于二次较大的负荷阻抗来说，完全可以忽略不计，故一次电流全部作为励磁电流，电抗变压器在工作时，N2 绕组可认为处于开路状态。此时负荷阻抗上的电压可视为二次绕组的开路电压，即

$$\dot{U}_2 = Z'_m\dot{I}_1 = \dot{K}_{UR}\,\dot{I}_1 \tag{3-13}$$

式中　$\dot{K}_{UR}$——电抗变压器的变换系数，其值是具有阻抗量纲的复数，为 $\dot{U}_2/\dot{I}_1$。

在电抗变压器中，通过调节电抗变压器一、二次绕组的匝数可以改变 $\dot{U}_2$ 的大小；通过调节电抗变压器 N3 绕组所接的电阻 R_φ 可以改变 $\dot{K}_{UR}$ 的角度。

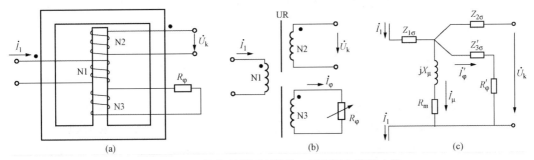

图 3-18 电抗变压器原理结构、原理图和等值电路

(a) 原理结构图；(b) 原理图；(c) 等值电路图

三种变换器的结构和工作状态存在差别，将它们进行比较，其结果见表 3-2。

表 3-2 三种测量变换器比较

变换器种类	电压变换器 UV	电流变换器 UA	电抗变压器 UR
电量变换关系	$\dot{U}_2 = K_{UV}\dot{U}_1$ 式中，K_{UV} 是实数	$\dot{U}_2 = K_{UA}\dot{I}_1$ 式中，K_{UA} 是实数	$\dot{U}_2 = \dot{K}_{UR}\dot{I}_1$ 式中，$\dot{K}_{UR}$ 是量纲，为阻抗的复数
一次绕组接于	电压互感器二次绕组	电流互感器二次绕组	电流互感器二次绕组
铁心特点	无气隙，$Z'_m \to \infty$	无气隙，$Z'_m \to \infty$	有气隙，Z'_m 较小
一、二次绕组漏抗	可以忽略	可以忽略	较大
绕组情况	匝数多、线径细	匝数多、线径粗	一次绕组匝数少、线径粗； 二次绕组匝数多、线径细
简化等值电路			

思 考 题 与 习 题

3-1 试述电磁型继电器的基本结构和工作原理。

3-2 什么是电流继电器的动作电流、返回电流和返回系数？

3-3 试说明 DL-10 型电流继电器两线圈串联或并联，继电器动作电流有何变化？为什么？

3-4 继电保护装置的辅助继电器有哪些？各自的作用及工作特点是什么？

3-5 试比较过量继电器（如过电流继电器）和欠量继电器（如低电压继电器）动作值、返回值及返回系数的区别。

3-6 试比较变换器 UV、UA、UR 的相同点和区别。

3-7 继电保护用电流互感器的一、二次正方向和同极性端子是怎样确定的？

3-8 何谓电流互感器的饱和电流系数与 10% 误差曲线？

第四章 微机保护基础知识

第一节 离散信号与系统

一、时域连续信号与离散信号

通常把信号分成连续信号和离散信号两大类。如果信号的定义域（在时域中是时间）是一个连续的区间，则称这种信号为连续信号。如果函数值亦是连续的，则称为模拟信号。如

$$x_1(t) = A\sin\omega t \quad (-\infty < t < \infty) \tag{4-1}$$

时域连续信号的图像是坐标平面上至多具有有限个间断点的曲线，描述它们的数学工具是分段连续函数。

如果信号的定义域是一些离散的点，则谓之离散信号，显然它们的值域也是一些离散点的集合。把这种定义域和值域都是离散点的集合的信号定义为离散信号或数字信号。

离散信号定义域中相邻两点 t_{n+1} 和 t_n 之间的距离 ΔT_n 称为步长。$\Delta T_n = t_{n+1} - t_n$，可以是常数，也可以是随 n 而变的量。当 ΔT_n 为常数时，$t_n = n\Delta T_n$，故有

$$x_1(t_n) = x_1(n\Delta T) \tag{4-2}$$

即可将离散信号写成关于整数 n 的函数，这便是数学上的序列。换言之，离散信号可以用序列来描述。固常称离散信号或数字信号为序列。

时域离散信号可以用封闭形式表示，也可以用穷举法表示。所谓封闭形式就是写出离散序列的通项表达式，而穷举法则写出值域与定义域的对应关系，如

$$x(n) = \begin{cases} 2^n, & n \geq 0 \\ 0, & n < 0 \end{cases} \tag{4-3}$$

上式是离散信号的封闭形式。而下列表达属穷举法，即

$$x(n) = \begin{cases} 1, & n < 1 \\ 2, & n = 0 \\ 3, & n = 2 \end{cases} \tag{4-4}$$

下面介绍几种常用的重要序列：

（1）单位脉冲序列。表达式为

$$\delta(n) = \begin{cases} 1, & n = 0 \\ 0, & n \neq 0 \end{cases} \tag{4-5}$$

应该指出，离散信号中的冲激序列与连续函数中的单位冲激函数与 $\delta(t)$ 是完全不同的，离散信号中的单位冲激序列有确切定值，而 $\delta(t)$ 是用极限定义的广义函数，当 $t=0$ 时 $\delta(t) \rightarrow \infty$，其余处 $\delta(t) = 0$。$\delta(t)$ 只是一个数字极限，而 $\delta(n)$ 却是一个现实的单位脉冲序列，其幅度为1，如图 4-1（a）所示。注意下面表示式中 n 只能取整数才有意义。延时 n_0 个采样的单位脉冲序列的表达式为

$$\delta(n - n_0) = \begin{cases} 1, & n = n_0 \\ 0, & n \neq n_0 \end{cases} \tag{4-6}$$

实际上，是将单位脉冲序列 $\delta(n)$ 延迟 n_0 的一个单位脉冲序列，如图 4-1（b）所示。

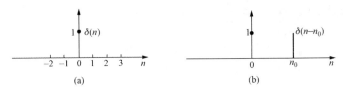

图 4-1 单位脉冲序列

（a）单位脉冲序列；（b）延迟 n_0 个采样单位脉冲序列

（2）单位阶跃序列。表达式为

$$u(n) = \begin{cases} 1, n \geqslant 0 \\ 0, n < 0 \end{cases} \tag{4-7}$$

不难验明，单位阶跃序列和冲击序列之间有如下关系

$$u(n) = \sum_{k=0}^{\infty} \delta(n-k) \tag{4-8}$$

式中　$\delta(n-k)$——延迟单位取样序列。

单位阶跃序列如图 4-2 所示。

（3）指数序列。表达式为

$$f(n) = \begin{cases} a^n, n \geqslant 0, |a| < 1 \\ 0, n < 0 \end{cases} \tag{4-9}$$

（4）正弦序列。表达式为

$$X(n) = \sin(n\omega_0) \tag{4-10}$$

式中　ω_0——正弦序列数字域角频率。

当正弦周期为 2π，每周期取值为 N_0，则 $\omega_0 = \dfrac{2\pi}{N_0}$。例如每周期取值为 12 个，如图 4-3 所示。

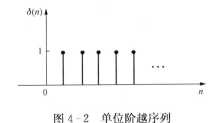

图 4-2 单位阶越序列 　　　　　　　图 4-3 正弦序列

（5）用单位脉冲表示的任意序列。设有一序列集合 $|X(m)|$，其中任一个序列 $X(n)$ 可用延迟单位脉冲序列的加权和表示，其权即为 $X(m)$ 在 m 时刻的值

$$X(n) = \sum_{m=-\infty}^{\infty} X(m)\delta(n-m) \tag{4-11}$$

由于　　　　　　　　　　$\delta(n-m) = \begin{cases} 1, m = n \\ 0, m \neq n \end{cases}$

所以　　　　　　$\sum_{m=-\infty}^{\infty} X(m)\delta(n-m) = \begin{cases} X(n), m = n \\ 0, m \neq n \end{cases}$

对每个给定的 m 值，只有当 $m=n$ 时上式才不为零，而等于 $X(n)$。故对一切 m 值求和得到整个 $\{X(n)\}$ 序列值。

二、离散时间系统基本概念

所谓系统，是指有输入和输出的物理装置（如滤波器、信号变换器、网络等）或运算的总称。当系统的输入和输出都是离散信号时，则此系统称为离散时间系统，其输入和输出表示为

$$y(n) = T[X(n)] \tag{4-12}$$

式中　$X(n)$、$y(n)$——输入、输出信号；

　　　　T——系统的传递函数，它表示一定的运算或变换关系，是由系统决定的。

1. 线性离散系统

如果某一离散系统的传递函数符合叠加原理，即输入离散系统的信号为

$$X(n) = aX_1(n) + bX_2(n) \tag{4-13}$$

而输出信号为

$$\begin{aligned}y(n) &= T[X(n)] \\ &= T[aX_1(n) + bX_2(n)] \\ &= ay_1(n) + by_2(n)\end{aligned} \tag{4-14}$$

则该系统即是线性离散时间系统。

2. 定常系统

定常系统是指这种系统的传递函数 T 不随时间变化的系统，即满足

$$y(n-k) = T[X(n-k)] \tag{4-15}$$

式（4-15）说明，若输入信号 $X(n)$ 推迟时间 k，其输出 $y(n)$ 也推迟时间 k。

3. 线性定常系统输出输入的关系

当单位脉冲序列 $\delta(n)$ 输入到某定常离散时间系统时，它的输出就称为该系统的单位脉冲响应 $h(n)$，可表示为

$$h(n) = T[\delta(n)] \tag{4-16}$$

若已知系统的单位脉冲响应 $h(n)$ 时，便可用卷积求出任意一个序列 $X(n)$ 的输出 $y(n)$，即

$$y(n) = \sum_{m=-\infty}^{\infty} X(m)h(n-m) = X(n) \otimes h(n) \tag{4-17}$$

式（4-17）可用式（4-11）和线性定常系统的性质进行证明，即

$$\begin{aligned}y(n) &= T[X(n)] \\ &= T[\sum_{m=-\infty}^{\infty} X(m)\delta(n-m)] \\ &= \sum_{m=-\infty}^{\infty} X(m)T[\delta(n-m)] \\ &= \sum_{m=-\infty}^{\infty} X(m)h(n-m) \\ &= X(n) \otimes h(n)\end{aligned}$$

三、离散时间系统的描述

在描述离散时间系统时，常用差分、差分方程的概念。下面就来介绍差分及差分方程概念。

有一离散序列 $X(n)$，$X(n)$ 的一阶差分方程为

$$\Delta X(n) = X(n+1) - X(n) \tag{4-18}$$

$X(n)$ 的二阶差分为

$$\begin{aligned}
\Delta^2 X(n) &= \Delta\big[\Delta X(n)\big] \\
&= \Delta X(n+1) - \Delta X(n) \\
&= X(n+2) - X(n+1) - X(n+1) + X(n) \\
&= X(n+2) - 2X(n+1) + X(n)
\end{aligned} \tag{4-19}$$

类似地还可定义三阶、四阶差分等。在差分表达式中含有很多个 $X(n+k)$ 项，k 的最大值与最小值之差，就是差分的阶。如式（4-19）中的 k 最大值与最小值之差为 2，故式（4-19）为二阶差分。

线性定常离散时间系统的输入和输出，用线性常系数差分方程来描述。一般线性常系数差分方程表示为

$$y(n) = \sum_{k=0}^{N} a_k X(n-k) - \sum_{k=1}^{N} b_k y(n-k) \tag{4-20}$$

由式（4-20）可知，为了求解 $y(n)$ 必须知道当前的 $X(n)$，前 n 个输入 $X(n-k)$ 和前 M 个输出 $y(n-k)$，差分方程比微分方程简单、易解，可用逆推法求其暂态解。

第二节 采样信号和采样定理

数字式保护的基本特征是由软件对数字信号进行计算和逻辑处理来实现微机保护的原理，而所依据的电力系统的主要电量参数却是模拟性质的信号（如电流、电压等），因此，首先需要通过数字信号采集系统将连续的模拟信号转变为离散的数字信号（由模拟量输入接口通过 CPU 控制实现），这个过程称为量化过程。量化包括两个过程：第一个过程为采样过程，通过采样保持器（S/H）对时间进行离散化，即把时间连续的信号变为时间离散的信号，或者说在一个个等时间间隔的瞬时点上抽取信号的瞬时值，称之为时间取量化；第二个过程为模数变换过程，通过模数变换器（A/D）对采样信号幅度进行离散化，逐一将这些离散时间信号电平转换为二进制数表示的数字量，称之为幅值取量化。

一、采样过程及采样方式

1. 采样过程描述

设输入模拟信号为 $x_A(t)$，现在以确定的时间间隔 T_s 对其连续采样，得到一组代表 $x_A(t)$ 在各采样点瞬时值的采样值序列 $x(n)$，可表示为

$$x(n) = x_A(nT_s) \quad (n = 1,2,3,\cdots) \tag{4-21}$$

从信号处理的观点看，采样的过程可以看成用采样序列 $s(t)$ 与连续信号 $x_A(t)$ 相乘后得到的一个新的信号 $x(n)$，即

$$x(n) = x_A(t)s(t) \tag{4-22}$$

采样过程如图 4-4 所示。

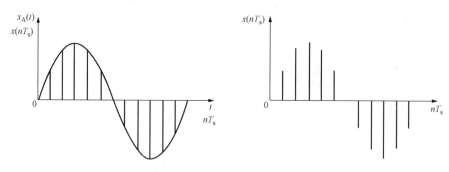

图 4-4 采用过程示意图

采样过程是将模拟信号 $x_A(t)$ 首先通过采样保持器，每隔 T_s 采样一次（定时采样）输入信号的即时幅度，并把它存放在保持电路里，供 A/D 转换器使用。经过采样后的信号为离散时间信号，它只代表时间轴上一些离散点（0，T_s，$2T_s$，$3T_s$，…）上的信号 $x_A(0)$，$x_A(T_s)$，…，$x_A(nT_s)$，…，从而得到一组特定时间下表达的数值序列。

2. 采样方式

（1）单一通道的采样方式。根据采样点的位置以及采样间隔时间与输入波形在时间上对应关系，采样方式可以分为异步采样和同步采样。

1）异步采样。也称定时采样，相邻采样值之间的间隔时间 T_s 称为采样周期。采样周期 T_s 的倒数称为采样频率（简称采样率），记为 f_s，$f_s = \dfrac{1}{T_s}$。等间隔采样周期 T_s 永远保持固定不变，即 T_s＝常数。采样频率 f_s 不随模拟输入信号的基波频率 f_1 变化而调整，人为地认为模拟输入信号的基波频率不变。

2）同步采样。它又分为跟踪采样和定位采样两种方式。目前微机保护中主要采用跟踪采样。跟踪采样的采样周期 T_s 不再恒定，而是使采样频率 f_s 跟踪系统基频 f_1 的变化，始终保持 $f_s/f_1 = N$ 为不变的整数。这种采样方式通常是通过硬件或软件测取基频周期 T_1 的变化，然后动态调整采样周期 T_s 来实现。

（2）多通道间的采样方式。绝大多数的算法都是基于多个模拟输入信号（如三相电压、三相电流、零序电压和零序电流等）电气量采样值进行计算的。按照对各通道信号采样的相互时间关系，可以采用以下采样方式。

1）同时采样。在每一个采样周期对所有采样的各个通道的量在同一时刻一起采样叫同时采样。同时采样的实施技术有两种：一种是每一通道都设置 A/D 转换器，同时采样后同时进行 A/D 转换，由于 A/D 转换器价格较贵，功耗较大，这样做经济上不合算；另一种是全部通道合用一个 A/D 转换器，同时采样，依次 A/D 转换，此种方式较流行，如图 4-5 所示。

2）顺序采样。在每一个采样周期内，对上一个通道完成采样及 A/D 转换后，在开始对下一个通道进行采样叫顺序采样，如图 4-6 所示。

二、采样定理

采样频率反映了采样速度。在电力系统的实际应用中，习惯用采样率 f_s 相对于基波频的倍数（记为 N）来表示采样速率，称为每基频周期采样点数，或简称为 N 点采样。设基频频率为 f_1，基波周期为 T_1，则有 $N = \dfrac{f_s}{f_1} = \dfrac{T_1}{T_s}$。

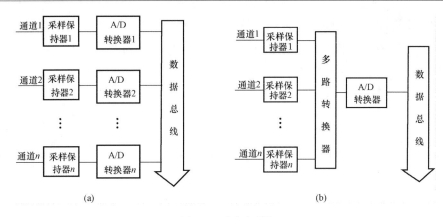

图 4-5 同时采样

(a) 同时采样，同时 A/D 转换；(b) 同时采样，依次 A/D 转换

下面利用采样定理分析如何选择采样率，或者说，对连续信号进行采样时应选择多高的采样率才能保证不丢失原始信号中的信息，才能利用 $x(n)$ 恢复原始信号 $x_A(t)$。

由直观的经验，若输入模拟信号的频率较高而采样率很低，采样数据无法正确地描述原始波形，也就是说，合适的采样率与输入信号的频率有关。研究表明，无

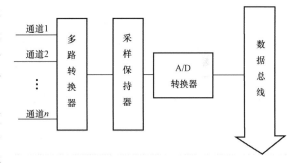

图 4-6 顺序采样，依次 A/D 转换

论原始输入信号的频率成分多复杂，保证采样后不丢失其中信息的充分必要条件，或者说由采样值能完整、正确和惟一地恢复输入连续信号的充分必要条件是，采样率 f_s 应大于输入信号的最高频率 f_{max} 的 2 倍，即 $f_s > 2f_{max}$，这就是采样定理。

满足采样定理的必要性可以用图 4-7 加以说明。图 4-7 (a) 所示为当 $f_s < 2f_{max}$ 时引起错误的情况：原高频信号如实线所示，由于采样率太低，由采样值观察，将会误认为输入信号为虚线所示的低频信号。图 4-7 (b) 所示为当 $f_s = 2f_{max}$ 时引起错误的情况：对于实线所示的信号一周波可以得到两个采样值，但由这两个采样值还可以得到另一同频率但不同幅值和相位的信号（虚线所示），实际上由这两个采样值可以得到无数个同频率但不同幅值和相位的信号，这表明当满足 $f_s = 2f_{max}$ 时，由采样值无法惟一地确定输入信号。

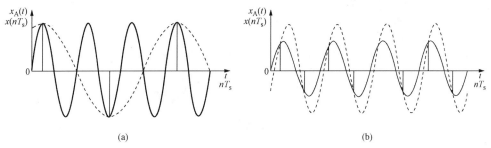

图 4-7 说明采样定理必要性的示意图

(a) $f_s < 2f_{max}$ 引起的错误；(b) $f_s = 2f_{max}$ 引起的错误

下面进一步从理论上说明采样定理。先找出理想采样信号 $X^*(t)$ 的频谱函数 $X^*(f)$，理想采样信号 $X^*(t)$ 可用输入的模拟信号与理想采样脉冲序列 $\delta_T(t)$ 的乘积表示，即

$$X^*(t) = X(t)\delta_T(t) = X(t) \sum_{n=-\infty}^{\infty} \delta(t - nT_s) \qquad (4-23)$$

式中 $X(t)$——模拟信号；

$\delta_T(t)$——理想采样序列。

由于理想采样脉冲序列 $\delta_T(t)$ 是周期 T_s 的周期函数，故可将 $\delta_T(t)$ 展开成傅氏（傅里叶）级数

$$\delta_T(t) = \sum_{n=-\infty}^{\infty} \delta(t - nT_s) = \sum_{m=-\infty}^{\infty} C_m e^{jm\omega_s t} \qquad (4-24)$$

式中 ω_s——采样角频率，$\omega_s = 2\pi f_s = \dfrac{2\pi}{T_s}$；

T_s——采样间隔。

式（4-24）中傅氏系数

$$C_m = \frac{1}{T_s} \int_{-\frac{T_s}{2}}^{\frac{T_s}{2}} \delta_T(t) e^{-jm\omega_s t} dt \qquad (4-25)$$

$$C_m = \frac{1}{T_s} \int_{-\frac{T_s}{2}}^{\frac{T_s}{2}} \sum_{n=-\infty}^{\infty} \delta(t - nT_s) e^{-jm\omega_s t} dt$$

$$C_m = \frac{1}{T_s} \int_{-\frac{T_s}{2}}^{\frac{T_s}{2}} \delta(t - nT_s) e^{-jm\omega_s t} dt$$

在 $|t| \leqslant \dfrac{T_s}{2}$ 的积分区间内，只存在一个脉冲 $\delta(t)$，并用 $\delta(t)$ 的筛分性质求出

$$C_m = \frac{1}{T_s} \int_{-\frac{T_s}{2}}^{\frac{T_s}{2}} \delta_T(t) e^{-jm\omega_s t} dt = \frac{1}{T_s} \qquad (4-26)$$

将式（4-26）代入式（4-24）得

$$\delta_T(t) = \frac{1}{T_s} \sum_{m=-\infty}^{\infty} e^{jm\omega_s t} \qquad (4-27)$$

将式（4-27）代入式（4-23），并进行傅氏变换得

$$X^*(t) = X(t)\delta_T(t) = X(t)\frac{1}{T_s} \sum_{m=-\infty}^{\infty} e^{jm\omega_s t} \qquad (4-28)$$

$$X^*(f) = \frac{1}{T_s} \int_{-\infty}^{\infty} X(t) \sum_{m=-\infty}^{\infty} e^{jm\omega_s t} e^{-j\omega t} dt$$

$$= \frac{1}{T_s} \sum_{m=-\infty}^{\infty} \int_{-\infty}^{\infty} X(t) e^{-j(\omega - m\omega_s)t} dt$$

$$= \frac{1}{T_s} \sum_{m=-\infty}^{\infty} X(f - mf_s) \tag{4-29}$$

式（4-29）表明，理想采样信号 $X^*(f)$ 是一个等于采样频率 f_s 的周期函数。若连续信号 $X(t)$ 的频谱为 $X(f)$，如图 4-8（a）所示，则理想采样信号 $X^*(t)$ 的频谱 $X^*(f)$ 如图 4-8（b）所示。$X^*(f)$ 每隔 f_s 重现一次，这叫频谱周期延拓，该图未画出 $f<0$ 的部分。

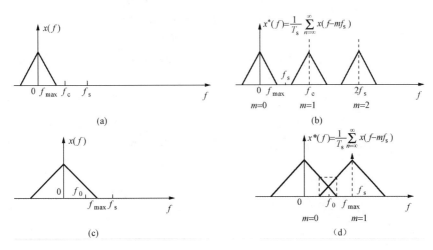

图 4-8 理想采样信号频谱

连续信号 $X(f)$ 的最高频率 f_{max} 小于 $f_0 = \frac{1}{2} f_s$ 时，由图 4-8（a）、（b）可看出，理想采样 $X^*(t)$ 的频谱 $X^*(f)$ 无重叠部分。而当连续信号 $X(t)$ 中的最高频率 $f_{max} > f_0 = \frac{1}{2} f_s$ 时，由图 4-8（c）、（d）可知，$X^*(t)$ 的频谱 $X^*(f)$ 存在重叠部分。

实际应用中，确定采样率还需考虑以下问题：

1）电力系统的故障信号中可能包含很高的频率成分，但多数保护原理只需要使用基波和较低次的高次谐波成分，为了不对数字式保护的硬件系统提出过高的要求，可以对输入信号先进行模拟低通滤波，降低其最高频率，从而可选取较低的采样频率。

2）实用采样频率通常按保护原理所用信号频率的 4～10 倍来选择。例如，常用采样频率为 $f_s = 600\text{Hz}(N=12)$、$f_s = 800\text{Hz}(N=16)$、$f_s = 1200\text{Hz}(N=24)$ 等，这样选择的主要原因是为了保证计算精度，同时也考虑了数字滤波的性能要求。另外，由于简单的前置模拟低通滤波器难以达到很低的截止频率和理想的高频截断特性，因而也就限制了采样频率不能太低。

第三节 数 字 滤 波

一、数字滤波的概念

从含有噪声的信号中提取有用信号的过程称为滤波。滤波器就广义来讲是一个装置或系统，用于对输入信号进行某种加工处理。

滤波器分为模拟滤波器和数字滤波器两种，其中模拟滤波器是由物理器件构成的，按构成滤波器的物理器件来划分，模拟滤波器又可分为两类，一类是无源滤波器，由 R、C 元件构成；另一类是有源滤波器，由运算放大器和 R、C 等元件构成。按滤波器的频率响应来划分，有低通滤波器、高通滤波器、带通滤波器和带阻滤波器。数字滤波器不需要任何物理器件，它实质上只是一段计算程序，由计算机执行该程序以达到滤波的目的。

线路的电压和电流经过 TV 和 TA，保护装置再经过变换器（小 TV、小 TA）变换并转换成电压信号后，一般要经过一级模拟低通滤波器进行滤波处理。保护装置对输入信号进行采样保持和 A/D 转换后，一般还需经过一级数字滤波。设置在采样前的模拟低通滤波器主要作用是为了防止频率混叠，其截止频率一般较高；而采用数字滤波器可以抑制数据采集系统引入的各种噪声，如模数转换的整量化噪声、中间变换器励磁电流引起的波形失真等。

数字滤波器与模拟滤波器相比具有如下优点：

（1）滤波精度高。通过加大计算机所使用的字长，可以很容易地提高滤波精度。

（2）灵活性高。数字滤波器只是按数学公式编制的一段程序，实现起来比模拟滤波器要容易得多。只要改变算法或某些滤波系数，可灵活调整数字滤波器的滤波特性，易于适应不同应用场合的要求。

（3）可靠性高。不存在元件老化、温度变化对滤波器特性的影响。

（4）调试方便。数字滤波器没有像模拟滤波器那样存在着元件特性的差异，一旦程序设计完成，每台装置的特性就完全一致，无需逐台调试。

（5）不存在阻抗匹配的问题。

正因为数字滤波器存在上述优点，故一般的微机保护和监控中，都只在采样前设置一较简单的模拟低通滤波器，而在程序中选用合适的数字滤波方案。

二、数字滤波器的基本知识

所谓数字滤波器通常是指一种程序或算法，在微机保护子系统中，数字滤波器的运算过程可用下述系数线性差分方程来描述，即

$$y(n) = \sum_{i=0}^{m} a_i x(n-i) + \sum_{j=0}^{m} b_j y(n-j) \qquad (4\text{-}30)$$

式中　$x(n)$、$y(n)$——滤波器的输入值和输出值序列；

　　　　a_i、b_j——滤波器系数。

通过选择滤波器系数 a_i 和 b_j，可滤除输入信号序列 $x(n)$ 中的某些无用频率成分，使滤波器的输出序列 $y(n)$ 能更明确地反映有效信号的变化特征。

1. 递归型与非递归型数字滤波器

数字滤波器根据其输出与输入信号之间的关系可以划分为递归型与非递归型两类，两者各有其优缺点。

递归型数字滤波器的输出信号不仅与输入信号有关，还与前几次的输出值有关，递归滤波器由于有了递归（或称反馈），就有了记忆作用，所以除了个别特例外，都是无限冲击响应滤波器，简称 IIR（Infinite Impulse Response）滤波器。在式（4-30）中，若系数 b_j 不全部为 0，即过去的输出对现在的输出有直接影响。

非递归型数字滤波器是将输入信号和滤波器的单位冲激响应作卷积而实现的一类滤波器，它的输出信号仅与输入信号有关。用非递归方式实现滤波器，其单位冲击响应必须是有限长的，否则意味着无限的运算量。非递归滤波器必定是有限冲击响应滤波器，简称 FIR（Finite Impulse

Response)。在式（4-30）中，系数 b_j 均全部为 0 时，称之为非递归型滤波器，此时，当前的输出 $y(n)$ 只是过去和当前的输入值 $x(n-i)$ 的函数，而与过去的输出值 $y(n-j)$ 无关。

两种型式的滤波器各有优缺点，选择哪一种型式，在很大程度上取决于应用场合的不同。就微机保护来说，不同的保护原理、不同的算法、不同的软件安排等都会对滤波器有不同的选择。此外，在滤波器的选型和滤波特性的设计时，还应充分考虑后续所使用的参数计算算法的基本特点和要求。不同的参数计算方法，对滤波器的要求也会有所不同，两者应综合考虑。继电保护是实时系统，要求保护能快速对被保护对象的故障做出反应，就这一点来说，非递归型好，因为它是有限冲击响应的，而且它的设计比较灵活，易于在频率特性和冲击响应之间，也就是滤波效果和响应时间之间做出权衡；但是另一方面，由于继电保护是实时数据处理系统，数据采集单元将按照采样速率源源不断地向微机系统输入数据，微机处理的速度必须跟上这一实时节拍，否则将造成数据积压，无法工作，就这一点来说，用递归型较好，因为它的运算量要小得多。

2. 数字滤波器的滤波特性

数字滤波器的滤波特性通常可用它的频率响应特性来表征，包括幅频特性和相频特性。幅频特性反映的是不同频率的输入信号经过滤波计算后，引起幅值的变化情况。而相频特性反映的则是输入和输出信号之间的相位的变化大小。例如，频率为 f_1、幅值和相位分别为 X_m 和 φ_x 的正弦函数输入序列 $X_A(t)$，经过由式（4-30）所示的线性滤波计算后，输出序列 $y(n)$ 仍为正弦函数序列，并且频率与输入信号频率相同，只是幅值相位发生了变化。假设输出序列 $y(n)$ 的幅值为 Y_m，相位为 φ_y，则滤波器的幅值特性定义为

$$H(f) = Y_m / X_m \qquad (4-31)$$

相频特性定义为

$$\varphi(f) = \varphi_y - \varphi_x \qquad (4-32)$$

在实际应用中，数字滤波器的响应特性通常是采用频域上的频率响应曲线来描述。该曲线直观反应了滤波器对不同频率的信号的滤波能力。

对于大多数的微机保护来说，由于保护原理只用到基频或某次谐波，因此最关心的是滤波器的幅频特性，即使需要进行比相，只要参加比相的各量采用相同的滤波器，它们的相对相位总是不变的。因此，对滤波器的相频特性一般不作特殊要求，只有在某些特殊场合，才考虑相频特性的影响。电力系统作为一具体的特定系统，其信号的变化有着自身的特点，有些传统的滤波器设计方法并不完全适用。微机保护作为实时性要求较高的自动装置，对滤波器的性能也有一些特殊要求。

三、常用数字滤波器

关于数字滤波器的具体设计方法及实例，在各种数字信号处理的教材里都有介绍，在这里不作介绍，只列举出一些常用数字滤波器的系统函数及滤波特性。对于简单的数据采集和保护模块，利用这些方法已经可以得到满意的结果。如需要得到特殊的滤波效果，可以自行设计相应的滤波器。

（一）差分滤波器

在非递归型滤波器中，最简单的一种常用滤波器为差分（相减）滤波器。在计算机中实现差分滤波的计算公式即差分方程为

$$y(n) = X(n) - X(n-k) \qquad (4-33)$$

式中　　　　　　　X——输入信号；

　　　　　　　　　y——输出信号；

$X(n)$、$X(n-k)$——相隔 K 个采样间隔的采样值，式中 $k \geqslant 1$，称为差分步长。

将式（4-33）进行 Z 变换，得

$$Y(Z) = X(Z)(1 - Z^{-K})$$

它的系统传递函数为

$$H(z) = \frac{Y(Z)}{X(Z)} = 1 - Z^{-K}$$

将 $H(z)$ 中的 Z 用 $e^{j\omega T_s}$ 代替，分析该滤波器的幅频特性及相频特性。

其幅频特性为

$$
\begin{aligned}
\left| H(e^{j\omega T_s}) \right| &= \sqrt{(1 - \cos k\omega T_s)^2 + \sin^2 k\omega T_s} \\
&= 2 \left| \sin \frac{K\omega T_s}{2} \right| = 2 \left| \sin \frac{\pi k f}{f_s} \right|
\end{aligned}
\tag{4-34}
$$

相频特性为

$$\varphi(\omega T_s) = \tan^{-1} \frac{\sin K\omega T_s}{1 - \cos k\omega T_s} = \frac{\pi}{2}(1 - 2fKT_s) \tag{4-35}$$

式中　ω——信号角频率，$\omega = 2\pi f$，f 为信号频率；

　　　f_s——采样频率；

　　　T_s——采样周期。

以下分析所能滤除的谐波次数与 K、f_s 的关系。以 $\omega = 2\pi f$ 代入式（4-35）得

$$\left| H(e^{j2\pi f/T_s}) \right| = 2 \left| \sin \frac{k m f_1 \pi}{f_s} \right| \quad \left(m = \frac{f}{f_1} \right)$$

令其值为 0，则有

$$\frac{k m f_1}{f_s} = 0, 1, 2, \cdots$$

考虑到 $\dfrac{f_1}{f_s} = \dfrac{1}{N}$，则有 $\dfrac{Km}{N} = 0, 1, 2, \cdots$

当 $m = 0$ 时，无论 K、N 取何值，$\dfrac{Km}{N} = 0$，可见差分滤波器一定能够滤除直流分量。

设 $K = 1$，$N = 12$，$m = 12, 24, 36, \cdots$ 时，滤波器的输出为零。

设 $K = 2$，$N = 12$，$m = 6, 12, 18, \cdots$ 时，滤波器的输出为零。

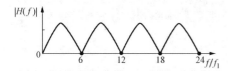

图 4-9　差分滤波器的幅频特性

图 4-9 是 $K = 2$，$N = 12$ 式差分滤波器的幅频特性图。

（二）加法滤波器

其传递函数为 $H(z) = 1 + Z^{-K}$，在计算机中实现加法滤波的公式为

$$y(n) = X(n) + X(n - K) \tag{4-36}$$

其幅频特性为

$$H(e^{j\omega T_s}) = 1 + e^{-jk\omega T_s}$$

$$= 1 + \cos K\omega T_s - \mathrm{j}\sin K\omega T_s$$

所以

$$H(\mathrm{e}^{\mathrm{j}\omega T_s}) = \sqrt{(1 + \cos K\omega T_s)^2 + \sin^2 K\omega T_s}$$

$$= 2\left|\cos\frac{K\omega T_s}{2}\right| = 2\cos\left|\frac{K \cdot 2\pi m f_1 T_s}{2}\right| = 2\left|\cos\frac{Km\pi}{N}\right| \tag{4-37}$$

相频特性为

$$\varphi(\omega T_s) = \tan\frac{-\sin K\omega T_s}{1 + \cos K\omega T_s} \tag{4-38}$$

令式（4-37）的值为零，则应有

$$\frac{Km}{N} = \frac{1}{2}(2P - 1) \quad (P = 1, 2, 3, \cdots)$$

从而有

$$m = \frac{N}{2K}(2P - 1) \quad (P = 1, 2, 3, \cdots)$$

可见，无论 P 取何值，m 都不为零，说明加法滤波器不能滤出直流分量。

设 $K = 2$，$N = 12$ 则 $m = 3(2P - 1)$，$P = 1, 2, 3, \cdots$。

可见，这个滤波器可滤除 3、9、15 次等各次谐波。图 4-10 是 $K = 2$、$N = 12$ 时加法滤波器的幅频特性。

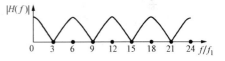

图 4-10 加法滤波器的幅频特性

（三）积分滤波器

积分滤波器系统函数为

$$H(z) = 1 + Z^{-1} + \cdots + Z^{-K}$$

$$= \frac{1 - Z^{-(K+1)}}{1 - Z^{-1}} \tag{4-39}$$

$$y(n) = X(n) + X(n-1) + \cdots + X(n-K) \tag{4-40}$$

其幅频特性为

$$\left| H(\mathrm{e}^{\mathrm{j}\omega T_s}) \right| = \left| \frac{\sin\dfrac{(K+1)\omega T_s}{2}}{\sin\dfrac{\omega T_s}{2}} \right| = \left| \frac{\sin\dfrac{\pi(K+1)f}{f_s}}{\sin\dfrac{\pi f}{f_s}} \right| \tag{4-41}$$

相频特性为

$$\varphi(\omega T_s) = -\pi\frac{Kf}{f_s} \tag{4-42}$$

可滤掉的谐波次数为 m

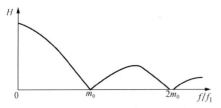

图 4-11 积分滤波器幅频特性曲线

令 $\dfrac{\pi(K+1)f}{f_s} = P$ $\quad (P = 1, 2, 3, \cdots, f = m f_1)$

则 $m = P\dfrac{f_s}{(K+1)f_1} = P\dfrac{N}{K+1} = p m_0$

$$m_0 = \frac{N}{K+1}, \quad K = 0, 1, 2, \cdots$$

其幅频特性曲线如图 4-11 所示。

第四节　微机型继电保护装置的硬件系统及原理应用

传统保护的实现是利用硬件电路，如定时限过电流保护是由电流继电器、时间继电器、信号继电器等组成；而微机保护的实现，要利用微机保护的硬件装置同时还需要软件构成。

目前微机保护在电力系统中得到广泛的应用，它与传统保护相比有明显的优越性，如灵活性强，易于解决常规保护装置难于解决的问题，使保护功能得到改善；综合判断能力强；性能稳定，可靠性高；体积小、功能全；运行维护工作量小，现场调试方便等。

一、微机保护装置硬件结构

微机继电保护的主要部分是微型机部分，因此除微型机本体外，还必须配备自电力系统向计算机输入有关信息的输入接口部分和计算机向电力系统输出控制信息的输出接口部分。此外计算机还要输入有关计算和操作程序，输出记录的信息，以供运行人员进行分析事故，即计算机还必须有人机联系部分。

微机继电保护装置硬件系统如图 4 - 12 所示，一般包括以下几部分：

（1）数据采集系统。其将来自电流互感器 TA 二次侧电流、电压互感器 TV 二次侧的电压这一类模拟信号转换为相应的微机系统能接收的数字信号。

（2）微型机系统用来分析计算电力系统的有关电量和判定系统是否发生故障，然后决定是否发出跳闸信号。微型机系统是微机保护装置的核心，一般包括微处理器（CPU）、只读存储器、随机存储器以及定时器、Watchdog 等。

（3）开关量输入/输出回路。其由若干个并行接口适配器、光电隔离器件及有触点的中间继电器等组成。完成各种保护的出口跳闸、信号警报等功能。

（4）人机对话回路。其主要功能用于人机对话，如调试、定值整定、工作方式设定、动作行为记录、与系统通信等。人机对话接口回路主要包括打印、显示、键盘及信号灯、音响或语言告警等。

（5）微机保护的电源是一套微机保护装置的重要组成部分。通常采用逆变稳压电源，一般，集成电路芯片的工作电压为 5V，而数据采集系统的芯片通常需要双极性的 ±15V 或 ±12V 工作电压，继电器回路则需要 24V 电压。

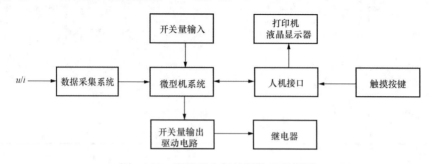

图 4 - 12　微机继电保护硬件示意框图

二、微机保护数据采集系统

目前应用较多的数据采集系统有两种，一种是由比较式模数变换器构成的数据采集系统；另一种是由计数式模数变换器构成的数据采集系统。下面对这两种数据采集系统的基本工作原理进行简要介绍。

（一）比较式模数变换的数据采集系统

比较式模数变换的数据采集系统的组成，如图 4‑13 所示。

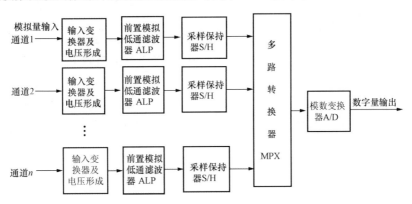

图 4‑13　基于采样保持器和 A/D 变换器的
比较式模数变换的多路数据采集系统组成

1. 电压形成回路

电压形成回路的作用是将电流、电压互感器输出的电流或电压转换成微机能接收与识别的弱电压，同时还可起隔离交直流电路和屏蔽作用，从而提高抗干扰能力。交流电压的变换一般采用电压变换器；交流电流的变换一般采用电流变换器。

微机继电保护要从被保护的电力线路或设备的电流互感器、电压互感器上取得信息。但这些互感器的二次数值（如 100V、5A 等）、输入范围对典型的微机继电保护电路却不适用，需要降低和变换。在微机继电保护中通常要求输入信号为 ±5V 或 ±10V 的电压信号，具体决定于所用的模数转换器。因此，一般采用中间变换器来实现以上的变换。

2. 前置模拟低通滤波器

设置在采样前的模拟低通滤波器主要作用是为了防止频率混叠，其截止频率一般较高。对微机保护而言，在故障初瞬，电流、电压中可能含有相当高的频率信号（2kHz 以上），为了防止混叠误差，要求 f_s 很高，势必增加对硬件的要求。实际上目前大多数微机保护原理多是反映工频量的，或反映某些高次谐波，故可以在采样之前将最高信号波频率分量限制在一定频带内。前置模拟低通滤波器的作用是滤掉 $f_s/2$ 以上频率的高频信号，以免采样时发生混叠现象。

目前，无源滤波器一般是采用电阻器 R 与电容器 C 构成的低通滤波器。这种滤波器的频率特性是单调衰减的，因此对于反应基波量的保护（如距离保护），它是可以用的。但对于反应谐波量的保护，这种 RC 滤波器对本来在数值上就小于基波量的那些谐波分量衰减过大，将对保护性能产生不良影响。但这种 RC 滤波器具有结构简单、可靠性高，能耐受较大的过载和浪涌冲击等，因此也得到了广泛的应用。

有源滤波器是指由 RC 与运算放大器构成的滤波电器。在 RC 网络中引入有源器件，有良好的滤波特性。通常采用二阶有源低通滤波电路，这种滤波电路通道比较平坦，结构比较简单，所用 RC 元件较少，当运算放大器频率特性偏离滤波器频率特性时，不易引起振荡。缺点是元件参数变化对滤波器影响较大。

3. 采样保持电路

采样保持是把在采样时刻上所得到的模拟量的瞬时幅度完整地记录下来，并按需要保持一段时间。采样保持的功能是由采样保持器实现的。一般总是把采样功能和保持功能综合在一个电路里，即采样保持电路。

采样保持电路的作用是，在一个极短的时间内测量模拟输入量在该时刻的瞬时值，并在 A/D 转换期间内，保持其输出不变。采样保持器的基本组成电路如图 4-14 所示。

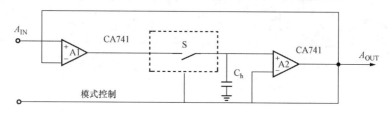

图 4-14 采样保持器的基本组成电路

采样保持电路一般由保持电容器 C_h 和输入输出缓冲放大器 A1、A2 以及控制开关 S 组成。它有两种工作模式，即采样模式和保持模式，可由模式控制信号选择。

采样期间，模式控制开关 S 闭合，A1 是高增益放大器，它的输出通过开关 S 给保持电容 C_h 快速充电，使采样保持器的输出随输入变化。S 接通时，要求充电时间越短越好，以使 U_C 迅速达到输入电压值。

保持期间，模式控制信号使开关 S 断开。由于运放 A2 的输入阻抗高，理想情况下，电容器将保持充电时的最高值。

目前，采样保持电路大多集成在单一芯片中，但芯片内不设保持电容，一般由用户根据需要选择并外接。保持电容应选择聚苯乙烯或聚四氟乙烯电容。电容值的选择应综合考虑精度、采样频率、下降误差、采样/保持偏差等参数（可参考采样保持器的有关手册）。

采样保持器芯片可分为通用型芯片、高速型芯片和高分辨率芯片三类，其中常用的通用型芯片有 LF198、LF398、AD582K、AD583K 等，下面介绍其中最常用的 LF398。

LF398 是采用双极型—场效应管工艺制成的单片采样保持器，其原理框图如图 4-15 所示，其典型应用的接线如图 4-16 所示。保持电容 C_h 为外接，它的大小的选择取决于维持时间的长短，逻辑输入端用于控制采样或保持。在 IN＋＝0 和 IN－＝0 时，处于保持状态；只有当 IN－不变，而 IN＋变到"1"时，才惟一转换到采样模式。

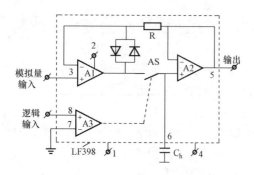

图 4-15 LF-398 内部电路原理框图

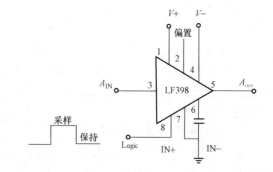

图 4-16 LF398 的典型应用接线图

电路主要由两只高性能的运算放大器 A1、A2 构成的跟随器组成，其中 A2 是典型的跟随器接法，其反相端直接与输出端相连。由于运算放大器的开环放大倍数极高，两个输入端之间的电位差实际上为零，所以以输出端对地电压能跟踪上输入端对地电压，也就是保持电容 C_h 两端的电压。在采样状态时，AS 接通，A1 的反向输入端经输出端电阻 R 获得负反馈，使输出跟踪输入电压。在保持阶段，AS 断开，A2 的输出电压不再变化，但模拟量输入却仍在变化，A1 不再能从 A2 的输出端获得负反馈，为此在 A1 的输出端和反相端之间跨接了两个反向并联的二极管，配合电阻 R 起到隔离第二级输出与第一级的联系，而直接从 A1 的输出端经过二极管获得负反馈，以防止 A1 进入饱和区。在保持结束后，AS 闭合后，重新进入采样。采样保持电路过程如图 4-17 所示。

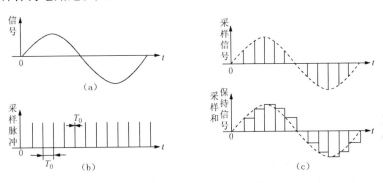

图 4-17 采样保持电路过程示意图
(a) 模拟量输入信号；(b) 采样脉冲；(c) 输出信号

LF398 的主要特点是：价格较低廉；具有高速采样和低下降率的优点；电源电压在 $\pm5V$ 到 $\pm18V$ 之间均可；输入阻抗为 $10^{10}\,\Omega$，允许使用高阻抗信号源而不降低转换精度。

4. 多路转换开关（MPX）

在实际的数据采集模块中，被测量或被控制量往往可能是几路或几十路。例如，阻抗、功率方向等都要求对各个模拟量同时采样，以准确地获得各个量之间的相位关系，以进行保护计算。对这些回路的模拟量进行采样和 A/D 转换时，为了满足计算的要求或节省硬件，可以利用多路开关轮流切换各通路，达到分时转换的目的，共用 A/D 转换器。

多路转换开关包括选择接通路数的二进制译码电路和由它控制的各路电子开关，它们被集成在一个集成电路芯片中。图 4-18 为 16 路多路转换芯片 AD7506 的内部结构图。

（1）A0、A1、A2、A3：是四个路数选择线，CPU 通过并行接口芯片或其他硬件电路给它们赋以不同的二进制码，选通 S0~S15 中相应的一路电子开关闭合，将此路接通到输出端。

（2）EN（Enable）：使能端，只有在 EN 端为高电平时多路开关才工作，否则不论 A0~A3 在什么状态 S0~S15 均处于断开状态。设置该端是为了可以用两片（或更多片）AD7506，将其输出端并联以扩充多路转换开关的路数。表 4-1 列出了 AD7506 的真值表，其中"×"表示任意值。

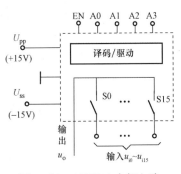

图 4-18 AD7506 内部电路

表 4-1　　　　　　　　　　　　　　　　　AD7506 真 值 表

EN	A0	A1	A2	A3	选通通道	选通开关	输　　出
1	0	0	0	0	0	S0	u_{i0}
1	0	0	0	1	1	S1	u_{i1}
⋮		⋮			⋮	⋮	⋮
1	1	1	1	1	15	S15	u_{i15}
0	×	×	×	×	禁止	无	无输出

5. 模数转换器（ADC）

模数转换器是一种能把输入模拟电压或电流变成与它成正比的数字量，以便计算机进行处理、存储、控制和显示。A/D 转换器的种类很多，但从原理上可以分为计数器式 A/D 转换器、双积分式 A/D 转换器、逐次逼近式 A/D 转换器、并行 A/D 转换器四种。

（1）比较式 A/D 转换器。A/D 转换器可以看作是一个编码电路，它将输入的模拟量 U_A 相对于模拟参考量 U_R 经一编码电路转换成数字量输出。一个理想的 A/D 转换器其输出与输入的关系为

$$D = \frac{U_A}{U_R} \tag{4-43}$$

式中　D——小于 1 的二进制数。

数字量 D 的位数由 D/A 转换器芯片型号决定，通常为 8 位、12 位等。D 为 n 位时的通式为

$$D = B_1 2^{-1} + B_2 2^{-2} + \cdots + B_n 2^{-n} \tag{4-44}$$

式（4-44）中，$B_1 \sim B_n$ 均为二进制码，其值是"1"或"0"，B_1 为 D 的最高位，用英文缩写 MSB 表示；B_n 为 D 的最低位，英文缩写为 LSB。从而得

$$U_A = U_R(B_1 2^{-1} + B_2 2^{-2} + \cdots + B_n 2^{-n}) \tag{4-45}$$

任何 A/D 转换器位数都是有限的，如八位 A/D、十六位 A/D 等，若是八位 A/D，则 B 取值是从 $B_1 \sim B_8$，舍去 B_9 以后的位数，即舍去比最低位 LSB 还要小的数。因此在量化过程中要产生量化误差，这个误差不会超过最低位，如八位 A/D 则量化误差小于 B_8 位。显然 A/D 位数越多，则量化误差越小，即分辨率越高，也就是所转换的数字量越接近模拟量。

（2）数模转换器（DAC）的工作原理。D/A 转换器的原理很简单，可以总结为"按权展开，然后相加"几个字。换句话说，D/A 转换器要能把输入数字量中每位都按权值分别转换成模拟量，并通过运算放大器求和相加。因此，D/A 转换器内部必须要有一个解码网络，以实现按权分别进行 D/A 转换。

为了说明解码网络原理（见图 4-19），现以 4 位 D/A 转换器为例加以讨论。

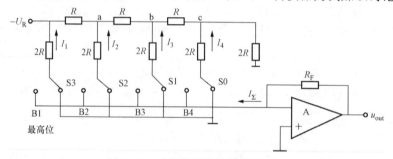

图 4-19　4 位数模转换器的原理图

图 4-18 中电子开关 S0～S3 分别受控于输入的 4 位数字量 B_1～B_4，在某一位为 "0" 时其对应开关导向右侧，即接地；而为 "1" 时，开关导向左侧，即接至运算放大器 A 的反相输入端。流向运算放大器反相输入端的总电流 I_Σ 反映了 4 位数字量的大小。运算放大器 A 的反向输入端的电位实际上也是地电位，因此不论开关导向哪一侧，对图 4-18 中电阻网络的电流分配是没有影响的。另外，这种电阻网络有一个特点，即从图 4-18 中的 $-U_R$、a、b、c 四点分别向右看，网络的等值电阻都是 R，因而 a 点电位必定为 $1/2U_R$，b 点电位为 $1/4U_R$，c 电点位为 $1/8U_R$。

相应图中各电流分别为

$$I_1 = \frac{U_R}{2R}, \quad I_2 = \frac{1}{2}I_1, \quad I_3 = \frac{1}{4}I_1, \quad I_4 = \frac{1}{8}I_1$$

而流入放大器的反向端的电流 I_Σ 为

$$I_\Sigma = B_1 I_1 + B_2 I_2 + B_3 I_3 + B_4 I_4$$
$$= \frac{U_R}{R}(B_1 2^{-1} + B_2 2^{-2} + B_3 2^{-3} + B_4 2^{-4}) = \frac{U_R}{R}D \qquad (4-46)$$

而输出电压为

$$u_{out} = I_\Sigma R_F = \frac{U_R R_F}{R}D \qquad (4-47)$$

当 $R_F = R$ 时，

$$u_{out} = U_R D \qquad (4-48)$$

由此可见，输出模拟电压 u_{out} 正比于输入的数字量 D，比例常数为 $U_R R_F / R$ 或 U_R。而幅度大小可通过选择基准电压 U_R 和比例来调整。

典型的 D/A 转换器芯片很多，如美国 NS 公司的 DAC0832、DAC1210 和美国 AD 公司的 AD588、AD7522 等。

(3) 逐次逼近法 A/D 转换器的基本原理。微机保护用的模数转换器绝大多数都是应用逐次逼近法实现的。图 4-20 为模数转换器基本原理框图。

并行接口的 B 口 PB_0～PB_7 用作输出，由 CPU 通过该口往 8 位 D/A 转换器试探性的送数。每送一个数，CPU 通过读取并行口的 PA_0 的状态（"1" 或 "0"）来试探试送的 8 位数相对于模拟量是偏大还是偏小。如果偏大，即 D/A 的输出 u_{out} 大于待转换的模拟输入电压 u_{in}，则比较器输出 "0" 否则为 "1"。如此通过软件不断的修正送往 D/A 的 8 位二进制数，直到找到最相近的值即为转换结果。

例如，逼近步骤采用二分搜索法，对于四位转换器来说，最大可能的转换输出为 1111，第一步试探可先试最大值的 1/2，即试送 1000，如果比较器的输出为 "1"，即偏小，则可以肯定最终结果最高位必定为 1；第二步应当试送 1100。如果试送 1000 后比较器的输出为 "0"，则可以肯定最终结果最高位必定是 "0"，则第二步应试送 0100。如此逐位确定，直到最低位，全部比较完成。图 4-21 表示 4 位 A/D 转换器的逐次逼近过程。转换结果能否准确逼近模拟信号，主要取决于寄存器的位数和 D/A 的位数。位数越多，越能准确逼近模拟量，但转换时间也越长。

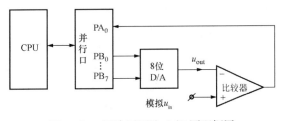

图 4-20 逐次逼近法 A/D 原理框图

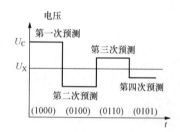

图 4-21　4 位 A/D 转换器
逐次逼近过程

对图 4-22 所示的接法，输入电压必须为正，如果为负，则不论负值多大，比较结果必然是 00000000。但交流的电流、电压都是双极性的，为了实现对双极性模拟量的模数转换，需要设置一个直流偏移量，其值为最大允许输入量的一半。将此偏移直流量同交变的输入量相加变成单极性模拟量后再接到比较器，接法如图 4-22 所示。显然双极性接法时允许的最大输入电压幅值将比单极性时缩小一半。如单极性时允许电压范围为 0～+10V，接成双极性时偏置电压取 +5V，而输入双极性电压的最大允许范围为 ±5V。这可以从图 4-23 中清楚看出，加上偏置电压后，A/D 转换器的数字量输出实际反映的是 u_{in} 和偏置电压 u_P 之和。只要减去 u_P 所相当的数字量就能还原成用补码形式表示的同双极性输入对应的数字量输出。

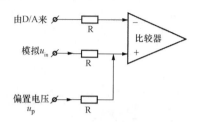

图 4-22　A/D 转换器接入双极性
电压的接线图

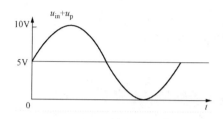

图 4-23　双极性电压加入
偏置电压后的波形

　　值得注意的是，随着大规模集成电路技术的发展，将采样保持器和 A/D 转换器或多路开关和 A/D 转换器集成在一个芯片上。例如，AD1674 是与 AD574A 管脚兼容的 12 位 A/D 转换芯片，但 AD1674 与 AD574A 不同之处主要在于 AD1674 内部有采样保持器，且转换速度只需 10μs，因此 AD1674 的性价比更高，可以是 AD574A 的替换产品。为进一步提高集成度，把多路开关、采样保持器和 A/D 转换器这三大环节集成在一个芯片中，并把这种高集成度的芯片称为数据采集系统 DAS，如 MAX197 是多量程的 12 位 DAS（数据采集系统）。

　　（二）计数式数据采集系统

　　除了应用 A/D 芯片的 A/D 式数据采集系统外，有的微机保护装置中还采用电压—频率（VFC）式数据采集系统。前者在 A/D 变换过程中，CPU 要使保持电路、模拟量多路转换开关 MPX、A/D 三个芯片之间控制协调好，因此接口电路复杂，后者与 CPU 接口简单，工作稳定，CPU 几乎不需对 VFC 芯片进行控制，抗干扰能力强等。

　　VFC 计数式的模数转换是将电压模拟量成比例地变换为数字脉冲频率，然后由计数器对脉冲计数，将计数值送给 CPU。其变换原理框图如图 4-24 所示。

　　图 4-24 中电压形成回路的作用与逐位逼近 A/D 式数据采集系统一样，浪涌吸收器是为抗干扰而设计的阻容吸收电路。VFC 芯片是该系统的核心芯片，其作用是把输入的模拟信号转换成重复频率正比于输入电压瞬时值的一串等幅脉冲，由计数器记录在一采样间隔内的脉冲个数，CPU 每隔一个采样间隔时间 T_s，读取计数器的脉冲计数值，并根据比例关系算出输入电压 u_{in} 对应的数字量，从而完成了模数变换。

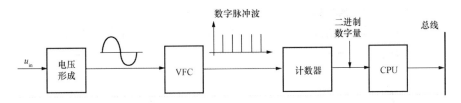

图 4-24 VFC 型 A/D 变换原理框图

如图 4-25（a）所示，AD654 芯片是一个单片 VFC 变换芯片，最高输出频率为 500kHz，中心频率为 250kHz。它是由阻抗变换器 A、压控振荡器和驱动输出级回路构成。压控振荡器是一种由外加电压控制振荡频率的电子振荡器件，芯片只需外接一个简单 RC 网络，经阻抗变换器 A 变换输入阻抗可达到 250MΩ。振荡脉冲经驱动级输出可带 12 个负荷或光电耦合器件，并要求光隔器件具有高速光隔性能。

AD654 芯片的工作方法可有正端输入和负端输入两种方式。在保护装置上大多采用负端输入方式，因此 4 端接地，3 端输入信号，如图 4-25（b）所示。由于 AD654 芯片只能转换单极性信号，所以对于交流电压的信号输入，必须有个负的偏置电压，它在 3 端输入。此偏置电压为 -5V，输出频率与输入电压 U_{in} 呈线性关系，即

$$f_{out} = \frac{1}{10C_T}\left(\frac{1}{R+R_{P1}} + \frac{U_{in}}{R_1+R_{P2}}\right) \tag{4-49}$$

式中　U_{in}——输入电压；

　　　C_T——外接振荡电容。

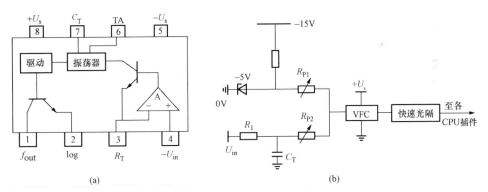

图 4-25　AD654 芯片结构及电路图

(a) 结构图；(b) 工作电路图

计数器对 VFC 输出的数字脉冲计数值是脉冲计数的累计值，在需要进行计数时，取相邻 N 个采样间隔的计数器值相减，其差值为 NT_s 期间的脉冲数，此脉冲数与 NT_s 期间内模拟信号的积分值具有对应关系。

三、CPU 模块工作原理

目前我国微机保护装置的 CPU 大多数采用 16 位的 8098 单片微机、DSP 芯片。保护的 CPU 插件，是利用单片微机具有较强的外部扩展功能，通过标准电路来构成保护的单片微机系统。根据采用的芯片不同以及实现保护的功能不同，单片机的扩展电路也不尽相同。

1. 具有 ADC 变换接口的保护 CPU 模块原理

对于 ADC 模块变换方式的保护 CPU 模块，当保护的单片机内不含 A/D 功能或 A/D 通道数不够用时，均应扩展 ADC 功能。一般 A/D 模数芯片与 ALF 低通滤过器、S/H 采样保持芯片及多路转换开关、CPU 均安排在同一个 ADC 插件上。

如图 4-26 所示，CPU 是采用 8098 芯片，而 8098 片内已含有 4 个 A/D 模数转换通道，如果这 4 个通道保护不够用则利用 8255 扩展并行口与 ADC 变换插件板相连。图 4-26 中模拟量输入是指 4 个 A/D 通道的模拟量输入电路。该图为单 CPU 保护模块，所以总线上还挂有时钟芯片 MC146818 和人机接口扩展芯片 8279。

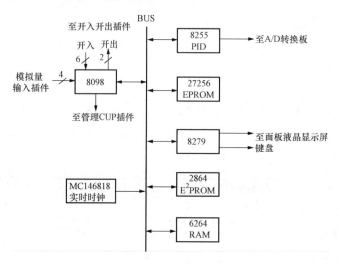

图 4-26　保护 CPU 插件原理框图

2. 具有 VFC 接口的保护 CPU 模块框图原理

图 4-27 为具有 VFC 变换接口的保护 CPU 模块框图原理图，保护 CPU 插件采用 8031 单片微机，VFC 变换接口芯片为 8253。

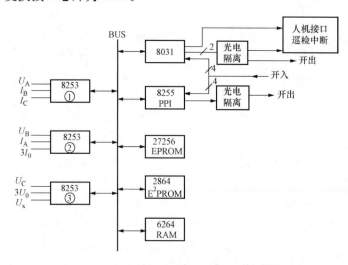

图 4-27　VFC 变换方式的保护 CPU 插件原理框图

当保护插件采用 8031 单片机时，一般 CPU 插件上进行如下扩展。扩展只读存储器 EPROM，用以存储保护装置的程序；扩展存储器 E^2PROM，存放保护装置的整定值（数值型定值）和保护功能投入退出控制字（开关型定值、即软连接片），这些数值可根据需要由调度人员远方整定或继电保护检修人员就地调整修改。扩展有高速静态存储器 6264RAM 芯片，该芯片容量达 8K×8，用于存放数值计算及逻辑运算过程的中间数据及其结果。

当保护装置所需的开关量输入与输出较多，CPU 芯片的并行 I/O 端口不能满足要求，必须扩展并行 I/O 端口。8255 是可编程并行接口芯片，用于该保护插件 I/O 扩展。输入和输出的开关量必须经光隔处理后才能进入保护的 CPU 插件。

四、数据采集系统与 CPU 系统之间数据传送方式

数据采集系统与 CPU 系统之间数据传送方式有以下三种。

1. 程序查询方式

程序查询方式是由计算机起动 A/D 变换开始，随后程序一直循环查询变换结束标志是否置位，等到置位后，即将变换结果转入内存。程序查询方式的硬件接线如图 4-28 所示。

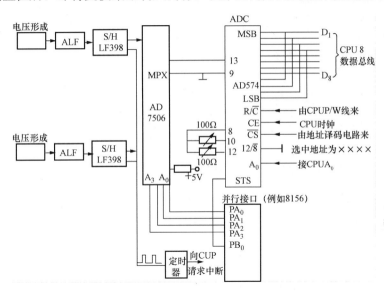

图 4-28 程序查询方式硬件接线图

多路转换开关 AD7506 的 4 根路数选择线 $A_0 \sim A_3$ 与并行接口输出端 $PA_0 \sim PA_3$ 相连，CPU 通过并行口给 $PA_0 \sim PA_3$ 赋予不同的值，来控制多路转换开关的切换。当 AD7506 完成转换后，其状态线 STS 通过并行口输入口 PB_0 输送给 CPU，当 STS 由高电平变成低电平时说明 AD7506 已将某路模拟量转换成了数字量，通知 CPU 读取转换结果。

当并行口初始化完成后，并行接口输出端 $PA_0 \sim PA_3$ 被赋值为 0000，使多路转换开关接通零通道。采样数据寄存器地址指针初始化完成后，将采样数据循环寄存器的首地址存入指针。定时器初始化后，规定了采样脉冲周期 T_s，还规定定时器在每次发出采样脉冲同时向 CPU 请求中断。

查询方式传递数据的优点是硬件接口简化，控制程序也比较容易编制；其缺点是 CPU 需要不断查询外设的状态，从而占用了 CPU 的工作时间，尤其是在与中、慢速的外设交换信息时，CPU 真正用在传递数据的时间相对是很少的，大部分时间消耗在查询上。所以这种查询方式，大多数用于 CPU 与单个或较少外设交换信息的情况。

2. 中断传送方式

为了提高 CPU 的工作效率和及时处理外设的请求，可采用中断传送方式，即当 CPU 需要与外设交换信息时，若外设要输入 CPU 的数据已准备好，存放于输入寄存器中，或在输出时，若外设已把上一个数据取走，即输出寄存器已空，则由外设向 CPU 发出中断申请，CPU 接到外设的申请后，若没有更重要的处理，CPU 就暂停当前执行的程序（即实现中断），转去执行输入或输出操作（称中断服务），待输入或输出操作完成后即返回，CPU 再继续执行原来的程序，这样就可大大提高 CPU 的效率，同时使外设发生的事件能及时得到处理，因此有了中断传送方式后，CPU 就可以与多个外设同时工作。

图 4-29 给出了两种中断方式的中断服务流程图，其中图 4-29（a）为定时器中断。当定时器发出采样脉冲时，就请求 CPU 中断，CPU 执行中断，首先使定时器中断请求状态复位，然后发出零通道转换命令，发出命令后 A/D 开始对零通道输入的模拟量进行模数变换，而 CPU 去执行数据处理程序。

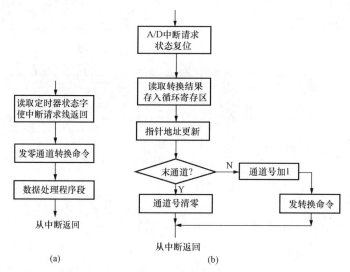

图 4-29　中断方式接口的中端服务流程图
（a）定时器中断流程；（b）A/D 转换完成中断流程

图 4-29（b）是 A/D 转换完成中断。当 A/D 转换完成后，请求 CPU 中断（它比定时器中断级别高），CPU 立刻执行 A/D 转换完成中断服务程序。首先将 A/D 中断请求状态复位，准备好下次动作。然后读取转换结果并将其存入循环寄存器。接着更新地址指针，通道号加 1，再发 A/D 转换命令，最后从 A/D 转换完成中断返回继续执行数据处理程序。如果是最末通道，则将通道号清零，以便准备好下一个采样时刻到来时，仍从零通道开始转换。

采用中断方式，虽然 CPU 不需等待 A/D 转换过程，节省了时间，但在其进行数据处理时，却不断被 A/D 转换完成中断打断。每次响应中断，都需保持现场，即 CPU 要将中断前现场内容推入堆栈，这需要时间，而返回时又要恢复现场，也需要时间。

3. 直接内存存取方式（DMA 方式）

DMA（Direct Memory Access）的含义是直接存储器存取，这是一种由硬件来执行数据传送的工作方式。DMA 传送必须依靠带有 DMA 功能的 CPU 和专用 DMA 控制器实现。

图 4‑30 为 DMA 控制器的工作框图。现以输入数据的情况为例简述 DMA 传送 I/O 数据的工作原理。当外设把数据准备好以后，发出一个选通脉冲；使 DMA 请求触发器置 1，它一方面向状态/控制端口发出准备好的信号；另一方面，向 DMA 控制器发出 DMA 请求。于是 DMA 控制器向 CPU 发出 HOLD 信号。当 CPU 在现行的指令执行结束后，发出请求答应 HLDA 信号，这时 DMA 控制器就接管 3 组总线，向地址总线发出地址信号，在数据总线上给出数据，并给出存储器写的命令，于是外设输入的数据在 DMA 控制器的控制下，就直接写入存储器，然后 DMA 控制器修改地址指针，修改计数器，并检查传送是否结束，若

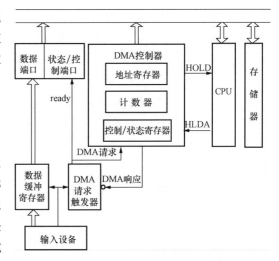

图 4‑30　DMA 控制器的原理框图

未结束，便循环直至全部数据传送完。在全部数据传送完后，DMA 控制器撤除总线请求信号（HOLD 变低），在下一个 CPU 时钟周期的上升沿，CPU 的 HLDA 认可信号变低，DMA 操作全部结束。

采用直接存储器存取方式，使 CPU 不参加数据的传送工作，由直接存储器存取方式 DMA 控制器来实现内存与外设，或外设与外设之间的直接快速传送，从而也减轻了 CPU 的负担。这种方式使微机系统的硬件结构发生了变化，信息传送从以 CPU 为中心变为以内存为中心。若采用高速存储器，则可使外设与 CPU 分时访问内存得以实现。

五、开关量输入/输出回路

1. 开关量输入电路

开关量输入电路包括断路器和隔离开关的辅助触点、跳合闸位置继电器触点、有载调压变压器的分接头位置等输入，外部装置闭锁重合闸触点输入，装置上连接片位置输入等回路，这些输入可分成两大类：

1）安装在装置面板上的触点。这类触点包括在装置调试时用的或运行中定期检查装置用的键盘触点以及切换装置工作方式用的转换开关等。

2）从装置外部经过端子排引入装置的触点。例如，需要由运行人员不打开装置外盖而在运行中切换的各种连接片、转换开关以及其他装置和操作继电器等。

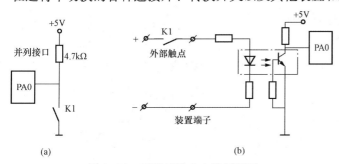

图 4‑31　开关量输入电路原理图
（a）装置内接点输入回路；（b）装置外接点输入回路

对于装在装置面板上的触点，可直接接至微机的并行口，如图 4‑31（a）所示。只要在可初始化时规定图中可编程的并行口的 PA0 为输入端，则 CPU 就可以通过软件查询，随时知道外部触点 K1 的状态。

对于从装置外部引入的触点，应经光电隔离，以防止外部干扰传入对微机系统造成影响。如图

4-31（b）所示，其中虚线框内是一个光电耦合器件，集成在一个芯片内。当外部触点 K1 接通时，有电流通过光电器件的发光二极管回路，使光敏三极管导通。

2. 开关量输出回路

在变电所中，计算机对断路器、隔离开关的分、合闸控制和对主变压器分接开关位置的调节命令，以及告警及巡检中断都是通过开关量输出接口电路去驱动继电器，再由继电器的辅助触点接通跳、合闸回路或主变压器分接开关控制回路而实现的。不同的开关量输出驱动电路可能不同。

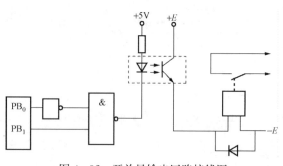

图 4-32　开关量输出回路接线图

如图 4-32 所示为开关量输出电路，一般都采用并行接口的输出来控制有触点继电器（干簧或密封小中间继电器）的方法，但为提高抗干扰能力，最好也经过一级光电隔离，只要通过软件使并行口的 PB0 输出"0"，PB1 输出"1"，便可使与非门 H1 输出低电平，光敏三极管导通，继电器 K 被吸合。在初始化和需要继电器 K 返回时，应使 PB0 输出"1"，PB1 输出"0"。PB0 接反相器而 PB1 不接反相器的目的，是为了防止拉合直流电源过程中继电器误动作，提高抗干扰能力。

六、人机接口回路原理

微机保护的人机接口回路是指键盘、显示器及接口 CPU 插件电路。人机接口回路的主要作用，是通过键盘和显示器完成人机对话任务、时钟校对及与各保护 CPU 插件通信和巡检任务。

人机对话电路中的核心芯片仍然是单片机，单片机中的串行口与 CPU 系统中单片机串行口相连接，这样 CPU 系统就可以和人机对话电路互相通信。可以利用这种关系对 CPU 硬件系统进行检查，以发现其硬件故障，给出装置故障的开关输出量（如告警、呼唤等）。

在单 CPU 结构的保护中，接口 CPU 就由保护 CPU 兼任。键盘、显示器与 CPU 的连接可以采用不同方式。例如，采用 8155 扩展 I/O 口的键盘、显示器接口；串行口硬件译码键盘显示器接口；8279 键盘、显示器接口。采用 8279 键盘、显示器接口，可减轻保护 CPU 的负担，完成键盘、显示器与保护 CPU 的接口任务，时钟校对由 MC146818 独立完成。

在多 CPU 结构的保护中，另设有专用的人机接口 CPU 插件，该 CPU 除了要完成人机接口（键盘、显示器）的任务外，还要完成与各 CPU 通信管理、巡检及时间校对、程序出格自复位等多项任务。人机接口 CPU 插件框图如图 4-33 所示。与保护 CPU 相类似，在接口 CPU 插件上除了单片机外，还扩展有 EPROM、RAM、硬件时钟电路芯片、多功能通用异步接收发送器（MUART）、三态输出/输入总线驱动器等芯片。

多功能通用异步接收发送器（MUART）可以完成

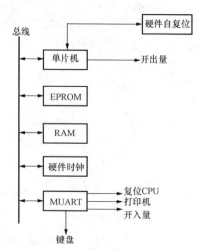

图 4-33　人机对话插件硬件框图

异步串行通信、并行 I/O、计时、事件计数和优先级中断功能。

硬件时钟，其内部由电子钟和存储器两部分组成。可计年、月、日、时、分、秒、星期；可将当前时间实时存储，以便人机接口 CPU 随时读取。正常运行时，实现对各 CPU 软件时钟的同步校对；可完成时间修改；保护装置直流电源掉电时，确保时钟不间断计时。

硬件自复位电路，相当于"看门狗"电路。其作用是当由于干扰信号侵入地址或数据总线造成单片机不能正常执行程序（程序出格）时利用该电路自动给单片机一个复位脉冲，使程序从头开始运行。

第五节　微机保护的软件系统配置及算法

一、微机保护软件系统配置

由于微机保护的硬件分为人机接口和保护两大部分，因此相应的软件也就分为接口软件和保护软件两大部分。

1. 接口软件

接口软件是指人机接口部分的软件，其程序可分为监控程序和运行程序。调试方式下执行监控程序，运行方式下执行运行程序。由接口面板的工作方式或显示器上显示的菜单选择执行哪一部分程序。

监控程序主要就是键盘命令处理程序，是为接口插件（或电路）及各 CPU 保护插件（或采样电路）进行调节和整定而设置的程序。

接口的运行程序由主程序和定时中断服务程序构成。主程序主要完成巡检（各 CPU 保护插件）、键盘扫描和处理及故障信息的排列和打印。定时中断服务程序包括软件时钟程序、以硬件时钟控制并同步各 CPU 插件的软时钟、检测各 CPU 插件起动元件是否动作的检测起动程序。当通过软件定时器控制采样频率时，应将软件定时器的中断周期与采样周期设为一致，如当采样频率为 600Hz 时，软件时钟应每经 1.66ms（5/3ms）中断一次，在中断服务程序中软件计数器加 1，当软件计数器加到 600 时，秒计数加 1。

2. 保护软件的配置

各保护 CPU 插件的保护软件配置为主程序和两个中断服务程序。主程序通常都有三个基本模块，即初始化和自检循环模块、保护逻辑判断模块和跳闸处理模块。通常把保护逻辑判断和跳闸处理总称为故障处理模块。一般而言，对于不同的原理的保护，前后两个模块基本相同，而保护逻辑判断模块就随不同的保护装置而相差甚远。

中断服务程序一般包括定时采样中断服务程序和串行口通信中断服务程序。在不同的保护装置中，采样算法有些不同或因保护装置有些特殊要求，使得采样中断服务程序部分也不尽相同。不同保护的通信规约不同，也会造成程序的很大差异。

3. 保护软件三种工作状态

保护软件有运行、调试和不对应状态三种工作状态。不同状态时程序流程也就不相同。有的保护没有不对应状态，只有运行和调试两种工作状态。

选择保护插件面板的方式开关或显示器菜单选择为"运行"，则该保护就处于运行状态，执行相应的保护主程序和中断服务程序。当选择为"调试"时，复位 CPU 后就工作在调试状态。当选择为"调试"但不复位 CPU 并且接口插件工作在运行状态时，就处于不对应状态。也就是说，保护 CPU 插件与接口插件状态不对应。设置不对应状态是为了对模数插件进行调整，防止在调试过程中保护频繁动作及告警。

4. 中断服务程序及其配置

（1）实时性与中断工作方式。所谓实时性就是指在限定的时间内，对外来事件能够及时做出迅速反应的特性。例如，保护装置需要在限定的极短时间内完成数据采样，在限定时间内完成分析判断并发出跳闸合闸命令或告警信号，在其他系统对保护装置巡检或查询时及时响应。这些都是保护装置的实时性的具体表现。保护要对外来事件做出及时反应，就要求保护中断自己正在执行的程序，而去执行服务于外来事件的操作任务和程序。实时性还有一种层次的要求，即系统的各种操作的优先等级是不同的，高一级的优先操作应该首先得到处理。显然，这就意味着保护装置将中断低层次的操作任务，去执行高一级优先操作的任务，也就是说保护装置为了要满足实时性要求，必须采用带层次要求的中断工作方式，在这里中断成为保护装置软件的一个重要概念。

"中断"是指 CPU 暂时停止原程序执行转为外部设备服务（执行中断服务程序），并在服务完成后自动返回原程序的执行过程。采用"中断"方式可以提高 CPU 的工作效率，提高实时数据的处理时效。保护执行运行程序时，需要在限定的极短时间内完成数据采样，在限定时间内完成分析判断并发出跳闸合闸命令或告警信号等，当产生外部随机事件（主要是指电力系统状态、人机对话、系统机的串行通信要求）时，凡需要 CPU 立即响应并及时处理的事件，就要求保护中断自己正在执行的程序，而去执行中断服务程序。

（2）保护的中断服务程序及配置。根据中断服务程序基本概念的分析，一般保护装置总是配有定时采样中断服务程序和串行通信中断服务程序。对单 CPU 保护，CPU 除保护任务之外还有人机接口任务，因此还可以配置有键盘中断服务程序。

保护定时采样系统状态时，一般采用定时器中断方式的采样服务程序，称为定时采样中断服务程序。即每经 T_s 中断原程序的运行，转去执行采样计算的服务程序，采样结束后通过存储器中的特定存储单元将采样计算结果传送给原程序，然后回去执行原被中断的程序。在采样中断服务程序中，除了有采样和计算外，通常还含有保护的起动元件程序及保护某些重要程序。例如，高频保护在采样中断服务程序中安排检查收发信机的收信情况；距离保护中还设有两健全相电流差突变元件，用以检测发展性故障；零序保护中设有 $3U_0$ 突变量元件等，因此保护的采样中断服务程序是微机保护的重要软件组成部分。

保护装置还应随时接受工作人员的干预，即改变保护装置的工作状态、查询系统运行参数、调试保护装置，这就是利用人机对话方式来干预保护工作。这种人机对话是通过键盘方式进行的，常用键盘中断服务程序来完成。有的保护装置不采用键盘中断方式，而采用查询方式。当按下键盘时，通过硬件产生了中断要求，中断响应时就转去执行中断服务程序。键盘中断服务程序或键盘处理程序常属于监控程序的一部分，它把被按的键符及其含义翻译出来并传递给原程序。

系统机与保护的通信要求，实际上是属于高一层次对保护的干预。这种通信要求常采用主从式串行口通信来实现。当系统主机对保护装置有通信要求时，或者接口 CPU 对保护 CPU 提出巡检要求时，保护串行通信口就提出中断请求，在中断响应时，就转去执行串行口通信的中断服务程序。串行通信是按一定的通信规约进行的，其通信数字帧常有地址帧和命令帧两种。系统机或接口 CPU（主机）通过地址帧呼唤通信对象，被呼唤的通信对象（主机）就执行命令帧中的操作任务。从机中的串行口中断服务程序就是按照一定规约，鉴别通信地址和执行主机的操作命令的程序。

二、微机保护的算法

1. 算法的基本概念

微机继电保护是用数学运算方法实现故障量的测量、分析和判断的。而运算的基础是若干个离散的、量化了的数字采样序列。微机保护装置根据模数转换器提供的输入电气量的采样数据进行分析、运算和判断，以实现各种继电保护的功能的方法称为算法。

按算法的目标可分为两大类：一类是根据输入电气量的若干点采样值通过数学式或方程式计算出保护所反应的量值，如交流电流和电压的幅值及相位、功率、阻抗、序分量等，然后与给定值进行比较；另一类算法称为继电保护功能算法，它是直接模仿模拟型保护的实现方法，根据动作方程来判断是否在动作区内。

算法是研究微机继电保护的重点之一，分析和评价各种不同的算法优劣的标准是精度和速度。其中速度包括两个方面的内容：一是算法所要求的数据窗长度（或称采样点数），二是算法运算工作量。精度和速度又总是相互矛盾的，若要计算精确高，则往往要利用更多的采样点和进行更多的计算工作量，降低了计算速度。所以，有的快速保护选择的采样点数较少，而后备保护不要求很高的计算速度，但对计算精度要求较高。因此，研究算法的实质是如何在速度和精度两方面进行权衡。

必须指出，对算法除了有精度和速度要求之外，还要考虑算法的数字滤波功能，有的算法本身就具有数字滤波功能，所以评价算法时要考虑对数字滤波的要求。

2. 介绍几种基本算法

（1）正弦函数模型的算法。假设被采样的电压、电流信号都是纯正弦特性，既不含有非周期分量，又不含有高频分量。这样可以利用正弦函数一系列特性，从若干个采样值中计算出电压、电流的幅值、相位以及功率和测量阻抗的量值。

正弦量的算法是基于提供给算法的原始数据为纯正弦量的理想采样值，以电流为例可表示为

$$i(nT_s) = \sqrt{2}I\sin(\omega nT_s + \alpha_{0I}) \tag{4-50}$$

式中　ω——角频率；

I——电流有效值；

T_s——采样间隔；

α_{0I}——$n=0$ 时的电流相角。

实际上故障后电流、电压都含有各种暂态分量，而且数据采集系统还会引入各种误差，所以这一类算法要获得精确的结果，必须和数字滤波器配合使用。也就是说式（4-50）中的 $i(nT_s)$ 应当是数字滤波器的输出，而不是直接应用模数转换器提供的原始采样值。

1）两点乘积算法。采样值算法是利用采样值的乘积来计算电流、电压、阻抗的幅值和相角等电气参数的方法，由于这种方法是利用 2～3 个采样值推算出整个曲线情况，所以属于曲线拟合法。其特点是计算的判定时间较短。

以电流为例，设 i_1 和 i_2 分别为两个相隔为 $\pi/2$ 的采样时刻 n_1 和 n_2 的采样值（见图 4-34），即

$$\omega(n_2 T_s - n_1 T_s) = \frac{\pi}{2} \tag{4-51}$$

根据式（4-50）有

$$i_1(n_1 T_s) = \sqrt{2}I\sin(\omega n_1 T_s + \alpha_{0I}) = \sqrt{2}I\sin\alpha_{1I} \tag{4-52}$$

$$i_2(n_2 T_s) = \sqrt{2}I\sin(\omega n_1 T_s + \alpha_{0I} + \pi/2) = \sqrt{2}I\cos\alpha_{1I} \tag{4-53}$$

式中 $\omega n_1 T_s + \alpha_{0I}$——$n_1$ 采样时刻电流的相角，可能为任意值。

将式（4-52）和式（4-53）平方后相加，即得

$$2I^2 = i_1^2 + i_2^2 \tag{4-54}$$

再将式（4-52）和式（4-53）相除，得

$$\tan\alpha_{1I} = \frac{i_1}{i_2} \tag{4-55}$$

式（4-54）和式（4-55）表明，只要知道任意两个相隔 $\pi/2$ 的正弦量的瞬时值，就可以计算出该正弦量的有效值和相位。

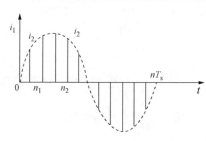

图 4-34 两点乘积算法采样示意图

如欲构成距离保护，只要同时测出 n_1 和 n_2 时刻的电流和电压 u_1、i_1 和 u_2、i_2，类似用式（4-24）和式（4-25）即可求得电压的有效值 U 及在 n_1 时刻的相角 α_{1U}，即

$$2U^2 = u_1^2 + u_2^2 \tag{4-56}$$

$$\tan\alpha_{1U} = \frac{u_1}{u_2} \tag{4-57}$$

从而可求出复阻抗的模量 Z 和幅角 α_Z

$$Z = \frac{U}{I} = \frac{\sqrt{u_1^2 + u_2^2}}{\sqrt{i_1^2 + i_2^2}} \tag{4-58}$$

$$\alpha_Z = \alpha_{1u} - \alpha_{1I} = \tan^{-1}(u_1/u_2) - \tan^{-1}(i_1/i_2) \tag{4-59}$$

实用上，更方便的算法是求出复阻抗的电阻分量 R 和电抗分量 L 即可。将电流和电压写成复数形式

$$\dot{U} = U\cos\alpha_{1U} + \mathrm{j}U\sin\alpha_{1U}$$

$$\dot{I} = I\cos\alpha_{1I} + \mathrm{j}I\sin\alpha_{1I}$$

参照式（4-52）和式（4-53），可得

$$\dot{U} = \frac{u_2 + \mathrm{j}u_1}{\sqrt{2}}$$

$$\dot{I} = \frac{i_2 + \mathrm{j}i_1}{\sqrt{2}}$$

于是

$$\frac{\dot{U}}{\dot{I}} = \frac{u_2 + \mathrm{j}u_1}{i_2 + \mathrm{j}i_1} \tag{4-60}$$

将式（4-60）的实部和虚部分开，其实部为 R，虚部则为 X，因此

$$R = \frac{u_1 i_1 + u_2 i_2}{i_1^2 + i_2^2} \tag{4-61}$$

$$X = \frac{u_1 i_2 - u_2 i_1}{i_1^2 + i_2^2} \tag{4-62}$$

由于式（4-61）和式（4-62）中用到了两个采样值的乘积，因此称为两点乘积法。$\dot{U}$、$\dot{I}$ 之间的相角差可由下式计算

$$\tan\theta = \frac{u_1 i_2 - u_2 i_1}{u_1 i_1 + u_2 i_2} \tag{4-63}$$

上述乘积用了两个相隔 $\pi/2$ 的采样值。事实上，两点乘积法从原理上并不是必须用相隔 $\pi/2$ 的两个采样值。用正弦量任何两点相邻的采样值都可以算出有效值和相角。

2）导数算法。导数算法只需知道输入正弦量在某一个时刻 t_1 的采样值及在该时刻采样值的导数，即可算出有效值和相位。设 i_1 为 t_1 时刻的电流瞬时值，表达式为

$$i_1 = \sqrt{2}I\sin(\omega t_1 + \alpha_{0I}) = \sqrt{2}I\sin\alpha_{1I} \tag{4-64}$$

则 t_1 时刻电流导数为

$$i_1' = \omega\sqrt{2}I\cos\alpha_{1I} \tag{4-65}$$

将式（4-64）、式（4-65）和式（4-61）、式（4-62）对比，可得

$$2I^2 = i_1^2 + (i_1'/\omega)^2 \tag{4-66}$$

$$\tan\alpha_{1I} = \frac{i_1}{i_1'}\omega \tag{4-67}$$

$$R = \frac{\omega^2 u_1 i_1 + u_1' i_1'}{(\omega i_1)^2 + (i_1')^2} \tag{4-68}$$

$$X = \frac{\omega(u_1 i_1' - u_1' i_1)}{(\omega i_1)^2 + (i_1')^2} \tag{4-69}$$

为求导数，可取 t_1 为两个相邻采样时刻 n 和 $n+1$ 的中点，如图 4-35 所示，然后用差分近似求导（见图 4-36），则有

$$\begin{cases} i_1' = \dfrac{i_{n+1} - i_n}{T_s} \\[2mm] u_1' = \dfrac{u_{n+1} - u_n}{T_s} \end{cases} \tag{4-70}$$

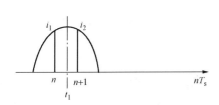

图 4-35 导数算法采样示意图

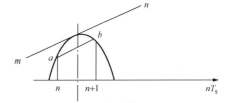

图 4-36 用差分方程近似求导示意图

而 t_1 时刻的电流、电压瞬时值则用平均值

$$\begin{cases} i_1 = \dfrac{i_{n+1} + i_n}{2} \\[2mm] u_1 = \dfrac{u_{n+1} + u_n}{2} \end{cases} \tag{4-71}$$

可见导数法需要的数据窗较短，仅为一个采样间隔，算式和乘积法相似也不复杂。采用导数算法，要求数字滤波器有良好的滤去高频分量的能力（求导数将放大高频分量），要求

较高的采样率。

（2）解微分方程算法。解微分方程算法用于计算阻抗，以应用于线路距离保护为例，它假设被保护线路的分布电容可以忽略，因而从故障点到保护安装处的线路的阻抗可用一电阻和电感串联电路来表示。于是在短路时下列微分方程成立

$$u = R_1 i + L_1 \frac{\mathrm{d}i}{\mathrm{d}t} \tag{4-72}$$

式中　R_1、L_1——故障点至保护安装处线路段的正序电阻和电感；

　　　　u、i——保护安装处的电压、电流。

若用于反应线路相间短路保护，则方程中电压、电流的组合与常规保护相同；若用于反应线路接地短路保护，则方程中的电压用相电压、电流用相电流加零序补偿电流。

式（3-72）中的 u、i 和 $\mathrm{d}i/\mathrm{d}t$ 都是可以测量、计算的，未知数为 R_1 和 L_1。如果在两个不同的时刻 t_1 和 t_2 分别测量 u、i 和 $\mathrm{d}i/\mathrm{d}t$，就可得到两个独立的方程

$$u_1 = R_1 i_1 + L_1 D_1, \quad u_2 = R_1 i_2 + L_1 D_2 \tag{4-73}$$

式中，D 表示 $\mathrm{d}i/\mathrm{d}t$，下标"1"和"2"分别表示测量时刻为 t_1 和 t_2。

联立求解上述两个方程可求得两个未知数 R_1 和 L_1，即

$$L_1 = \frac{u_1 i_2 - u_2 i_1}{i_2 D_1 - i_1 D_2} \tag{4-74}$$

$$R_1 = \frac{u_2 D_1 - u_1 D_2}{i_2 D_1 - i_1 D_2} \tag{4-75}$$

在用计算机处理时，电流的导数可用差分来近似计算，最简单的方法是取 t_1 和 t_2 分别为两个相邻的采样瞬间的中间值，如图 4-37 所示。于是近似有

$$D_1 = \frac{i_{n+1} - i_n}{T_s}, \quad D_2 = \frac{i_{n+2} - i_{n+1}}{T_s}$$

电流、电压取相邻采样的平均值，有

$$i_1 = \frac{i_n + i_{n+1}}{2}, \quad i_2 = \frac{i_{n+1} + i_{n+2}}{2} \tag{4-76}$$

$$u_1 = \frac{u_n + u_{n+1}}{2}, \quad u_2 = \frac{u_{n+1} + u_{n+2}}{2} \tag{4-77}$$

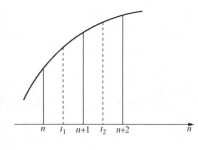

从上述的方程可以看出，解微分方程法实际上解的是一组二元一次代数方程，带微分符号的量 D_1 和 D_2 是测量计算得到的已知数。

图 4-37　用差分近似求导数法

（3）周期函数/模型的算法——傅氏算法。

1）傅氏算法的基本原理。傅氏算法的基本思路来自傅里叶级数，即一个周期性函数可以分解为直流分量、基波及各次谐波的无穷级数，可表示为

$$x(t) = \sum_{n=0}^{\infty} (b_n \cos n\omega_1 t + a_n \sin n\omega_1 t) \tag{4-78}$$

式中　n——自然数，$n = 0, 1, 2, \cdots$；

　　　ω_1——基波角频率；

a_n、b_n——各次谐波的正弦项和余弦项的幅值，a_0、b_0 表示直流分量，a_1、b_1 表示基波分量正、余弦项的幅值。

如果要从信号 $x(t)$ 中求出某次谐波分量，依据三角函数的正交性可知

$$a_n = \frac{2}{T}\int_0^T x(t)\sin n\omega_1 t \tag{4-79}$$

$$b_n = \frac{2}{T}\int_0^T x(t)\cos n\omega_1 t \tag{4-80}$$

而

$$x_n(t) = a_n\sin n\omega_1 t + b_n\cos n\omega_1 t \tag{4-81}$$

当 $n=1$ 时即为基波分量

$$x_1(t) = a_1\sin\omega_1 t + b_1\cos\omega_1 t \tag{4-82}$$

将式（4-82）变为

$$x_1(t) = \sqrt{2}X\sin(\omega_1 t + \alpha_1) \tag{4-83}$$

式中 X——基波分量有效值；

  α_1——基波分量初相角。

当 $x_1(t)$ 是电流信号时，可表示为

$$i_1(t) = \sqrt{2}I\sin(\omega_1 t + \alpha_1) \tag{4-84}$$

展开式（4-84）得

$$i_1(t) = \sqrt{2}I\sin\omega_1 t\cos\alpha_1 + \sqrt{2}I\cos\omega_1 t\sin\alpha_1$$

所以

$$a_1 = \sqrt{2}I\cos\alpha_1 \tag{4-85}$$

$$b_1 = \sqrt{2}I\sin\alpha_1 \tag{4-86}$$

于是根据 a_1、b_1 可计算出电流 i 的有效值及相角

$$I = \sqrt{a_1^2 + b_1^2}/\sqrt{2} \tag{4-87}$$

$$\alpha_1 = \tan^{-1}\frac{b_1}{a_1} \tag{4-88}$$

在用微机计算 a_1 和 b_1 时，通常都采用有限项方法算得，即将 $x(t)$ 用各采样点数值代入，通过梯形法求和代替积分法。考虑到 $N\Delta t = T$，$\omega_1 t = 2\pi k/N$ 时，用式（4-79）、式（4-80）求 a_1、b_1 可以表示为

$$a_1 = \frac{1}{N}\left[2\sum_{k=1}^{N-1}x(k)\sin\left(k\frac{2\pi}{N}\right)\right] \tag{4-89}$$

$$b_1 = \frac{1}{N}\left[x_0 + 2\sum_{k=1}^{N-1}x(k)\cos k\left(\frac{2\pi}{N}\right) + x_N\right] \tag{4-90}$$

式中 N——周期采样点数；

  x_k——第 k 次采样值；

  x_0、x_N——$k=0$ 和 N 时的采样值。

将式（4-89）、式（4-90）改为下列表达式可求得任意次谐波的振幅和相位即

$$a_n = \frac{1}{N}\left[2\sum_{k=1}^{N-1}x(k)\sin\left(kn\frac{2\pi}{N}\right)\right] \tag{4-91}$$

$$b_n = \frac{1}{N}\left[x_0 + 2\sum_{k=1}^{N-1}x(k)\cos\left(kn\frac{2\pi}{N}\right) + x_N\right] \tag{4-92}$$

傅氏算法本身具有一定的滤波作用。它能完全滤掉各种整次谐波和直流分量；对非整次高频分量和按指数衰减的非周期分量包含的低频分量也有一定的抑制作用。辅以前级差分滤

波的傅氏算法精度很高，计算量也不大，是一种很常用的微机保护和监控算法。

2）基于傅氏算法的功率算法。利用傅氏算法求出的电流与电压相量的实部与虚部（相差一个 $\sqrt{2}$ 系数）这一突出的优点，来计算有功功率、无功功率和功率因数是非常方便的，即

$$P = UI\cos\varphi = UI\cos(\varphi_u - \varphi_i) = UI(\cos\varphi_u\cos\varphi_i + \sin\varphi_u\sin\varphi_i) \tag{4-93}$$

$$P = \frac{u_b}{\sqrt{2}} \times \frac{i_b}{\sqrt{2}} + \frac{u_a}{\sqrt{2}} \times \frac{i_a}{\sqrt{2}} = \frac{1}{2}(u_b i_b + u_a i_a) \tag{4-94}$$

$$Q = UI\sin\varphi = UI\sin(\varphi_u - \varphi_i) = UI(\sin\varphi_u\cos\varphi_i - \cos\varphi_u\sin\varphi_i) \tag{4-95}$$

$$Q = \frac{1}{2}(u_a i_b - u_b i_a) \tag{4-96}$$

$$\cos\varphi = \frac{P}{UI} = \frac{u_b i_b + u_a i_a}{2\sqrt{u_a^2 + u_b^2}\sqrt{i_a^2 + i_b^2}} \tag{4-97}$$

3）基于傅氏算法的滤序算法。在微机保护中，有时除了要计算电流、电压的正序分量以外，还需要计算出负序或零序分量。在利用傅氏算法计算出三相电流或电压基波分量的实部与虚部 a_{1A}、b_{1A}、a_{1B}、b_{1B}、a_{1C} 及 b_{1C}（差 $\sqrt{2}$ 系数）以后，可以方便地得到负序和零序分量。

负序分量与三相电量的关系为

$$3\dot{X}_2 = \dot{X}_A + a^2\dot{X}_B + a\dot{X}_C, \quad a = e^{j\frac{2\pi}{3}} \tag{4-98}$$

将其实部与虚部分开，得到

$$3a_2 = a_{1A} - \frac{1}{2}(a_{1B} + a_{1C}) + \frac{\sqrt{3}}{2}(b_{1B} - b_{1C}) \tag{4-99}$$

$$3b_2 = b_{1A} - \frac{1}{2}(b_{1B} + b_{1C}) - \frac{\sqrt{3}}{2}(a_{1B} - a_{1C}) \tag{4-100}$$

零序分量与三相电量的关系为

$$3\dot{X}_0 = \dot{X}_A + \dot{X}_B + \dot{X}_C$$

将其实部与虚部分开，得到

$$3a_0 = a_{1A} + a_{1B} + a_{1C} \tag{4-101}$$

$$3b_0 = b_{1A} + b_{1B} + b_{1C} \tag{4-102}$$

思 考 题 与 习 题

4-1　举例说明什么是离散时间信号？离散时间信号通常用什么形式表示？

4-2　什么是采样定理？其有何意义？

4-3　已知 $T_s = \frac{5}{3}$ ms，$X(t) = I_m\sin\omega t$，画波形图说明采样过程。

4-4　什么是离散时间系统？离散时间系统一般用什么方程来描述？

4-5　已知被采样的波形为工频正弦波，当取 $T_s = 5$ ms 时，画出采样输出信号波形。

4-6　微机保护的硬件由哪几部分组成？各部分的作用是什么？

4-7　微机保护数据采集系统由哪几部分组成？各部分的原理如何？

4-8　以一个 4 位的 D/A 构成的逐次逼近原理的 A/D 为例，说明其基本工作原理。（设模拟输入量为 0.6875）

4-9　什么是程序查询方式？有何特点？

4-10　什么是中断方式？有何特点？

4-11　什么是 DMA 方式？有何特点？

4-12　开关量输入电路中，装置内接点输入电路与装置外接点输入电路有何不同？为什么？开关量输出电路接线有何特点？光电隔离电路的作用是什么？它是如何工作的？

4-13　什么是开关输入量？什么是开关输出量？

第五章 输电线路电流保护

第一节 单侧电源辐射网相间短路的电流保护

输电线路发生短路时电流突然增大电压降低。利用电流突然增大使保护动作而构成的保护装置称为电流保护。它包括瞬时（无时限）电流速断保护、限时电流速断保护、定时限过电流保护。

一、瞬时（无时限）电流速断保护

1. 工作原理

瞬时电流速断保护（又称第I段电流保护）是反应电流幅值增大而瞬时动作的电流保护。

以图 5-1 所示的网络接线为例，假定在每条线路上均装有电流速断保护，当线路 AB 上发生故障时，希望保护 1 能瞬时动作，而当线路 BC 上故障时，希望保护 2 能瞬时动作，它们的保护范围最好能达到本线路全长的 100%。但是这种愿望能否实现呢？

以保护 1 为例，当相邻线路 BC 的始端（习惯上又称为出口处）k2 点短路时，按照选择性的要求，速断保护 1 就不应该动作，因为该处的故障应由速断保护 2 动作切除。而当本线路末端 k1 点短路时，希望速断保护 1 能够瞬时动作切除故障。但是实际上，k1 点和 k2 点短路时，从保护 1 安装处所流过的电流的数值几乎是一样的。因此，希望 k1 短路时速断保护 1 能动作，而 k2 点短路时又不动作的要求就不可能同时得到满足。

为解决这个矛盾可以有两种办法：第一种办法通常都是优先保证动作的选择性，即从保护装置起动参数的整定上保证下一条线路出口处短路时不起动，在继电保护技术中，这又称为按躲开下一条线路出口处短路的条件整定。另一种办法就是在个别情况下，当快速切除故障是首要条件时，就采用无选择性的速断保护，而以自动重合闸来纠正这种无选择性动作，对此将在本书第十一章再进行分析。以下只介绍有选择性的电流速断保护。

对反应电流升高而动作的电流速断保护而言，能使该保护装置起动的最小电流值称为保护装置的动作电流（整定电流），以 I_{op} 表示，显然必须当实际的短路电流 $I_k > I_{op}$ 时，保护装置才能动作。保护装置的整定电流 I_{op}，是用电力系统一次侧的参数表示的，所代表的意义是：当在被保护线路的一次侧电流达到这个数值时，安装在该处的这套保护装置就能够动作。以保护 1 为例，为保证动作的选择性，保护装置的起动电流 $I_{op.1}^{I}$ 必须大于下一条线路出口处短路时可能的最大短路电流，从而使在本线路末端短路时保护不能起动，保

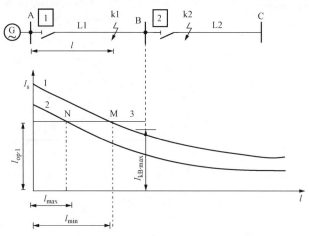

图 5-1 瞬时电流速断保护动作特性分析

护的范围随运行方式、故障类型的变化而变化。

在单侧电源辐射形电网各线路的始端装设有瞬时电流速断保护。当系统电源电动势一定,线路上任一点发生短路故障时,短路电流的大小与短路点至电源之间的电抗(忽略电阻)及短路类型有关,三相短路和两相短路时流过保护安装地点的短路电流可表示为

$$I_k^{(3)} = \frac{E_s}{X_s + X_1 l} \tag{5-1}$$

$$I_k^{(2)} = \frac{\sqrt{3}}{2} \times \frac{E_s}{X_s + X_1 l} \tag{5-2}$$

式中　E_s——系统等效电源相电动势;

　　　X_s——系统等效电源到保护安装处之间的电抗;

　　　X_1——线路单位公里长度的正序电抗;

　　　l——短路点至保护安装处的距离。

从式(5-1)、式(5-2)可见当系统运行方式一定时,E_s 和 X_s 是常数,流过保护安装处的短路电流是短路点至保护安装处间距离 l 的函数。短路点距离电源越远(l 越大)短路电流值越小。

当系统运行方式改变及故障类型变化时,即使是同一点短路,电流的大小也会发生变化。在继电保护装置的整定计算中一般考虑两种极端的运行方式,即最大运行方式和最小运行方式。流过保护安装处的短路电流最大时的运行方式称为系统最大运行方式,此时系统的阻抗 X_s 为最小;反之当流过保护安装处的短路电流最小的运行方式,称为系统最小运行方式,此时系统阻抗 X_s 最大。必须强调的是在继电保护课程中的系统运行方式与电力系统分析中所提到的运行方式,概念上存在着某些差别。图 5-1 中曲线 1 表示最大运行方式下三相短路电流随短路点距保护安装处距离 l 的变化曲线。曲线 2 表示最小运行方式下两相短路电流随短路点距保护安装处距离 l 的变化曲线。

2. 电流速断保护的整定计算

(1)动作电流的整定。假定在图 5-1 中线路 L1 和线路 L2 上分别装设瞬时电流速断保护。根据前面分析,瞬时电流速断保护 1 的动作电流应大于 k2 点短路时流过保护安装处的最大短路电流。即

$$I_{op \cdot 1}^I > I_{kB \cdot max}$$

可写成　　　　　　　　　　$$I_{op \cdot 1}^I = K_{rel}^I I_{kB \cdot max} \tag{5-3}$$

式中　$I_{op \cdot 1}^I$——保护装置 1 瞬时电流速断保护的动作电流,又称保护装置动作电流;

　　　K_{rel}^I——可靠系数,是考虑到继电器的整定误差、短路电流计算误差和非周期分量的影响等而引入的大于 1 的系数,一般取 1.2~1.3;

　　　$I_{kB \cdot max}$——被保护线路末端 B 母线上三相短路时流过保护安装处的最大短路电流,一般取次暂态短路电流周期分量的有效值。

计算出保护的一次动作电流后,还需要求出继电器的动作电流 $I_{op \cdot 1 \cdot r}^I$ 为

$$I_{op \cdot 1 \cdot r}^I = \frac{I_{op \cdot 1}^I}{n_{TA}} K_{con} \tag{5-4}$$

式中　n_{TA}——电流互感器的变比;

K_{con}——电流互感器的接线系数，其值与电流互感器的接线方式有关，当电流互感器的二次侧为三相星形或两相星形接线时，其值为1，当二次侧为三角形接线时，其值为$\sqrt{3}$。

（2）保护范围的校验。在已知保护的动作电流后，大于一次动作电流的短路电流对应的短路点区域，就是保护范围。在图5-1中以动作电流画一平行于横坐标的直线3，其与曲线1和曲线2分别相交于M和N两点，在交点到保护安装处的一段线路上发生短路故障时，$I_k > I_{op \cdot 1}^{I}$，保护1会动作。在交点以后的线路上发生短路故障时$I_k < I_{op \cdot 1}^{I}$，保护1不会动作。可见，瞬时电流速断保护一般不能保护本线路的全长。同时从图5-1中还可看出瞬时电流速断保护范围随系统运行方式和短路类型而变。在最大运行方式下三相短路时保护范围最大为l_{max}；在最小运行方式下两相短路时保护范围最小为l_{min}。一般情况下，要求瞬时电流速断保护最小保护范围l_{min}不应小于线路全长的15%～20%。

l_{min}可根据图5-1计算。图5-1中，在最小保护区末端（交点N）发生最小运行方式的两相短路故障时，短路电流与式（5-3）所决定的保护的动作电流相等，即

$$I_{op \cdot 1}^{I} = \frac{\sqrt{3}}{2} \times \frac{E_s}{X_{s \cdot max} + X_1 l_{min}} \tag{5-5}$$

解上式得最保护的最小范围计算式为

$$l_{min} = \frac{1}{X_1} \left(\frac{\sqrt{3}}{2} \times \frac{E_s}{I_{op \cdot 1}^{I}} - X_{s \cdot max} \right) \tag{5-6}$$

式中　$X_{s \cdot max}$——系统最小运行方式下最大等值电抗，Ω；

　　　X_1——输电线路单位公里正序电抗，Ω/km。

3. 电流速断保护的构成

瞬时电流速断保护单相原理接线如图5-2所示。它是由电流继电器KA（测量元件）、中间继电器KM、信号继电器KS组成。

正常运行时，流过线路的电流是负荷电流其值小于其动作电流保护不动作。当在被保护线路的速断保护范围内发生短路故障时，短路电流大于保护的动作值，KA常开触点闭合起动中间继电器KM，KM触点闭合起动信号继电器KS，并通过断路器的常开辅助触点QF1接到跳闸线圈YT构成通路，断路器跳闸切除故障线路。

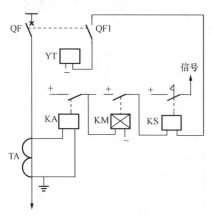

图5-2　无时限电流速断
保护单相原理接线

中间继电器的作用，一方面是利用中间继电器的动合触点代替电流继电器小容量触点，接通TQ线圈；另一方面是利用带有0.06～0.08s延时的中间继电器，以增大保护的固有动作时间，躲过管型避雷器放电引起保护误动作。信号继电器KS的作用是用以指示保护动作以便运行人员处理和分析故障。QF1用以代替中间继电器动合触点，断开跳闸线圈YT中的电流，以防KM触点断弧而烧坏。

4. 电流速断保护的主要优、缺点

电流速断保护的优点是简单可靠，动作迅速，因而获得了广泛的应用；缺点是不可能保护线路的全长，并且保护范围直接受运行方式变化的影响。

　　当系统运行方式变化很多，或者被保护线路的长度很短时，速断保护就可能没有保护范围，因而不能采用。例如图 5 - 3 所示为系统运行方式变化很大的情况，当保护 1 电流速断按最大运行方式下保护选择性的条件整定以后，在最小运行方式下就没有保护范围；如图 5 - 4 所示，为被保护线路长短不同的情况，当线路较长时，其始端和末端短路电流的差别较大，因而短路电流变化曲线比较陡，保护范围比较大，如图 5 - 4（a）所示。而当线路短路时，由于短路电流曲线变化平缓，速断保护的整定值在考虑了可靠系数以后，其保护范围将很小甚至等于零，如图 5 - 4（b）所示。但在个别情况下，有选择性的电流速断也可以保护线路的全长，例如当电网的终端线路上采用线路—变压器组的接线方式，

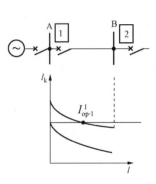

图 5 - 3　运行方式变化时对电流速断保护范围的影响

如图 5 - 5 所示，由于线路和变压器可以看成是一个元件，因此速断保护就可以按照躲开变压器低压侧线路出口处 k1 点的短路来整定，由于变压器的阻抗一般较大，因此 k1 点的短路电流就大为减小，这样整定之后，电流速断就可以保护线路 AB 的全长，并能保护变压器的一部分。

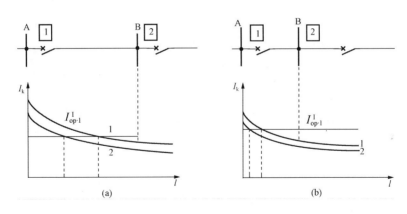

图 5 - 4　被保护线路长短不同时，对电流速断保护的影响
(a) 长线路；(b) 短线路

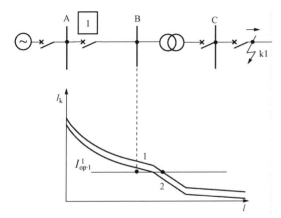

图 5 - 5　用于线路—变压器组的电流速断保护

二、限时电流速断保护

1. 工作原理

　　由于瞬时电流速断保护不能保护线路全长，因此可增加一段带时限的电流速断保护。用以保护瞬时电流速断保护保护不到的那段线路的故障，同时也能作为速断保护的后备，这就是限时电流速断保护（又称第 Ⅱ 段电流保护）。

　　对这个保护的要求，首先是在任何情况下能保护本线路的全长，并且具有足够的灵敏性，其次是在满足上述要求的前提下，力

求具有最小的动作时限；在下级线路短路时，保证下级保护优先切除故障，满足选择性要求。

如图 5-6 所示，图中线路 L1 和 L2 都装设有瞬时电流速断保护和限时电流速断保护，保护 1 和保护 2 分别为线路 L1 和 L2 的保护，为了区别起见右上角用 I、II 分别表示瞬时电流速断保护和限时电流速断保护。

由于要求限时电流速断保护必须保护线路全长，这样它的保护范围必然延伸到下一条线路，如图 5-6（b）所示，当下一条线路出口处发生短路故障时，它就会起动，若不采取措施，就会失去选择性。为此，必须使保护带有一定时限，此时限的大小与其延伸的范围有关。为尽量缩短这一时限，通常使保护范围不超出相邻线路无时限电流速断保护的保护区，其动作时限则比相邻线路无时限电流速断保护高出一个时间级差 Δt。按上述原则整定的实现特性，在保护 2 速断保护范围以内的故障，将以 $t^{I}_{op\cdot2}$ 的时间被切除，此时保护 1 的限时电流速断虽然可能起动，但由于 $t^{II}_{op\cdot1}$ 较 $t^{I}_{op\cdot2}$ 大一个 Δt，保护 2 的电流速断动作切除故障后，保护 1 返回，因而从时间上保证了选择性。又如当故障发生在保护 1 的电流速断的范围内时，则将以 $t^{I}_{op\cdot1}$ 的时间被切除，而当故障发生在速断的范围以外同时又在线路 AB 以内时，则将以 $t^{II}_{op\cdot1}$ 的时间被切除，如图 5-6（c）所示。

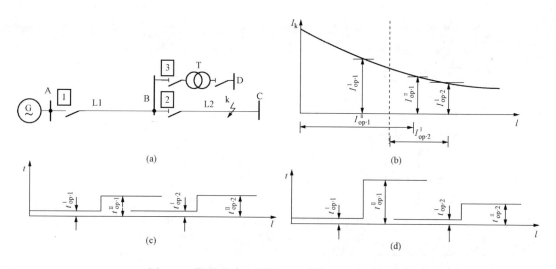

图 5-6　限时电流速断保护的动作电流与动作时限
（a）系统接线图；（b）动作值示意图；
（c）时限配合图 $t^{II}_{op\cdot1}=t^{I}_{op\cdot2}+\Delta t$；（d）时限配合图 $t^{II}_{op\cdot1}=t^{II}_{op\cdot2}+\Delta t$

由此可见，当线路上装设了电流速断和限时电流速断保护以后，它们结合起来就可以保证全线路范围内的故障都能够在 0.5s 的时间内予以切除，在一般情况下都能够满足速动性的要求。具有这种快速切除全线路各种故障能力的保护称为该线路的"主保护"。

如果与下一级线路的速断保护配合后，在本线路末端短路灵敏性不足时，则此限时流速断保护与下级线路的限时电流速断保护配合，动作时限比下级的限时速断保护高出一个时间阶梯。通过上下级保护间保护定值与动作时间的配合，使全线路的故障都可以在一个 Δt（少数与限时电流速断保护配合时为两个 Δt）内切除，如图 5-6（d）所示。

2. 限时电流速断保护的整定计算

(1) 动作电流的整定。如图 5-6 所示，为了使线路 L1 的限时电流速断保护的保护范围不超出相邻线路 L2 瞬时电流速断保护的保护范围必须使保护 1 限时电流速断保护的动作电流 $I_{\text{op}\cdot1}^{\text{II}}$ 大于保护 2 的瞬时电流速断保护的动作电流 $I_{\text{op}\cdot2}^{\text{I}}$，即

$$I_{\text{op}\cdot1}^{\text{II}} > I_{\text{op}\cdot2}^{\text{I}}$$

写成等式

$$I_{\text{op}\cdot1}^{\text{II}} = K_{\text{rel}}^{\text{II}} I_{\text{op}\cdot2}^{\text{I}} \tag{5-7}$$

式中　$K_{\text{rel}}^{\text{II}}$——可靠系数，因考虑短路电流非周期分量已经衰减，一般取 1.1～1.2。

同时，L1 的限时电流速断保护的保护范围，也不应超出相邻变压器速断保护区以外，即

$$I_{\text{op}\cdot1}^{\text{II}} = K_{\text{co}} I_{\text{kD}\cdot\text{max}} \tag{5-8}$$

式中　K_{co}——配合系数取 1.3；

$I_{\text{kD}\cdot\text{max}}$——变压器低压母线 D 点发生短路故障时流过保护安装处最大短路电流。

应按式 (5-7)、式 (5-8) 所得数之中较大者作为保护 1 的限时电流速断保护的动作电流时。

(2) 动作时限的选择。上述分析可知，为了保证选择性保护 1 的限时电流速断保护的动作时限 $t_{\text{op}\cdot1}^{\text{II}}$ 还要与保护 2 的瞬时电流速断保护、保护 3 的差动保护（或瞬时电流速断保护）动作时限 $t_{\text{op}\cdot2}^{\text{I}}$、$t_{\text{op}\cdot3}^{\text{I}}$ 相配合即

$$t_{\text{op}\cdot1}^{\text{II}} = t_{\text{op}\cdot2}^{\text{I}} + \Delta t \tag{5-9}$$

或

$$t_{\text{op}\cdot1}^{\text{II}} = t_{\text{op}\cdot3}^{\text{I}} + \Delta t$$

对于不同型式的断路器及保护装置 Δt 在 0.3～0.5s 范围内，通常多取 0.5s。

(3) 保护装置灵敏性校验。为了能够保护本线路的全长，限时电流速断保护必须在系统最小运行方式下，线路末端发生两相短路时，具有足够的反应能力，这个能力通常用灵敏系数 K_{sen} 来衡量。其灵敏系数计算公式为

$$K_{\text{sen}} = \frac{I_{\text{k.\,min}}}{I_{\text{op}}^{\text{II}}} \tag{5-10}$$

式中　$I_{\text{k.\,min}}$——在最小运行方式下被保护线路末端两相短路时流过保护安装处的电流；

$I_{\text{op}}^{\text{II}}$——被保护线路的限时电流速断保护的动作电流。

规程规定应满足，$K_{\text{sen}} \geqslant 1.3～1.5$。对保护 1 的限时电流速断而言，即应采取系统最小运行方式下线路 AB 末端发生两相短路时短路电流作为故障参数的计算值，灵敏系数为

$$K_{\text{sen}} = \frac{I_{\text{kB}\cdot\text{min}}^{(2)}}{I_{\text{op}\cdot1}^{\text{II}}}$$

当灵敏系数不能满足要求时，那就意味着将来真正发生内部故障时，由于一些不利因素的影响保护可能不能起动，达不到保护线路全长的目的，这是不允许的。为了解决这个问题，通常都是考虑降低限时电流速断的整定值，使之与下级线路的限时电流速断相配合，这样其动作时限就应该选择得比下级线路限时速断的时限再高一个 Δt，此时限时电流速断的动作时限为 1s，按照这个原则整定的时限特性如图 5-6 (d) 所示，此时

$$\begin{cases} I_{\text{op1}}^{\text{II}} = K_{\text{rel}}^{\text{II}} I_{\text{op2}}^{\text{II}} \\ t_{\text{op1}}^{\text{II}} = t_{\text{op2}}^{\text{II}} + \Delta t \end{cases} \tag{5-11}$$

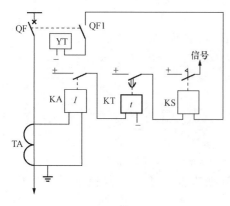

图 5-7　限时电流速断保护的
单相原理接线图

3. 限时电流速断保护的构成

限时电流速断保护的单相原理接线如图 5-7 所示。它与电流速断保护接线（见图 5-2）相似，不同的是必须用时间继电器 KT 代替图 5-2 中的中间继电器，时间继电器是用来建立保护装置所必需的延时动作于跳闸。而如果短路故障在此延时之前已被切除，已动作的电流继电器返回，使时间继电器立即返回，整套保护恢复原状，不会造成误动。

三、定时限过电流保护

1. 工作原理

限时电流速断保护虽然能保护线路全长，但不能作为下一条线路保护的后备。定时限过电流保护（又称第Ⅲ段电流保护），可作为下条线路的远后备，同时作为本线路的近后备。过电流保护的起动电流按照躲开最大负荷电流来整定，它的动作电流值较低，灵敏度较高，保护范围大，它不仅能够保护本线路的全长，而且保护相邻线路的全长，可以起到远后备保护的作用。同限时电流速断保护一样，定时限过电流保护也是靠适当选取动作电流和动作时限来保证选择性的。

过电流保护有两种：一种是保护起动后出口动作时间是固定的整定时间，称为定时限过电流保护；另一种是出口动作时间与过电流的倍数相关，电流越大，出口动作越快，称为反时限过电流保护。过电流保护在正常运行时不起动，而在电网发生故障时，则能反应于电流的增大而动作。本节只介绍定时限过电流保护。

过电流保护的工作原理可用图 5-8 所示的单侧电源辐射形电网来说明。过电流保护 1、2、3、4 分别装设在各段线路靠电源的一端。当线路 k 点发生短路时，短路电流 I_k 将流过保护 1、2，一般 I_k 均大于保护装置 1、2 的动作电流。所以保护 1、2 均将同时起动。但根据选择性的要求应该由距离故障点最近的保护 2 动作使断路器跳闸切除故障，而保护 1 则在故障切除后立即返回。

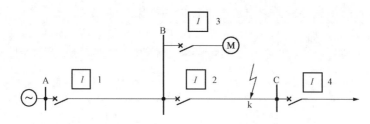

图 5-8　定时限过电流保护动作电流整定说明图

2. 定时限过电流保护的整定计算

（1）动作电流的整定。定时限过电流保护动作电流整定一般应按以下两个原则来确定：

1）在被保护线路通过最大正常负荷电流时保护装置不应动作，保护装置的动作电流应整定得大于线路上可能出现的最大负荷电流，即

$$I_{op}^{\text{III}} > I_{\text{L·max}} \qquad\qquad (5-12)$$

2）在外部短路故障切除后，已动作的电流继电器能可靠返回。

如图 5-8 所示，当 k 点短路故障时，短路电流将流经保护 1 和 2，它们都要起动。但按选择性要求应由保护 2 动作切除故障，然后保护 1 由于电流已减小而立即返回。实际上，短路故障时，变电所 B 母线上所接负荷的电动机被制动，而在故障切除后电压恢复时，电动机有一自起动过程，流经保护的电动机自起动电流要大于正常工作的负荷电流。为保证在相邻线路上的短路故障切除后保护能可靠地返回，保护装置的返回电流 I_{re} 应大于外部短路故障切除后流过保护装置的最大自起动电流 $I_{s \cdot max}$，即

$$I_{re} > I_{s \cdot max} \tag{5-13}$$

自起动电流要大于正常工作的负荷电流，最大自起动电流 $I_{s \cdot max}$ 与正常运行是最大负荷电流 $I_{L \cdot max}$ 的关系为

$$I_{s \cdot max} > I_{L \cdot max} \tag{5-14}$$

引入自起动系数 K_{ss}，式（5-14）可写成

$$I_{s \cdot max} = K_{ss} I_{L \cdot max}$$

引入 K_{rel}^{III}，则式（5-13）可写成

$$I_{re} = K_{rel}^{III} I_{s \cdot max} = K_{rel}^{III} K_{ss} I_{L \cdot max} \tag{5-15}$$

而

$$K_{re} = \frac{I_{re}}{I_{op}^{III}} \tag{5-16}$$

则

$$I_{op}^{III} = \frac{K_{rel}^{III} K_{ss}}{K_{re}} I_{L \cdot max} \tag{5-17}$$

式中 K_{rel}^{III}——可靠系数取 $1.15 \sim 1.25$；

      K_{ss}——自起动系数由电网具体接线及负荷性质所决定；

      K_{re}——返回系数与保护类型有关，一般取 0.85；

  $I_{L \cdot max}$——最大负荷电流。

可见，当 K_{re} 越小时则保护装置的起动电流越大，因而其灵敏性就越差，这是不利的。这就是要求过电流继电器应有较高的返回系数的原因。

（2）动作时限的整定。过电流保护的工作原理可用图 5-9 所示的单侧电源辐射形电网来说明。过电流保护 1、2、3、4 分别装设在四段线路靠电源的一端。当线路 k1 点发生短路时，短路电流 I_k 将流过保护 1、2，保护 1、2 均将同时起动。但根据选择性的要求，应该由距离故障点最近的保护 2 动作，使断路器 QF2 跳闸切除故障，而保护 1 则在故障切除后立即返回。则应满足 $t_1 = t_2 + \Delta t$，以此类推 $t_3 = t_4 + \Delta t$，$t_2 = t_3 + \Delta t (t_3 > t_5$ 时)，$t_2 = t_5 + \Delta t (t_5 > t_3$ 时)。

从上面的分析可知在一般情况下对于第 n 段线路的定时限过电流保护动作时限整定的一般表达式为

$$t_n = t_{(n+1)max} + \Delta t \tag{5-18}$$

式中 t_n——第 n 段线路的过电流保护的动作时间；

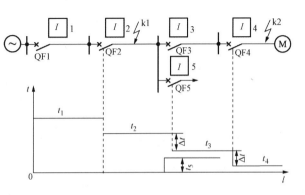

图 5-9 过电流保护动作时限特性

$t_{(n+1)\max}$——由第 n 段线路供电的母线上所接的线路、变压器等过电流保护最长动作
时间。

从图 5-9 可知，为了保证选择性，从用户到电源的各保护装置的动作时限逐级增加至
少一个 Δt，越靠近电源过电流保护动作时限越长，其形状好比一个阶梯故称为阶梯形时限
特性。由于各保护装置动作时限都是分别固定的而与短路电流的大小无关，故这种保护称为
定时限过电流保护。

由以上分析可见，定时限过电流保护的主要缺点是，切除故障的时限愈靠近电源愈长。
正由于这个原因，在电网中采用无时限和限时电流速断保护作为线路的主保护，以快速切除
故障，而用过电流保护来作为本线路和相邻元件的后备保护。

（3）保护装置灵敏性校验。灵敏系数为

$$K_{\text{sen}} = \frac{I_{\text{k}\cdot\min}}{I_{\text{op}}^{\text{III}}} \tag{5-19}$$

式中　$I_{\text{k}\cdot\min}$——在最小运行方式下被保护线路末端两相短路时流过保护安装处的电流；

　　　$I_{\text{op}}^{\text{III}}$——被保护线路的定时限过电流保护的动作电流。

当过电流保护作为本线路的近后备保护时，$I_{\text{k}\cdot\min}$ 应采用最小运行方式下本线路末端两
相短路时的短路电流，要求 $K_{\text{sen}} \geqslant 1.3 \sim 1.5$；作为相邻元件的远后备保护时，$I_{\text{k}\cdot\min}$ 应采用
最小运行方式下相邻线路末端两相短路时的短路电流，要求 $K_{\text{sen}} \geqslant 1.2$；当过电流保护做几
个相邻元件的远后备时，应分别校验灵敏系数。当过电流保护的灵敏度不能满足要求时，应
采取性能更好的保护方式。

实现保护的单相原理接线图与图 5-7 相同。

四、阶段式电流保护

由瞬时电流速断保护、限时电流速断保护、定时限过电流保护组合构成三段式电流保护
装置。其中 I 段瞬时电流速断保护、II 段限时电流速断保护一起作主保护，III 段定时限过
电流保护是本线路 I 段、II 段的近后备，也作相邻元件的远后备保护。

电流速断保护、限时电流速断保护和过电流保护都是反应于电流升高而动作的保护。它
们之间的区别主要在于按照不同的原则来选择起动电流。速断是按照躲开本线路末端的最大
短路电流来整定；限时速断是按照躲开下级各相邻元件电流速断保护的最大动作范围来整
定；而过电流保护则是按照躲开本元件最大负荷电流来整定。

由于电流速断不能保护线路全长，限时电流速断又不能作为相邻元件的后备保护，因此
为保证迅速而有选择性地切除故障，常常将电流速断保护、限时电流速断保护和过电流保护
组合在一起，构成阶段式电流保护。

具体应用时，可以只采用速断保护加过电流保护，或限时速断保护加过电流保护，也
可以三者同时采用。如，在电网最末端的用户电动机或其他受电设备上，保护 I 采用瞬
时动作的过电流保护即可满足要求，其起动电流按躲开电动机起动时的最大电流整定，
与电网中其他保护的定值和时限上都没有配合关系。一般情况，当过电流保护动作时限
要整定较长时，根据实际需要，考虑增设电流速断保护或同时装设电流速断保护和限时
速断保护。越靠近电源端，过电流保护的动作时限就越长，因此，一般都需要装设三段
式保护。

使用 I 段、II 段或 III 段组成的阶段式电流保护，其主要的优点就是简单、可靠，并且在

一般情况下也能够满足快速切除故障的要求，因此在电网中特别是在35kV及以下的较低电压的网络中获得广泛的应用。保护的缺点是它直接受电网的接线以及电力系统的运行方式变化的影响，例如整定值必须按系统最大运行方式来选择，而灵敏性则必须用系统最小运行方式来校验，这就使它往往不能满足灵敏系数或保护范围的要求。

电磁型继电保护装置的接线图有原理接线图和展开图两种形式。

图5-10为电磁式三段式电流保护原理接线图。保护采用不完全星形接线，由1KA、2KA、1KS组成Ⅰ段；3KA、4KA、1KT、2KS组成Ⅱ段；5KA、6KA、7KA、2KT、3KS组成Ⅲ段。任意一段保护动作都作用于KCO（出口中间继电器）跳开三相。保护各段是独立工作的，可以通过压板的投、切来实现或切除各段的功能。

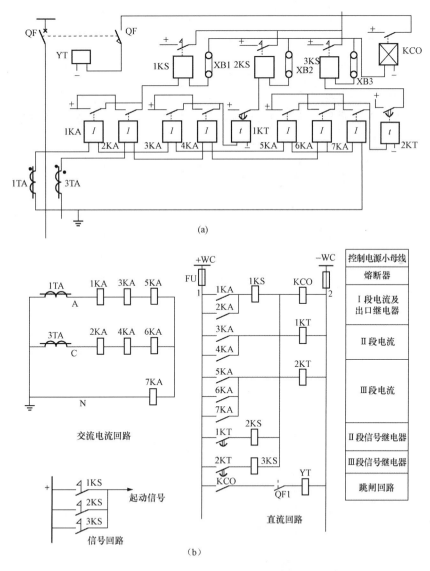

图 5-10　三段式电流保护接线图

（a）原理图；（b）展开图

原理图中各元件均以完整的图形符号表示，如图 5-10（a）所示，每个继电器的线圈和触点都画在一个图形内，所有元件都有符号标注。原理图对整个保护的工作原理能给出一个完整的概念，较直观，使初学者容易理解。但交、直流回路合在一起，接线较复杂。原理图不便于现场查线及调试，接线复杂的保护原理图绘制、阅读比较困难。

展开图是以电气回路为基础，交流回路、直流回路分开表示，如图 5-10（b）所示。各继电器的线圈和触点也分别画在其各自所属的回路中，但属于同一个继电器或元件的所有部件都注明同样的文字符号。将继电器和各元件的线圈、触点的连接尽量按保护动作顺序，自左而右、自上而下绘制的接线图。展开图接线简单、层次清楚、阅读和查对十分方便，对于较复杂的保护，更显示出其优越性。因此，在生产实际中得到了广泛的应用。

五、三段式电流保护整定计算实例

【例 5-1】 如图 5-11 所示，35kV 单侧电源放射状网络 AB 和 BC 均设有三段式电流保护。已知：

1）线路 AB 长 20km，线路 BC 长 30km，线路电抗 $X_1 = 0.4\Omega/km$。

2）变电所 B、C 中变压器连接组别为 Yd11 且在变压器上装设差动保护。

3）线路 AB 的最大传输功率为 9.5MW 功率因数 $\cos\varphi = 0.9$，自起动系数取 1.3。

4）T1、T2 变压器归算至被保护线路电压等级的阻抗为 28Ω。

5）系统最大电抗 $X_{s \cdot max} = 7.9\Omega$，系统最小电抗 $X_{s \cdot min} = 5.4\Omega$。

试对 AB 线路的保护进行整定计算并校验其灵敏度。

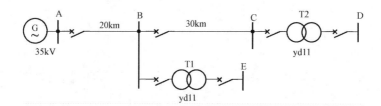

图 5-11 三段电流保护整定计算网络图

解 1. 短路电流计算

$$I_{kB \cdot max}^{(3)} = \frac{E_s}{X_{s \cdot min} + X_1 l}$$

$$= \frac{37}{\sqrt{3}(5.4 + 20 \times 0.4)} = 1594(A)$$

$$I_{kB \cdot min}^{(2)} = \frac{\sqrt{3}}{2} \times \frac{E_s}{X_{s \cdot max} + X_1 l}$$

$$= \frac{\sqrt{3}}{2} \times \frac{37}{\sqrt{3}(7.9 + 20 \times 0.4)} = 1164(A)$$

$$I_{kC \cdot max}^{(3)} = \frac{37}{\sqrt{3}(5.4 + 50 \times 0.4)} = 841(A)$$

$$I_{kC \cdot min}^{(2)} = \frac{\sqrt{3}}{2} \times \frac{37}{\sqrt{3}(7.9 + 50 \times 0.4)} = 663(A)$$

$$I_{\text{kE}\cdot\max}^{(3)} = \frac{37}{\sqrt{3}(5.4 + 20 \times 0.4 + 28)} = 516(\text{A})$$

$$I_{\text{kE}\cdot\min}^{(3)} = \frac{37}{\sqrt{3}(7.9 + 20 \times 0.4 + 28)} = 487(\text{A})$$

$$I_{\text{kE}\cdot\min}^{(2)} = \frac{\sqrt{3}}{2} \times \frac{37}{\sqrt{3}(7.9 + 20 \times 0.4 + 28)} = 421(\text{A})$$

2. 整定计算

(1) 保护 1 的 I 段整定计算。

1) 动作电流整定　　　　$I_{\text{op}\cdot1}^{\text{I}} = K_{\text{rel}} I_{\text{kB}\cdot\max}^{(3)} = 1.25 \times 1590 = 1990(\text{A})$

2) 保护范围校验

$$l_{\min} = \frac{1}{X_1}\left(\frac{\sqrt{3}}{2} \times \frac{E_\text{s}}{I_{\text{op}\cdot1}^{\text{I}}} - X_{\text{s}\cdot\max}\right)$$

$$= \frac{1}{0.4}\left(\frac{\sqrt{3}}{2} \times \frac{37/\sqrt{3}}{1.99} - 7.9\right) = 3.49(\text{km})$$

$l_{\min}/l = 17.5\%$，满足要求。

(2) 保护 1 的 II 段整定计算。

1) 动作电流整定

按躲过变压器低压侧母线短路计算

$$I_{\text{op}\cdot1}^{\text{II}} = K_{\text{co}} I_{\text{kE}\cdot\max}$$

$$= 1.3 \times 516 = 671(\text{A})$$

与相邻线路瞬时电流速断保护配合则

$$I_{\text{op}\cdot1}^{\text{II}} = K_{\text{rel}}^{\text{II}} I_{\text{op}\cdot2}^{\text{I}}$$

$$= 1.15 \times 1.25 \times 841 = 1209(\text{A})$$

选以上计算较大的动作电流作为 $I_{\text{op}\cdot1}^{\text{II}}$，则 $I_{\text{op}\cdot1}^{\text{II}} = 1209(\text{A})$

2) 灵敏度校验

$K_{\text{sen}} = \dfrac{I_{\text{kB}\cdot\min}^{(2)}}{I_{\text{op}\cdot1}^{\text{II}}} = \dfrac{1164}{1209} = 0.96 < 1.2$，不满足要求。

AB 的 I 段保护改与 T1 低压侧母线短路配合，$I_{\text{op}\cdot1}^{\text{II}} = 671(\text{A})$

$$K_{\text{sen}} = \frac{I_{\text{kB}\cdot\min}^{(2)}}{I_{\text{op}\cdot1}^{\text{II}}} = \frac{1164}{671} = 1.71$$

3) 动作时限整定

值得注意的是选用与相邻变压器配合时，相当于是与 II 段配合，为保证保护的选择性保护的动作时间取 1s。

3. 定时限过电流保护

1) 动作电流整定

$I_{\text{L}\cdot\max} = \dfrac{9.5 \times 10^3}{\sqrt{3} \times 0.95 \times 35 \times 0.9} = 183(\text{A})$（其中，0.95 系数考虑电压降低 5% 时，输送最大功率）

$$I_{\text{op}\cdot1}^{\text{III}} = \frac{K_{\text{rel}} K_{\text{ss}}}{K_{\text{re}}} I_{\text{L}\cdot\max}$$

$$= \frac{1.2 \times 1.3 \times 183}{0.85} = 335(\text{A})$$

2）灵敏度校验

作本线路近后备保护时

$$K_{\text{sen}} = \frac{I_{\text{kB·min}}^{(2)}}{I_{\text{op·1}}^{\text{III}}} = \frac{1160}{335} = 3.46 > 1.5$$

作相邻线路后备保护时，应分别按相邻线路和相邻变压器末端最小短路电流校验。

作 BC 线路远后备

$$K_{\text{sen}} = \frac{I_{\text{kC·min}}^{(2)}}{I_{\text{op·1}}^{\text{III}}} = \frac{663}{335} = 1.98 > 1.2$$

作变压器远后备保护 $K_{\text{sen}} = \frac{I_{\text{kE·min}}^{(3)}}{I_{\text{op·1}}^{\text{III}}} = 1.45 > 1.2$（保护接线采用两相三继电器，灵敏度校验值应采用三相短路电流值）

3）动作时限整定

保护的时限按阶梯原则比相邻元件后备保护最大动作时间大一个时间级差 Δt。

第二节 双侧电源线路相间短路的方向电流保护

一、方向过电流保护的原理及接线

1. 按单电源保护配置原理分析双电源线路带来的问题

上一节所讲的三段式电流保护，是仅利用相间短路后电流幅值增大的特征来区分故障与正常运行状态的，以动作电流的大小和动作时限的长短配合来保证有选择地切除故障。而随着电力系统的发展和用户对供电可靠性要求的提高，出现了双侧电源辐射形电网和单侧电源环形网络。在这样的电网中为了切除故障元件应在线路两侧都装设断路器和保护装置。

以图 5-12（a）为例，假设双电源辐射形电网图中，在每条线路的两侧均装有断路器 QF1～QF6，且装设与断路器编号相同的保护装置 1～6。k2 点发生短路时，应由保护 3、4 动作跳开相应的断路器切除故障，故障线路切除后接在 A、B、C、D 母线上的用户仍然由 A 侧电源和 D 侧电源分别继续供电。从而大大地提高了对用户供电的可靠性，这正是双端供电的优点。但是这种电网也给继电保护带来了新的问题。

对于瞬时电流速断保护由于它没有方向性，只要短路电流大于其动作电流整定值就可能动作。例如，当 k2 点短路时，单靠电流的幅值大小能否保证保护 3、4 跳闸，而保护 2、5 不误动作。假如在 AB 线路上短路时流过保护 2 的短路电流小于在 BC 线路上短路时流过保护 2 的短路电流，则为了对 AB 线起保护作用，保护 2 的整定电流必然小于 BC 线路上短路时流过保护 2 的短路电流，那么在 BC 线短路时，保护 2 就要误动。同理分析，当 CD 线上短路时流过保护 5 的电流小于 BC 线短路时流过保护 5 的电流时，在 BC 线上短路时也会造成保护 5 的误动。所以对电流速断保护而言，在双电源线路中只靠保护的整定值大小来满足选择性的要求很难做到。

对于过电流保护若不采取措施同样会发生无选择性误动作。在图 5-14（a）中对 B 母线两侧的保护 2 和 3 而言，当 k1 点短路时为了保证选择性要求 $t_2 < t_3$；而当 k2 点短路时又要

求 $t_3 < t_2$。显然这两个要求是相互矛盾的。分析位于其他母线两侧的保护也可以得出同样的结果。这说明过电流保护在这种电网中无法满足选择性的要求。

2. 相间短路的方向电流保护的原理

假定短路保护的正方向是由母线指向线路，分析可能误动的情况，都是在保护的反方向短路时可能出现。为此必须进一步分析在双侧电源辐射形电网中发生短路时流过保护的短路功率（一般指短路时母线电压与线路电流相乘所得的感性功率）的方向。

在图 5-12（a）所示电网中当线路 L1 的 k1 点发生短路时流经保护 2 的短路功率方向是由母线指向线路，保护 2 应该动作；而流经保护 3 的短路功率是由线路指向母线，保护 3 不应该动作。当线路 L2 的 k2 点发生短路时，流经保护 2 的短路功率方向是由线路指向母线，保护 2 不应动作；而流过保护 3 的短路功率方向是由母线指向线路，保护 3 应该动作。从前面分析可看出，只有当短路功率的方向从母线指向线路时保护动作才是有选择性的。为此只需在原有的电流保护的基础上加装一个功率方向判别元件——功率方向元件，并且规定短路功率方向由母线指向线路为正方向。只有当线路中的短路功率方向与规定的正方向相同时保护才动作，反之不动作，这样就解决了动作选择性的问题。对图 5-12（b）同样可进行分析。

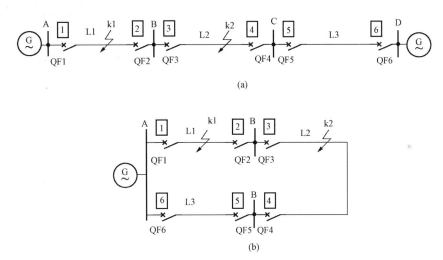

图 5-12　保护动作特性接线图
（a）双侧电源；（b）单侧环形网络

在过电流保护的基础上加装一个方向元件就构成了方向过电流保护。在图 5-12 所示的电网中各断路器上均装设了方向过电流保护。图中所示的箭头方向即为各保护功率方向正方向。当 k1 点短路时，通过保护 2 的短路功率方向是从母线指向线路符合规定的动作方向，保护 2 正确动作；而通过保护 3 的短路功率方向由线路指向母线，与规定的动作方向相反保护 3 不动作。因此保护 3 的动作时限不需要与保护 2 配合。同理保护 4 和 5 动作时限也不需要配合。而当 k1 点短路时通过保护 4 的短路功率的方向与保护 2 相同与规定动作方向相同。为了保证选择性保护 4 要与保护 2 的动作时限配合，这样可将电网中各保护按其动作方向分为两组单电源网络，A 侧电源、保护 1、3、5 为一组；D 侧电源、保护 2、4、6 为一组，如图 5-13 所示。对各电源供电的网络其过电流保护的动作时限仍按阶梯形原则进行配合，即

A 侧电源供电网络中 $t_1>t_3>t_5$；D 侧电源供电网络中 $t_6>t_4>t_2$。两组方向过电流保护之间不需要考虑配合。

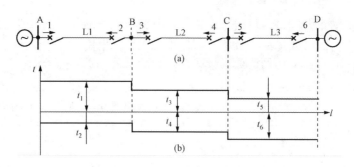

图 5‑13　双侧电源辐射形电网及保护时限特性

(a) 网络图；(b) 保护时限特性

　　需要指出在双侧电源辐射形电网中，并不是所有的过电流保护都要装设功率方向元件才能保证选择性。如图 5‑13 所示，线路 AB 上发生短路故障时，流经保护 3 的短路电流小于保护 3 的动作电流，所以保护 3 的Ⅰ段不会反向故障而误动，可不必装设方向元件。而当线路 CD 短路故障时，流经保护 4 的短路电流大于其Ⅰ段动作值时，保护 4 的Ⅰ段应装设方向元件。

　　对于过电流保护，要根据其动作的时限来判断是否装设方向元件。对保护 4、5 来说，Ⅲ段的动作时限分别为 t_4 和 t_5，若 $t_4>t_5$ 至少 Δt，所以在线路 CD 上短路故障时，保护 5 先于保护 4 动作出口，保护 4 反方向短路时不会误动作，因而保护 4 的第Ⅲ段不必装设方向元件，而保护 5 的第Ⅲ段应装设方向元件。一般来说，接入同一变电所母线上的双侧电源线路的过电流保护，动作时限长者可不装设方向元件，而动作时限短者和相等者则必须装方向元件。

　　3. 方向过电流保护的构成

　　方向过电流保护单相原理接线图如图 5‑14 所示。它主要由起动元件（电流继电器 KA）、方向元件（功率方向继电器 KW）、时间元件（时间继电器 KT）、信号元件（信号继电器 KS）构成。其中起动元件是反应是否在保护区内发生短路故障、时间元件是保证保护动作的选择性、信号元件是用于记录故障，而方向元件则是用来判断短路功率方向的。

　　由于在正常运行时，通过保护的功率也可能从母线指向线路，保护装置中的方向元件也可能动作，故在接线中必须将电流继电器 KA 和功率方向继电器 KW 一起配合使用，将它们的触点串联后再接入时间继电器 KT 的线圈。只有当正方向保护范围内故障时电流继电器 KA 和功率方向

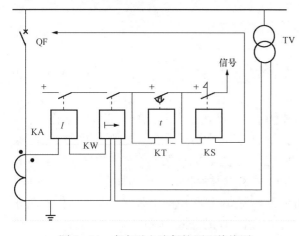

图 5‑14　方向过电流保护原理接线图

继电器 KW 都动作时整套保护才动作。

二、功率方向继电器的工作原理

功率方向继电器的作用是判别功率的方向，规定电流的正方向是从母线指向线路。

图 5-15 所示网络中，对保护 1 而言，加入功率方向继电器的电压是保护安装处母线电压互感器的二次电压 U_r，通过继电器中的电流是被保护线路中电流互感器的二次电流 I_r。它们分别反应了一次电压 $\dot U$ 和电流 $\dot I_{k1}$ 的相位和大小。在正方向 k1 点短路时，流过保护 1 的短路电流 $\dot I_{k1}$ 从母线指向线路，$\dot I_{k1}$ 滞后母线残余电压 $\dot U$ 的角度 φ_{k1}（φ_{k1} 为从该母线至 k1 之间的线路阻抗角），其值为 $0°\sim90°$，其相量图如图 5-15（b）所示，显然，流过保护 1 的短路功率为 $P_{k1}=UI_{k1}\cos\varphi_{k1}>0$；当反方向 k2 点短路时，通过保护 1 的短路电流 $\dot I_{k2}$ 为从线路指向母线，如果仍以母线上的残压 $\dot U$ 为参考量，则 $\dot I_{k2}$ 滞后 $\dot U$ 的角度为 φ_{k2}（$\varphi_{k2}=\varphi_{k1}+180°$），其值为 $180°\sim270°$，其相量图如图 5-15（c）所示，通过保护 1 的短路功率为 $P_{k2}=UI_{k2}\cos\varphi_{k2}<0$。功率方向继电器可以做成当 $P_k>0$ 时动作，当 $P_k<0$ 时不动作，从而实现其方向性。

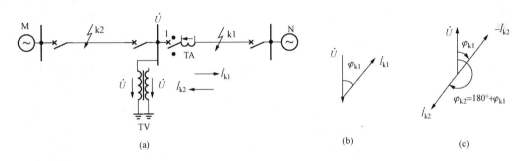

图 5-15　功率方向继电器工作原理说明
(a) 网络接线；(b) k1 点短路时相量图；(c) k2 点短路时相量图

因此，利用判别短路功率的方向或短路后电流、电压之间的相位关系，就可以判别发生故障的方向。用以判别功率方向或测定电流、电压间相位角的元件（继电器）称为功率方向元件（功率方向继电器）。功率方向继电器既可按相位比较原理（比相式原理）构成，也可按幅值比较的原理（比幅式）构成。

1. 相位比较式功率方向继电器

功率方向继电器的工作原理，实质上就是判断加入功率方向继电器中的母线电压和流入线路电流之间的相位角是否在 $-90°\sim90°$ 范围内。常用的表达式为

$$-90°\leqslant\arg\frac{\dot U}{\dot I_k}\leqslant90° \tag{5-20}$$

或写成

$$-90°\leqslant\arg\frac{\dot U_r}{\dot I_r}\leqslant90°$$

式中符号 $\arg\dfrac{\dot U}{\dot I_k}$，表示取复数 $\dfrac{\dot U}{\dot I_k}$ 的相位，构成功率方向继电器即可直接比较 $\dot U$ 和 $\dot I_k$ 间

的夹角，即比较 $\dot{U}_r$、$\dot{I}_r$ 之间的夹角，也可比较电压 $\dot{C}$、$\dot{D}$ 之间的相角，从而间接比较 $\dot{U}$ 和 $\dot{I}_k$ 间的夹角，其中

$$\dot{C} = \dot{K}_{uv}\dot{U}_r \tag{5-21}$$

$$\dot{D} = \dot{K}_{ur}\dot{I}_r \tag{5-22}$$

$\dot{K}_{uv}$、$\dot{K}_{ur}$ 为相量，决定于继电器内部结构与参数。可写成

$$-90° \leqslant \arg\frac{\dot{C}}{\dot{D}} \leqslant 90° \tag{5-23}$$

得

$$-90° - \alpha \leqslant \arg\frac{\dot{U}_r}{\dot{I}_r} \leqslant 90° - \alpha \tag{5-24}$$

用功率的形式表示，则为

$$U_r I_r \cos(\varphi_r + \alpha) \geqslant 0 \tag{5-25}$$

式中 α——称功率方向继电器内角，$\alpha = \arg\dfrac{\dot{K}_{uv}}{\dot{K}_{ur}}$。

一般的功率方向继电器当输入电压和电流的幅值不变时，其输出（转矩或电压）值随两者相位差的大小而改变，为了在最常见的短路情况下使方向元件动作最灵敏，功率方向元件应作成最大灵敏角为 $\varphi_{sen} = \varphi_k$，又为了保证当短路点有过渡电阻、线路阻抗角 φ_k 在 $0 \sim 90°$ 范围内变化情况下正方向故障时，继电器都能可靠动作，功率方向元件动作的角度应该是一个范围，考虑实现的方便性，这个范围通常取为 $\varphi_{sen} \pm 90°$。结合式（5-24），可画出功率方向继电器的动作特性如图 5-16 所示。在作相量图时一般以 $\dot{U}_r$ 为参考量看 $\dot{I}_r$ 的变化范围。并规定 $\dot{I}_r$ 滞后 $\dot{U}_r$ 时 φ_r 为正；$\dot{I}_r$ 超前 $\dot{U}_r$ 时 φ_r 为负（$\varphi_{sen} = -\alpha$），能使继电器动作的 $\dot{U}_r$ 和 $\dot{I}_r$ 间的相位角 φ_r 的变化范围即继电器的动作区域（直线 AB 上边带阴影的动作区和灵敏角的一侧）。

继电器的动作边界线 AB 与最大灵敏线垂直，从图 5-16 可知能使继电器动作的 φ_r 的范围为

$$-(90° + \alpha) \leqslant \varphi_r \leqslant (90° - \alpha) \tag{5-26}$$

2. 幅值比较式功率方向继电器

所谓幅值比较原理就是比较两个电气量的幅值大小，而不再比较它们的相位关系。可以分析相位比较和幅值比较之间存在互换关系。比较幅值的两个电气量可按下式构成

$$\dot{A} = \dot{C} + \dot{D} \tag{5-27}$$

$$\dot{B} = \dot{D} - \dot{C} \tag{5-28}$$

可以分析，当满足式（5-23）时，$|\dot{A}| > |\dot{B}|$，继电器动作；反之，$|\dot{A}| < |\dot{B}|$，继电器不动作。

整流型功率方向继电器一般是利用绝对值比较原理构成的。它主要由电压形成回路（电抗变压器 UR 和电压变换器

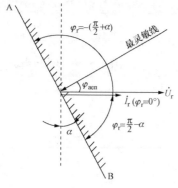

图 5-16 LG-11 型功率
方向继电器动作范
围和最灵敏线

UV)、比较回路（整流桥 U1、U2）和执行元件（极化继电器 KP）组成。LG-11 型功率方向继电器的原理接线如图 5-17 所示，它可作为相间短路保护中的方向元件。

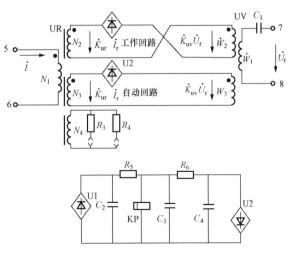

（1）电压形成回路。电压形成回路的作用是将加到继电器中的电流 $\dot{I}_r$ 和电压 $\dot{U}_r$ 变换成与其成比例的 $\dot{K}_{ur}\dot{I}_r$ 和 $\dot{K}_{uv}\dot{U}_r$，以便进行绝对值比较。LG-11 型功率方向继电器的电压形成回路由两部分组成，一部分是电流变换回路，另一部分是电压变换回路。

图 5-17　整流型功率方向继电器

电流变换回路由电抗变压器 UR 构成，它的一次绕组 N_1 接至电流互感器的二次侧以取得工作电流 $\dot{I}_r$。它有三个二次绕组其中 N_2 和 N_3 为工作绕组，其输出电压为 $\dot{K}_{ur}\dot{I}_r$；N_4 为移相绕组，使 $\dot{K}_{ur}\dot{I}_r$ 超前 $\dot{I}_r$ 的相位角 φ_{set}（电抗变换器 UR 的转移阻抗角），可利用选择不同的电阻 R_3 和 R_4 来改变。φ_{set} 的余角定义为继电器的内角以 α 表示 $\alpha=90°-\varphi_{set}$。当接入 R_3 时 $\varphi_{set}=60°$，$\alpha=30°$；当接入 R_4 时 $\varphi_{set}=45°$，$\alpha=45°$以适应不同线路参数的需要。

电压变换回路由带小气隙（铁心不易饱和）的电压变换器 UV 和电容 C_1 构成。电压变换器 UV 一次绕组的等效电感 L、等效电阻 R 与电容 C_1 串联后构成一个工频谐振电路，使 UV 的二次侧电压 $\dot{K}_{uv}\dot{U}_r$ 超前 $\dot{U}_r$90°，如图 5-18 所示。

（2）比较回路。在图 5-17 中 U1、U2 为两组桥式全波整流器，电阻 R_5、R_6 及电容 C_2、C_4 构成阻容滤波电路。电容 C_3 与极化继电器 KP 的线圈并联，以便进一步滤去交流分量防止 KP 动作时接点抖动。根据图中所示的正方向加到 U1 及 U2 交流侧的电压分别为

$$\dot{E}_1 = \dot{K}_{ur}\dot{I}_r + \dot{K}_{uv}\dot{U}_r \qquad (5-29)$$

$$\dot{E}_2 = \dot{K}_{ur}\dot{I}_r - \dot{K}_{uv}\dot{U}_r \qquad (5-30)$$

$\dot{E}_1$ 称为动作电压，$\dot{E}_2$ 称为制动电压，将 $\dot{E}_1$、$\dot{E}_2$ 经过整流后在 U1 及 U2 直流侧输出电压分别为 $|\dot{E}_1|$ 及 $|\dot{E}_2|$，它们经过滤波后分别加到执行元件极化继电器 KP 上进行绝对值比较。当 $|\dot{E}_1|>|\dot{E}_2|$ 时极化继电器 KP 动作；当 $|\dot{E}_1|<|\dot{E}_2|$ 时 KP 不动作，因此继电器动作条件为

$$|\dot{E}_1| \geqslant |\dot{E}_2|$$

即　　　$$|\dot{K}_{ur}\dot{I}_r + \dot{K}_{uv}\dot{U}_r| \geqslant |\dot{K}_{ur}\dot{I}_r - \dot{K}_{uv}\dot{U}_r| \qquad (5-31)$$

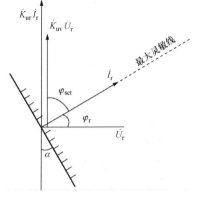

图 5-18　$\varphi_{\parallel}=-\alpha$ 时各相量之间的相位关系

（3）相间短路保护整流型功率方向继电器的动作区和灵敏角。在图 5-18 中以 $\dot{U}_r$ 为参考量画在横轴位置作

$\dot{K}_{uv}\dot{U}_r$ 超前 $\dot{U}_r$ 90°，$\dot{K}_{ur}\dot{I}_r$ 超前 $\dot{I}_r$ 一个整定阻抗角 φ_{set}，当 $\dot{K}_{ur}\dot{I}_r$ 与 $\dot{K}_{uv}\dot{U}_r$ 重合时，$|\dot{K}_{ur}\dot{I}_r+\dot{K}_{uv}\dot{U}_r|$ 最大，而 $|\dot{K}_{ur}\dot{I}_r-\dot{K}_{uv}\dot{U}_r|$ 最小，继电器工作在最灵敏状态，此时的 $\dot{I}_r$ 与 $\dot{U}_r$ 的相位角 $\varphi_r=-(90°-\varphi_{set})=-\alpha$，故称 $-\alpha$ 为功率方向继电器的最大灵敏角，以 φ_{sen} 表示。$\varphi_{sen}=-\alpha$ 时，$\dot{I}_r$ 的线垂直于动作边界线，该线称为最大灵敏线。功率方向继电器的动作区如图 5-16 所示。

(4) 动作死区的消除。如果在保护安装处正向出口发生三相金属性短路时，由于母线上残余电压接近于零，故加到继电器上的电压 $\dot{U}_r\approx0$，则式(5-31)变成 $|\dot{K}_{ur}\dot{I}_r|=|\dot{K}_{ur}\dot{I}_r|$，即 $|\dot{E}_1|=|\dot{E}_2|$。由于整流型功率方向继电器的动作还需要克服极化继电器 KP 的反作用力矩，因此要使继电器动作必须满足 $|\dot{E}_1|>|\dot{E}_2|$ 的条件。故在 $\dot{U}_r\approx0$ 时功率方向继电器不能动作。使功率方向继电器不能可靠动作的这段线路范围，称为功率方向继电器的"电压死区"。为了消除电压死区在整流型功率方向继电器的电压回路中串接了电容 C1 以便和 UV 的一次绕组构成在工频下的串联谐振记忆回路。当被保护线路保护安装处正向出口发生三相金属性短路时，$\dot{U}_r$ 突然下降为零，但是谐振回路内还储存有电场能量和磁场能量，它将按照原有频率进行能量交换，在这个过程中 $\dot{K}_{uv}\dot{U}_r\neq0$，且保持着故障前电压 $\dot{U}_r$ 的相位，一直到储存的能量消耗完为止 $\dot{K}_{uv}\dot{U}_r$ 才为零，在记忆作用这段时间里 $\dot{K}_{uv}\dot{U}_r\neq0$，可保证继电器可靠动作，从而消除了电压死区。为消除两相短路时的电压死区，功率方向继电器一般采用 90°接线。

功率方向判别元件的"潜动"问题。所谓潜动是指在只加入电流信号或只加入电压信号的情况下，继电器就能够动作的现象。发生潜动的最大危害是在反方向出口处三相短路时，$U_r\approx0$，而 I_r 很大，方向元件本应将保护装置闭锁，如果此时出现了潜动，就可能使保护装置失去方向性而误动作。就集成电路型功率方向元件而言，造成潜动的原因主要是形成方波的开环运算放大器的零点漂移。所有的功率方向元件都必须采取措施，可靠地防止潜动的发生。

三、功率方向继电器接线

所谓功率方向继电器的接线方式，是指在三相系统中继电器上的电压及电流的接入方式，即接入继电器的电压 $\dot{U}_r$ 和电流 $\dot{I}_r$ 是如何选取的。

1. 对接线方式的要求

(1) 应能正确反应故障的方向，即正方向短路时继电器动作，反方向短路时则应不动。

(2) 尽量使功率方向继电器在正方向短路故障时具有较高的灵敏性，即正方向故障时加入继电器的电压和电流尽量大，并尽可能使 $\dot{U}_r$ 和 $\dot{I}_r$ 之间的夹角 φ_r 尽量地接近最大灵敏角，以便消除和减小方向元件的死区。

为了满足上述要求，在相间短路保护中接线方式广泛采用 90°接线方式，各功率方向继电器接入的电压、电流的关系列于表 5-1 中。

表 5-1　功率方向继电器接入的电流及电压

功率方向继电器	电流 $\dot{I}_r$	电压 $\dot{U}_r$
1kW	$\dot{I}_a$	$\dot{U}_{bc}$
2kW	$\dot{I}_b$	$\dot{U}_{ca}$
3kW	$\dot{I}_c$	$\dot{U}_{ab}$

所谓 90°接线方式指，系统三相对称且功率因数 $\cos\varphi=1$ 的情况下，加入继电器的电流 $\dot{I}_r$ 超前电压 $\dot{U}_r$90°的接线方式。应该注意的是功率方向继电器的电流线圈和电压线圈的极性与电流互感器和电压互感器二次绕组极性必须正确连接，否则若有一个线圈的极性接错将导致正方向短路时拒动而反方向短路时误动的严重后果。图 5-19 为功率方向继电器采用 90°接线方式时的原理图和相量图。

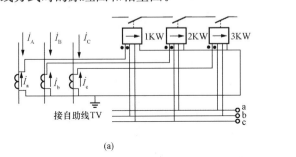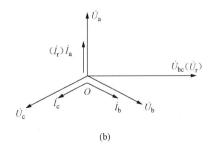

图 5-19 功率方向继电器的 90°接线原理图
(a) 接线图；(b) 1KW 的电流、电压相量图

2. 功率方向继电器 90°接线方式分析

功率方向继电器的动作条件可用角度来表示，式（5-26）也可改写为

$$-90°\leqslant(\varphi_r+\alpha)\leqslant 90° \tag{5-32}$$

式（5-32）说明在线路上发生短路时，功率方向继电器能否动作主要取决于 $\dot{U}_r$ 与 $\dot{I}_r$ 的相位角 φ_r 和继电器的内角 α。通过分析采用 90°接线的功率方向继电器，当在其正方向发生各种相间短路情况下，确定继电器的测量角度 φ_r 的变化范围，进而得出此种接线方式下方向继电器内角 α 的取值范围。

（1）各种相间短路时 φ_r 的变化范围。

正方向三相短路时保护安装处的残余电压为 $\dot{U}_a$、$\dot{U}_b$、$\dot{U}_c$，短路电流 $\dot{I}_a$、$\dot{I}_b$、$\dot{I}_c$ 滞后各对应的相电压 φ_k 角（短路点至保护安装处之间线路的阻抗角），一般 $0°<\varphi_k<90°$。由于三相短路是对称短路三个功率方向继电器的工作情况相同，可以只取 A 相的继电器 1kW 进行分析，如图 5-20 所示。

接入 A 相功率方向继电器的电流 $\dot{I}_r=\dot{I}_a$，电压 $\dot{U}_r=\dot{U}_{bc}$，由于 $\dot{I}_a$ 滞后 $\dot{U}_a$ 一个 φ_k 角，所以 $\varphi_r=-(90°-\varphi_k)$。在一般情况下电网中任何架空线路和电缆线路阻抗角的变化范围是 $0°\leqslant\varphi_k\leqslant 90°$，在三相短路时 φ_r 可能的范围是 $-90°\leqslant\varphi_r\leqslant 0°$。将 φ_r 代入式（5-32）可得出能使继电器动作的条件为 $0°\leqslant\alpha\leqslant 90°$。

同样可以分析，线路发生两相短路时 φ_r 的变化范围为 $-120°\leqslant\varphi_r\leqslant 30°$，从而得到 $30°\leqslant\alpha\leqslant 60°$。

（2）α 的取值范围。综合两相短路和三相短路情况分析，φ_r 的变化范围为 $-120°\leqslant\varphi_r\leqslant 60°$，即 $\varphi_{sen}=-30°\sim 60°$。

应用中可选定 $\alpha=30°$ 或 45°为最佳。LG-11 型功率方向

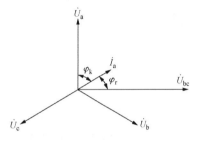

图 5-20 正方向三相短路时的
电流、电压相量图

继电器，具有最大灵敏角 $\varphi_{sen} = -45°$ 和 $\varphi_{sen} = -30°$。当取这两个灵敏角时，功率方向继电器的动作区 φ_r 变化范围的比较图如图 5-21 所示。

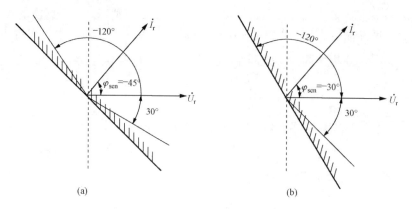

图 5-21 功率方向继电器动作区与 φ_r 变化范围
(a) $\varphi_{sen} = -45°$；(b) $\varphi_{sen} = -30°$

可见，90°接线的优点是：①适当选择继电器的内角 α 后，对于线路上发生的各种相间短路都能保证动作的方向性；②对于各种两相短路，因加在继电器上的电压是故障相与非故障相之间的电压，其值较高，故两相短路时无电压死区。

3. 非故障相电流的影响与按相起动

(1) 非故障相电流的影响。由电力系统故障分析可知，电网中发生不对称短路时，非故障相中仍有电流流过，此电流称为非故障相电流。非故障相的功率方向继电器不能判别故障方向，处于动作状态，还是处于制动状态，完全由负荷电流的方向决定。对于接地短路故障，非故障相中除负荷电流外，还存在零序电流分量，故对功率方向继电器的影响更为显著。如图 5-22 所示，k 点发生 BC 两相故障，而此时非故障相（A 相）仍有负荷电流，方向如图 5-22 所示，流过保护 1 中的功率方向继电器，此功率方向继电器将动作。BC 相的电流继电器将动作，如此使各相继电器的触点的连接情况如图 5-23（a）所示，将引起整套保护装置误动作。

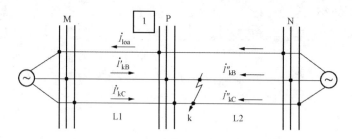

图 5-22 两相短路时非故障相电流的影响

(2) 按相起动。按相起动是指将同名相电流元件和同名相功率方向元件的常开触点串联后分别组成独立的跳闸回路。图 5-23（b）为按相起动接线图，采用按相起动方式接线后，当反方向发生不对称短路时，因非故障相的电流元件不会动作，该相的功率方向元件动作，所以保护不会误动作。图 5-24 为采用 90°接线的方向过电流保护接线。

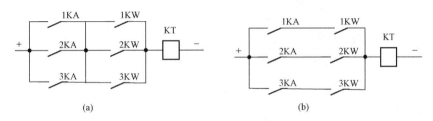

图 5-23　方向过电流保护的起动方式

（a）非按相起动；（b）按相起动

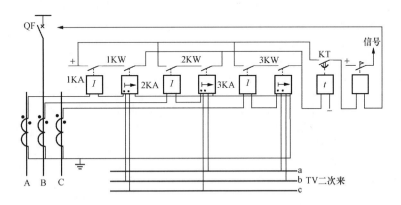

图 5-24　方向过电流保护原理接线图（功率方向继电器采用 90°接线方式）

四、方向过电流保护整定计算

1. 方向电流速断保护整定计算

在两端供电的辐射网或单电源环网中，同样也可构成瞬时方向电流速断保护和限时方向电流速断保护。由于它装设了方向元件，故不必考虑反方向短路，只需考虑同方向的保护相配合即可。

2. 方向过电流保护整定计算

同方向的阶段式方向电流保护的整定计算，可分别按单侧电源输电线路相间短路电流保护中所介绍的整定计算方法进行，但应注意以下一些特殊问题。

1）躲过被保护线路中的最大负荷电流。值得注意的是在单侧电源环形电网中不仅要考虑闭环时线路的最大负荷电流还要考虑开环时负荷电流的突然增加。

2）躲过非故障相电流。由前面分析可知，非故障相功率方向继电器不能判别故障方向。因此，为了保证保护装置不误动作，电流元件的动作电流必须大于非故障相电流。

3）同方向的保护，它们的灵敏度应相互配合，即同方向保护的动作电流应从距电源最远的保护开始，向着电源逐级增大。以图 5-25 为例，保护 1、3、5 为同一方向组，保护 2、4、6 为同方向组，当在 k 点发生短路故障时，如果短路电流 I_k 介于 $I_{op \cdot 2}$ 和 $I_{op \cdot 4}$ 之间，即 $I_{op \cdot 4} < I_k < I_{op \cdot 2}$，则保护 2 不动作，保护 4 将跳开 4QF。为了避免这种无选择动作，同方向保护的动作电流应满足

$$I_{op \cdot 1} > I_{op \cdot 3} > I_{op \cdot 5}$$
$$I_{op \cdot 6} > I_{op \cdot 4} > I_{op \cdot 2}$$

以保护 4 为例其动作电流为

$$I_{\text{op}\cdot 4} = K_{\text{co}} I_{\text{op}\cdot 2} \tag{5-33}$$

式中　K_{co}——配合系数，一般取 1.1。

　　同方向保护应同时满足以上三条件，取计算结果中最大者作为方向过流保护的动作电流整定值。

　　3. 保护的相继动作和保护灵敏系数的校验

　　在如图 5-25 所示的单侧电源环形电网中，当靠近变电所母线 k 点短路时，由于短路电流在环网中的分配是与线路的阻抗成反比，所以由电源经 1QF 流向 k 点的短路电流很大，而由电源经过环网流向 k1 点流过保护 2 的短路电流很小。因此在短路刚开始时保护 2 不能动作，只有保护 1 动作跳开 1QF 后，电网开环运行通过保护 2 的短路电流增大，保护 2 才动作跳开 2QF。保护装置的这种动作情况称为相继动作。相继动作的线路长度称为相继动作区域。

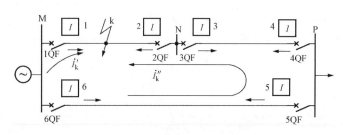

图 5-25　单电源环网中个保护间的配合

　　方向过电流保护灵敏系数主要取决于电流元件。其校验方法与不带方向元件的过电流保护相同，但在环网中允许用相继动作的短路电流来校验灵敏度，例如在图 5-25 中，在校验保护 2 的灵敏系数时可按 k 点短路时 1QF 跳闸后流经保护 2 的短路电流来校验。

第三节　小接地电流系统输电线路接地故障保护

　　电力系统中性点工作方式，是综合考虑了供电的可靠性、过电压、系统绝缘水平、继电保护的要求、对通信线路的干扰以及系统稳定的要求等因素而确定的。在我国采用的中性点工作方式有中性点直接接地，中性点经消弧线圈接地，中性点经高电阻接地和中性点不接地四种。

　　在中性点直接接地的系统中，当发生一点接地故障时，即构成单相接地短路，这时故障电流很大，所以称中性点直接接地的系统为大接地电流系统。目前我国 110kV 及以上电压等级的电力系统，均属于大接地电流系统。根据运行统计，在这种系统中，单相接地故障占总故障的 80%～90%，甚至更高。

　　66kV 及以下电压等级的电力系统中，采用中性点不接地、经高电阻或经消弧线圈接地的工作方式。在这三种接地方式中，当一相发生接地故障时，故障电流是各元件对地的电容电流，因而故障电流很小，所以这种系统又叫小接地电流系统。

一、小接地电流系统单相接地的特点

　　小接地电流系统中发生单相接地时，由于故障点的电流很小且三相相间电压仍保持对称，对负荷供电没有影响。因此，一般都允许再继续运行 1～2h 而不必立即跳闸。但是单相金属性接地后非故障相对地电压升高，为了防止故障进一步扩大造成两点或多点接地故障，要求继电保护装置能及时发出信号，以便运行人员及时处理，这也是采用小接地电流系统运行的主要优点。因此，在单相接地时，一般要求继电保护能选出发生接地的线路并及时发出

信号，而不必跳闸；但当单相接地对人身和设备的安全造成危险时，则应动作跳闸。能完成这种任务的保护装置称为接地选线装置。

图 5 - 26 (a) 所示为中性点不接地的简单系统。为分析方便，假定电网负荷为零，并忽略电源和线路上的压降。电网每相对地电容为 C_0，这三个电容相当一对称负载，其中性点就是大地。所以正常运行时，电源中性点对地电压等于零，即 $\dot{U}_N = 0$，又因为忽略电源和线路上的压降，所以各相对地电压即为相电势。各相电容 C_0 在三相对称电压作用下，产生三相电容电流也是对称的，并超前相应电压 90°，其相量如图 5 - 26 (b) 所示。三相对地电压之和与三相电容电流之和都为零，所以电网正常运行时无零序电压和零序电流。

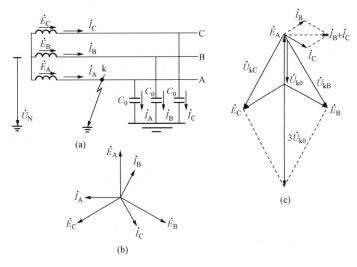

图 5 - 26　中性点不接地的简单系统

(a) 系统图；(b) 正常运行时的相量图；(c) 接地故障时的相量图

当 A 相线路发生一点接地时，该接地相对地电容 C_0 被短接，A 相对地电压变为零。此时中性点对地电压就是中性点对 A 相的电压，即 $\dot{U}_N = -\dot{E}_A$，短路点各相对地电压和零序电压分别为

$$\dot{U}_{kA} = 0$$

$$\dot{U}_{kB} = \dot{E}_B - \dot{E}_A = \sqrt{3}\dot{E}_A e^{-j150°}$$

$$\dot{U}_{kC} = \dot{E}_C - \dot{E}_A = \sqrt{3}\dot{E}_A e^{j150°}$$

A 相 k 点接地时的零序电压 $\dot{U}_{k0}$ 为

$$\dot{U}_{k0} = \frac{1}{3}(\dot{U}_{kA} + \dot{U}_{kB} + \dot{U}_{kC}) = -\dot{E}_A \qquad (5 - 34)$$

可见，发生单相接地后，系统将出现零序电压。故障点各相电流及零序电流分别为

$$\dot{I}_A = 0$$

$$\dot{I}_B = j\omega C_0 \dot{U}_{kB}$$

$$\dot{I}_C = j\omega C_0 \dot{U}_{kC}$$

$$3\dot{I}_{k0} = \dot{I}_A + \dot{I}_B + \dot{I}_C = j\omega C_0(\dot{U}_{kB} + \dot{U}_{kC}) \quad (5-35)$$

当线路上 k 点发生 A 相接地故障后，A 相对地的电压均等于零，此时从故障处 A 相接地点流过的电流是非故障相电容电流之和，由图 5-26 可见，其有效值 $I_k = 3U_{ph}\omega C_0$，是正常运行时单相电容电流的 3 倍。

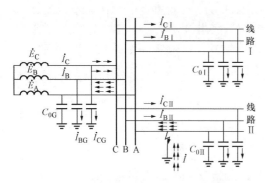

图 5-27　单相接地时，用三相系统
表示的电容电流分布图

如图 5-27 所示为一单电源多线路中性点不接地系统图。当网络中有发电机 G 和多条线路存在时，每台发电机和每条线路对地均有电容存在，设以 C_{0G}、C_{01}、C_{02} 等集中电容来表示，当线路 Ⅱ A 相接地后，其电容电流分布用"→"表示。因为全系统 A 相对地的电压均等于零，因而各元件 A 相对地的电容电流也等于零，各元件的 B 相和 C 相对地电容电流，都要通过大地、故障点、电源和本元件构成的回路，此时从故障处 A 相接地点流过的电流是全系统非故障相电容电流之和。在发电机 G 上，首先有它本身的 B 相和 C 相的对地电容电流 $\dot{I}_{BG}$ 和 $\dot{I}_{CG}$；但是，由于它还是产生其他电容电流的电源，因此，从 A 相中要流回从故障点流上来的全部电容电流，而在 B 相和 C 相流出各线路上同名相的对地电容电流。此时从发电机出线端所反应的零序电流仍应为三相电流之和。

发电机处流过的零序电流为

$$3\dot{I}_{0G} = \dot{I}_{BG} + \dot{I}_{CG} = j3\dot{U}_{k0}\omega C_{0G} \quad (5-36)$$

有效值为 $3I_{0G} = 3U_{ph}\omega C_{0G}$，即零序电流为发电机本身的电容电流，其电容性无功功率的方向是由母线流向发电机。

在非故障的线路 Ⅰ 上，A 相电流为零，B 相和 C 相中有本身的电容电流，因此在线路始端所反应的零序电流为

$$3\dot{I}_{0I} = \dot{I}_{BI} + \dot{I}_{CI} = j3\dot{U}_{k0}\omega C_{0I} \quad (5-37)$$

就故障的线路 Ⅱ 而言，在 B 相和 C 相上，流有它本身的电容电流 $\dot{I}_{BII}$ 和 $\dot{I}_{CII}$。此外，在接地点要流回全系统 B 相和 C 相对地电容电流总和，其值为

$$\dot{I}_k = (\dot{I}_{BI} + \dot{I}_{CI}) + (\dot{I}_{BII} + \dot{I}_{CII}) + (\dot{I}_{BG} + \dot{I}_{CG}) \quad (5-38)$$

有效值为

$$I_k = 3U_{ph}\omega(C_{0I} + C_{0II} + C_{0G}) = 3U_{ph}\omega C_{0\Sigma} \quad (5-39)$$

式中　$C_{0\Sigma}$——网络中各元件对地电容之总和。

$\dot{I}_k$ 电流要从 A 相流回去，这样在线路始端所流过的零序电流则为（仍以由母线流向线路作为假定正方向）

$$3\dot{I}_{0II} = (\dot{I}_{BII} + \dot{I}_{CII}) - (\dot{I}_{BI} + \dot{I}_{CI}) - (\dot{I}_{BII} + \dot{I}_{CII}) - (\dot{I}_{BG} + \dot{I}_{CG})$$
$$= -(\dot{I}_{BI} + \dot{I}_{CI} + \dot{I}_{BG} + \dot{I}_{CG}) \quad (5-40)$$

其有效值为

$$3I_{0II} = 3U_{ph}\omega(C_{0\Sigma} - C_{0II}) \quad (5-41)$$

非故障线路的特点与发电机是一样。

总结以上分析的结果，可以得出中性点不接地系统发生单相接地后零序分量分布的特点如下：

（1）在发生单相接地时，相当于在故障点产生了一个与故障相故障前相电压大小相等、方向相反的零序电压，从而全系统都将出现零序电压。非故障相电压升高至原来的$\sqrt{3}$倍。

（2）在非故障元件保护安装处，流过的零序电流的数值等于其本身的对地电容电流；电容性无功功率的实际方向为由母线流向线路。

（3）在故障元件保护安装处，流过的零序电流的数值为全系统非故障元件对地电容电流之总和；电容性无功功率的实际方向为由线路流向母线。其功率方向与非故障线路方向相反。

二、中性点不接地系统单相接地故障的保护方式

根据上述接地故障的特点在中性点不接地系统中其单相接地故障的保护方式主要有以下几种。

1．无选择性绝缘监视装置

由上面分析可知，中性点不接地系统正常运行时无零序电压，一旦发生单相接地故障时就会出现零序电压。因此，可利用有无零序电压来实现无选择性的绝缘监视装置。

绝缘监视装置原理接线如图 5-28 所示。在发电厂和变电所的母线上装设的电压互感器，其开口三角上的过电压继电器可带延时动作于信号。电压互感器二次侧接入的三个电压表检测各相对地电压。

正常运行时电网三相电压是对称的，没有零序电压，所以三只电压表的读数相等，电压继电器不动作。当任一出线发生接地故障时，开口三角出现零序电压，过电压继电器动作，给出接地信号，接地相对地电压为零，而其他两相对地电压升高$\sqrt{3}$倍，可从三只电压表上读出。此时值班人员可根据接地信号及电压指示判断电网已发生单相接地故障并确定接地相别。运行人员可通过依次断开（与重合闸配合工作）每条线路的方法来寻找故障线路。当断开某条线路时若零序电压消失（或故障相电压恢复正常）则表明该线路为故障线路。显然，这种方式只适用于比较简单并且允许短时停电的电网。

2．零序电流保护

零序电流保护是利用故障线路的零序电流大于非故障线路的零序电流的特点，区分出故障线路与非故障线路，从而构成有选择性的保护。根据需要保护可动作于信号，也可动作于跳闸。

这种保护一般使用在有条件安装零序电流互感器的架空线路、电缆线路或经电缆引出的架空线路上。当单相接地电流较大，足以克服零序电流滤过器中的不平衡电流影响时，保护装置可接于由三只电流互感器构成的零序电流滤过器回路中。保护装置的动作电流 $I_{op.o}$，应大于本线路的对地电容电流即

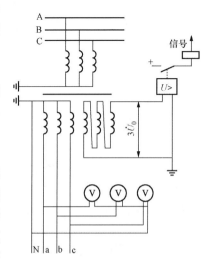

图 5-28　绝缘监视装置原理接线图

$$I_{\text{op}\cdot\text{o}} = K_{\text{rel}} 3 U_{\text{ph}} \omega C_0 \qquad (5\text{-}42)$$

式中　U_{ph}——相电压有效值；

　　　K_{rel}——可靠系数，考虑到暂态电流可能比稳态值大很多，若保护为瞬时动作时，一般取值较大取 $4\sim5$；采用延时动作的零序电流保护时可取 $1.5\sim2$；

　　　C_0——被保护线路每相对地电容。

被保护线路单相接地时流经该线路的零序电流为 $3 U_{\text{ph}} \omega (C_{0\Sigma} - C_0)$，因此灵敏系数为

$$K_{\text{sen}} = \frac{3 U_{\text{ph}} \omega (C_{0\Sigma} - C_0)}{K_{\text{rel}} 3 U_{\text{ph}} \omega C_0} = \frac{C_{0\Sigma} - C_0}{K_{\text{rel}} C_0} \qquad (5\text{-}43)$$

式中　$C_{0\Sigma}$——电网最小运行方式下，各线路每相对地电容之和。

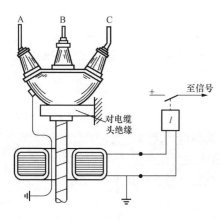

图 5-29　利用零序电流互感器构成的接地保护

校验灵敏系数时，应按在被保护线路上发生单相接地故障时，流过保护的最小电流校验。显然当出线回路愈多，$C_{0\Sigma}$ 也愈大，保护越灵敏。

利用零序电流互感器构成的接地保护如图 5-29 所示。应该指出的是接地故障电流或其他杂散电流，可能在地中流动，也可能沿故障或非故障线路导电的电缆外皮流动。这些电流被传变到电流继电器中，就可能造成接地保护误动、拒动或降低灵敏度。为了解决这一问题，应将电缆盒及零序电流互感器到电缆盒的一段电缆对地绝缘，并将电缆盒的接地线穿回零序电流互感器的铁心窗口再接地。这样，可使经电缆外皮流过的电流再经接地线流回大地，使其在铁心中产生的磁通互相抵消，从而消除其对保护的影响。

3. 零序功率方向保护

该保护利用故障线路与非故障线路零序功率方向恰好相差 $180°$ 的特点，来构成有选择性的零序方向保护，动作于信号或跳闸。它适用于零序电流保护灵敏度不满足的场合（如在出线较少的情况下，非故障线路的零序电流与故障线路的零序电流相差不大，若采用零序电流保护灵敏度很难满足要求），也常用于接线复杂的网络中，其原理接线图如图 5-30 所示。

三、中性点经消弧线圈接地电网

根据上面的分析，中性点不接地系统中发生单相接地时，接地点的故障电流为整个系统电容电流之和。如果这个电流值较大，就会在接地点产生电弧，引起弧光过电压，甚至造成非故障相的绝缘损坏，发展成相间短路或多点接地短路使事故扩大。为此，在接地故障电流大于一定值时，中性点均应采用经消弧线圈接地的方式。消弧线圈是一个具有铁心的电感线圈，这样当单相接地时，在接地点就有一个电感分量的电流通过，此电流和原系统中的电容电流相抵消，可以减少流经故障点的电流，从而使电弧熄灭。

各级电网中，当单线接地电容电流超过下列值又需在接地故障条件下运行时，应采用消弧线圈接地方式：

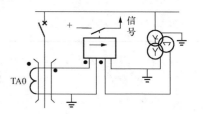

图 5-30　零序功率方向保护原理接线图

（1）3～10kV 钢筋混凝土或金属杆塔的架空线路构成的系统和所有 35kV、66kV 系统大于 10A。

（2）3～10kV 非钢筋混凝土或非金属杆塔的架空线路构成的系统：3～6kV 电网大于 30A；10kV 电网大于 20A；3～10kV 电缆线路构成的系统大于 30A。

1. 单相接地的特点

中性点经消弧线圈接地系统发生单相接地时，单相接地的电流分布将发生变化。如图 5-31 中，当线路 II 上 A 相发生接地后，中性点对地电压的作用下在消弧线圈中产生一个电感电流 $\dot{I}_L$，此电流也经接地故障点。电容电流的大小和分布与不接消弧线圈时是一样的，这时接地故障点的电流包括有两个成分，即原来的接地电容电流 $\dot{I}_{C\Sigma}$ 和消弧线圈的电感电流 $\dot{I}_L$，因为电感电流 $\dot{I}_L$ 的相位与电容电流 $\dot{I}_{C\Sigma}$ 的相位相反相互抵消，起到了补偿作用，结果使接地点故障电流减小，因此接地总电流为

$$\dot{I}_k = \dot{I}_L + \dot{I}_{C\Sigma} \tag{5-44}$$

式中　　$\dot{I}_{C\Sigma}$——全系统的对地电容电流，可用式（5-38）计算；

$\dot{I}_L$——消弧线圈的电流 $\left(\dot{I}_L = \dfrac{-\dot{E}_A}{j\omega L} \right)$。

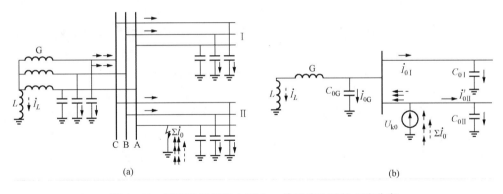

图 5-31　消弧线圈接地电网中，单相接地时的电流分布
(a) 用三相系统表示；(b) 零序等效网络

消弧线圈对电容电流的补偿方式分为完全补偿、欠补偿、过补偿三种。

（1）完全补偿。其就是 $I_L = I_{C\Sigma}$，此时接地故障点的电流为零。从消除故障点的电弧及避免弧光过电压的角度看，这种方式最好，但是从运行实际来看，则又存在有严重的缺点。因为完全补偿时，$\omega L = \dfrac{1}{\omega C_\Sigma}$，这正是交流串联谐振的条件。这样，如果正常运行时在电源中性点对地之间有电压偏移就会产生串联谐振，线路上产生很高的谐振过电压。实际上，架空线路三相的对地电容不完全相等，正常运行时在电源中性点对地之间就产生电压偏移，根据《电路》课程的分析，应用戴维南定理，当 L 断开时中性点的电压为

$$
\begin{aligned}
\dot{U}_0 &= \frac{\dot{E}_A \times j\omega C_A + \dot{E}_B \times j\omega C_B + \dot{E}_C \times j\omega C_C}{j\omega C_A + j\omega C_A + j\omega C_A} \\
&= \frac{\dot{E}_A C_A + \dot{E}_B C_B + \dot{E}_C C_C}{C_A + C_A + C_A}
\end{aligned}
\tag{5-45}
$$

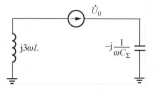

图 5-32 产生串联谐振的零序等效网络

式中 $\dot{E}_A$、$\dot{E}_B$、$\dot{E}_C$——三相电源电动势；

        C_A、C_B、C_C——三相对地电容。

另外，当断路器各相触头不同时合闸时，也将短时出现一个较大的零序电压，在上述两种情况下所出现的零序电压，其零序等效网络如图 5-32 所示。此电压在串联谐振的回路中产生很大的电压降落，从而使电源中性点对地电压严重升高，这是不能允许的。故电网在正常运行时不能采用这种方式。

（2）欠补偿。其就是使 $I_L < I_{C\Sigma}$，补偿后的接地点电流是容性的。当系统运行方式变化时，如某个元件被切除，电容电流减小，又会出现完全补偿引起过电压。因此，实际中也不采用欠补偿方式。

（3）过补偿。其就是使 $I_L > I_{C\Sigma}$，补偿后接地点电流是感性的。它不会发生串联谐振产生过电压的问题，在实际中得到广泛应用。I_L 补偿 $I_{C\Sigma}$ 的程度用补偿度 $k\left(k=\dfrac{I_L}{I_{C\Sigma}}\right)$ 表示，脱谐度为 γ

$$\gamma = 1 - k = \frac{I_L - I_{C\Sigma}}{I_{C\Sigma}} \tag{5-46}$$

一般选择 $\gamma = 5\% \sim 10\%$。

总之，从发挥消弧线圈的作用上来看，脱谐度的绝对值越小越好，最好是处于全补偿状态。这时，如果系统发生单相接地短路，流经故障点的接地电流为零，可有效防止电弧的产生。但是在电网正常运行时，小脱谐度的消弧线圈将产生各种谐振过电压，此外电网的各种操作（如大电机的投入，断路器的非同期合闸等）都可能产生危险的过电压，所以当电网正常运行，或发生单相接地故障以外的其他故障时，小脱谐度的消弧线圈给电网带来的不是安全因素而是危害。因此，消弧线圈运行的理想状态是：当电网未发生单相接地故障时，消弧线圈的脱谐度越大越好，最好是退出运行；而当电网发生单相接地故障时，消弧线圈的脱谐度越小越好，最好是全补偿。

为达到上述效果，近几年来，国内一些厂家陆续研制开发了自动跟踪补偿消弧装置。它采用微机自动跟踪控制器，自动跟踪电网参数的变化，在线测量、计算系统电容电流等有关参数，并根据补偿度等定值自动调整消弧线圈电感的大小，使消弧线圈的补偿电感调在最佳位置，自动调整补偿电流，自动跟踪补偿消弧线圈装置原理如图 5-33 所示，它在过补、欠补均可运行，方式非常灵活，能较好地抑制弧光接地过电压、断线过电压和传递过电压等。

自动跟踪补偿消弧装置测量电容电流或脱谐度方式可分为：根据不同档位消弧线圈电感值对应的位移电压或通过的电流求解方程组，计算电容电流、脱谐度；通过调节消弧线圈铁心气隙，使其谐振，从而测量电容电流；通过消弧线圈内部安装的小 PT 向系统注入某种特定频率信号，使其谐振，算出脱谐度（即所谓的注入信号法）。

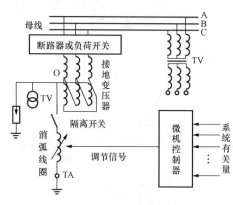

图 5-33 自动跟踪补偿消弧装置原理

自动跟踪补偿消弧装置按调节时间可分为两种：一种称之为预调式补偿装置，其工作方式是自动跟踪电网电容电流的变化，随时调整消弧线圈，使其保持在谐振点上。为防止在系统正常的情况下谐振电压超过允许值，工作在这种方式时需在消弧线圈回路中串联一个电阻 R，增加电网阻尼率，将谐振过电压限制在允许的范围内。另一种称之为随调式补偿装置，其工作方式是在电网正常运行时，调整消弧线圈远离谐振点，彻底避免串联谐振过电压和各种谐振过电压产生的可能性，当电网发生单相接地后，瞬间调整消弧线圈到最佳状态，使接地电弧自动熄灭。这种方式从根本上避免了串联谐振产生的可能性。

自动跟踪补偿消弧装置按照消弧线圈电感的调节方法可分为有载开关调匝式、可调气隙式、直流偏磁式、晶闸管调电感式、调容式、短路高阻抗变压器式等。

2. 中性点经消弧线圈接地电网的单相接地保护

上述分析可见，中性点经消弧线圈接地电网中，当采用过补偿方式时，流经故障线路和非障线路保护安装处的电流，都是电容性电流，其容性无功功率方向都是由母线流向线路。故无法利用功率方向来判别是故障线路还是非故障线路。当过补偿度不大时，也很难利用电流大小判别出故障线路。

中性点经消弧线圈接地电网的单相接地保护，可采用无选择性的绝缘监视装置，除此之外，还可采用零序电流有功分量法、稳态高次谐波分量法、暂态零序电流首半波法、注入信号法、小波法等保护原理。

可采用反应稳态 5 次谐波分量的接地保护。在发电机制造中虽已采用短节矩线圈，以消除 5 次谐波，但经过变压器后（由于变压器铁心工作在近于饱和点），还会在变压器高压侧产生高次谐波，其中以 3 次、5 次谐波为主要成分。消弧线圈的作用是对基波而言的，5 次谐波的补偿作用仅相当于工频时的 1/25，5 次谐波电流的分布基本不受影响与中性点不接地电网分布规律一样。仍可利用 5 次谐波电流构成有选择性的保护。同样，也可利用 5 次谐波功率方向构成有选择性的保护。

四、小电流接地选线装置

目前，有些变电站采用微机型小电流接地自动选线装置，其原理可以采用功率方向法、五次谐波判别法、有功分量判别法、信号注入法等。功率方向法是利用小电流接地系统中发生单相接地时，各出线首端基波零序电流方向的不同来选出接地线的方法。该装置从母线上所接的电压互感器的开口三角形绕组获取零序电压，用以起动装置，装置起动后检测各线路首端零序电流的大小，在零序电流最大的几条线路中进一步判断零序电流的方向，零序电流数值大且方向由母线指向线路者即为故障线路。

第四节　利用故障分量的电流保护

一、故障分量及故障信息识别处理

电力系统会发生各种类型的短路故障，必然有故障信息出现。就继电保护而言，故障信息可分为保护范围内部故障信息和保护范围外部故障信息（简称内部故障信息、外部故障信息）两类。内部故障信息常用于切除保护范围内的故障设备，外部故障信息用于防止切除非故障设备。利用内部故障信息或外部故障信息的特征来区分故障和非故障设备是对继电保护原理与装置提出的根本要求。

1. 故障信息和故障分量

根据故障信息在非故障状态下不存在，只在设备发生故障时才出现的基本观点，可用叠加原理来加以研究故障信息的特征。在线性电路的假设前提下，可以把网络内发生的故障视为非故障状态与故障附加状态的叠加。

利用叠加原理分析单相接地故障，如图 5-34 所示。图 5-34（a）为发生故障的网络所处的状态称为故障状态，故障状态等效于在短路点加入两个在非故障状态下与该点大小相等、方向相反的电压，如图 5-34（b）所示。故障状态又分为非故障状态和故障附加状态，如图 5-34（c）、（d）所示。故障点所加的电压 $\dot{U}_F$ 是假定故障点处无短路时该点的电压。故障后网络内 m 点的电压、电流，可表示为

$$u_m = u_{m \cdot unF} + u_{m \cdot F} \tag{5-47}$$
$$i_m = i_{m \cdot unF} + i_{m \cdot F} \tag{5-48}$$

式中　u_m、i_m ——发生短路后 m 点的实测电压、电流；

$u_{m \cdot unF}$、$i_{m \cdot unF}$ ——非故障状态下 m 点的电压、电流；

$u_{m \cdot F}$、$i_{m \cdot F}$ ——故障附加状态下 m 点的电压、电流。

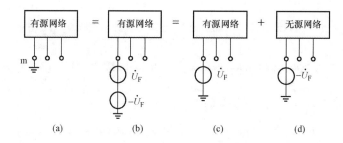

图 5-34　单相接地短路故障

(a) 故障状态；(b) 故障状态的等效；(c) 非故障状态；(d) 故障附加状态

故障附加状态下所出现的故障分量 $u_{m \cdot F}$、$i_{m \cdot F}$ 中包含的只是故障信息。因此故障附加状态可作为分析、研究故障信息的依据。因为，故障附加状态是在短路点加上与该点非故障状态下大小相等、方向相反的电压，并令网络内所有电动势为零的条件下得到的，故障分量中包含有稳态成分和暂态成分，两种成分都是可以利用的。由此可以得出有关故障分量的以下主要特征：

(1) 故障分量只有在故障状态下才出现。

(2) 故障分量独立于非故障状态，但仍受系统运行方式的影响。

(3) 故障点的电压故障分量最大，系统中性点的电压为零。

(4) 保护安装处的电压故障分量和电流故障分量间的相位关系由保护装设处到系统中性点间的阻抗决定，且不受系统电势和短路点过渡电阻的影响。

2. 故障信息的识别和处理

(1) 故障信息和非故障信息的区分方法。根据线性叠加原理，故障附加网络中由故障点附加电源单独产生的各电量（电流、电压及功率量）均为故障分量，而故障分量与故障前正常电量的叠加即为故障后的电量。对数字保护装置而言，故障分量指保护测量点的故障分

量。故障分量包括各相电量的故障分量和各序（正序、负序、零序）电量故障分量。如果故障前系统是完全对称的，故障分量应由故障后网络的电量与对应的正常网络的电量之差值求得，而当用相量表示时，故障分量为故障后网络的电量与对应的正常运行网络的电量的相量差。

系统发生故障后一段足够短的时间内，系统各调节装置尚未及时动作，系统各电源电势的幅值与相位仍维持故障发生前的状态，此时可以用故障后的测电量与故障前记录（存储）的电量之差求得故障分量。当故障发生一段时间后，系统各调节装置开始动作，系统各电源电势的幅值与相位已发生变化，此时对应正常状态不再是故障前的正常状态，因而利用故障前后电量之差的方法会产生很大的误差。

由于电力系统正常运行时及各种对称和不对称短路时都会出现正序分量，若用消除故障分量的方法提取出正序故障分量，它包含比负序、零序分量更为完善的新的故障特征。故障信息中除了包含工频分量信息外，还有高频分量信息。正序分量的这一独特的性能为简化和完善保护开辟了新的途径。

（2）内部故障信息和外部故障信息的提取方法。电流差动法中的纵联差动保护的基本原理是利用克希荷夫第一定理，即当被保护对象正常运行时，输入电流恒等于输出电流，如发电机、变压器纵差保护。另外还有建立在电流平衡的基础上的横联差动保护。

电流相位比较法是电流差动法的一种特殊情况，它只利用了电流相量中的相位信息，舍去了幅值信息；方向比较法是根据被保护对象输入和输出各端的功率方向判定内部或外部故障；量值区分法是用数值大小来区分内部或外部故障。如电流速断和距离保护Ⅰ段等。

二、利用故障分量的电流保护

1. 基本原理

电流速断保护必须躲过保护对象外部故障的最大短路电流。过电流保护在原理上必须躲过最大负荷电流。因此，按这种整定方式的电流保护灵敏度受系统运行方式影响很大，甚至无法应用。当采用故障分量的电流保护时，由于以下原因可以使电流保护的性能大为改进。

（1）电流元件按反应故障分量的原理构成时，电流保护可以不受负荷电流的影响，其定值只需躲过非故障状态下电流元件中的不平衡电流。虽然不平衡电流的大小与故障分量电流的提取方法有关，但总将远小于最大负荷电流，提高了过电流保护的灵敏度。

（2）利用保护装设处的电压、电流故障分量可以实时计算出被保护线路系统阻抗的大小，根据系统阻抗和线路阻抗的计算结果，电流速断保护便能自动调整其定值。

2. 存在的问题

1）电流元件的动作和返回问题。假设在正常运行的情况下发生故障，此时可根据式（5-48）求出故障分量，在用模拟量时可用集成运算放大器构成全通滤波器作为延迟回路得到故障分量，在采用数字量时可将故障前的一个周波或半个周波的电流采样值记忆下来，再与故障后的电流采样值相加或相减即可得到故障分量，其算法可表示为

$$i_{f(t)} = i(t) - (-1)^n i(t - nT/2) \quad (n = \pm 1, \pm 2) \tag{5-49}$$

式中 $i_{f(t)}$——故障分量电流；

$i(t)$——实测电流；

T——工频周期。

当线路故障时,电流元件在故障分量作用下动作,但在故障进入稳态时电流元件将返回,因此,为了可靠地断开断路器或与时间元件的动作配合,必须将电流元件的动作记忆下来。当故障线路断开后,系统由故障状态转入正常运行,又应使电流元件自动返回。应用由故障状态转入正常状态所出现的电流变化量和附加其他措施可解决电流元件的自动返回问题。

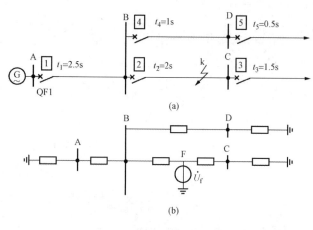

(a)

(b)

图 5-35 单电源辐射形网络

(a) 接线图;(b) 附加状态

2) 保护的选择性问题。图 5-35 (a) 所示的单电源辐射形网络,保护动作时间如图所示,求解故障分量时就转化成一个单电源的环形网络了,如图 5-35 (b) 所示。而这个单电源又是随故障点变化的,它总是在故障点处,因此只有加装方向元件才能保证选择性,从而使传统单电源辐射形网络的过电流保护复杂化了。

三、利用故障分量的方向元件

利用故障分量构成方向元件,只要它具有明确的方向性,就可以利用故障分量实现保护方向的判断。

图 5-36 是双端电源输电线路在正方向故障时的附加状态网络。假设电流正方向为由母线指向被保护线路,在正方向 k1 点故障时有

$$\dot{U}_{m\cdot F} = -\dot{I}_{m\cdot F} Z_m \tag{5-50}$$

在 k2 反方向点故障时有

$$\dot{U}_{m\cdot F} = \dot{I}_{m\cdot F}(Z_L + Z_n) \tag{5-51}$$

按式 (5-50) 和式 (5-51) 作出的相量图如图 5-36 (d)、(e) 所示。

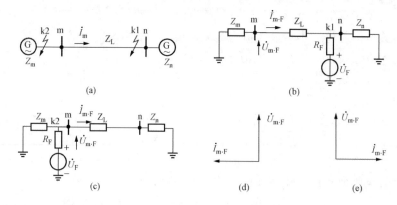

(a)

(b)

(c)

(d)

(e)

图 5-36 线路正、反方向故障的相量图

(a) 系统图;(b) 正方向故障时附加状态网络图;(c) 反方向故障时附加状态网络图;

(d) 正方向故障时相量;(e) 反方向故障时相量

第五节　微机电流保护新原理应用

近些年微机保护不断发展，一方面在利用故障分量方面得到了长足的进步，另一方面，自适应控制理论与继电保护结合而产生的自适应式微机保护也得到比较大的发展。下面简单介绍自适应控制原理在保护中的应用。

有关文献给自适应继电保护下的定义为："自适应继电保护是一种继电保护的基本原理，这种原理使得继电保护能自动地对各种保护功能进行调节或改变，以更适合于给定的电力系统的工况"。"除了具有常规的保护功能外，还必须具有明显的适应功能模块，只有在这种情况下，才能称为自适应式保护"。

当电力系统应因负荷变化、开关操作或故障引起变化时，通常是通过设法使保护能尽可能地适应电力系统的各种变化，进一步改善保护的性能、特性或定值。从这一观点来看，自适应保护实质上是一个具有反馈的控制系统。在自适应继电保护中系统运行状态和故障过程的变化信息，可以就地获得或利用各种通信方式从调度或相邻变电站得到。

一、自适应保护在电流速断保护中的应用

瞬时电流速断保护是按系统最大运行方式下，线路末端发生三相短路考虑，过电流保护按线路最大负荷电流考虑。这种按最严重的条件确定保护定值的方法，能保证所有可能的正常运行和故障条件下，保护都有选择性，但却存在不足。按上述方法设定的定值，在其他运行方式下不是最佳的；最小运行方式或最不利的短路条件下，保护失效或性能严重变差。下面分析自适应保护在电流速断保护中的应用。

（1）常规整定计算方法。电流速断保护由于不带时限动作，为保证保护的选择性，电流速断保护的定值应按躲过在最大运行方式下，相邻线路出口三相短路时流过保护安装处的电流整定，表示为

$$I_{op}^{I} = K_{rel}^{I} I_{k \cdot max} = \frac{K_{rel}^{I} E_s}{Z_{s \cdot min} + Z_L} \tag{5-52}$$

式中　$Z_{s \cdot min}$——系统最小阻抗；

Z_L——保护安装处至线路末端的阻抗。

其他符号含义见式（5-1）～式（5-3）。

因为短路电流的大小与系统运行方式、短路类型和电路点在被保护线路上的位置有关。设在线路上 αZ_L 处短路，则短路电流为

$$I_k = \frac{K_k E_s}{Z_s + \alpha Z_L} \tag{5-53}$$

式中　Z_s——保护安装处到等效电源之间的实际阻抗；

K_k——短路类型系数。

若式（5-52）和式（5-53）相等，即可求出在实际运行方式下电流速断保护范围 α

$$\alpha = \frac{K_k(Z_{s \cdot min} + Z_L) - K_{rel}^{I} Z_s}{K_{rel}^{I} Z_L} \tag{5-54}$$

由于式（5-54）中，$K_{rel}^{I} > 1$，$K_k < 1$，$Z_s > Z_{s \cdot min}$，因此实际的保护范围 α 总小于最大运行方式下的保护范围，且保护范围将随短路类型系数 K_k 变小和 Z_s 增大而缩短。

（2）自适应电流速断保护整定。自适应电流速断保护的定值应随系统运行方式和短路类

型的实际情况而变化，其电流整定值可表示为

$$I'_{\text{op}} = \frac{K_{\text{k}} K^{\text{I}}_{\text{rel}} E_{\text{s}}}{Z_{\text{s}} + Z_{\text{L}}} \tag{5-55}$$

要实现电流速断保护按式（5-55）整定，必须实时测量故障类型系数 K_{k} 和保护安装处到系统等值电源之间的阻抗 Z_{s}。在此基础上，令式（5-53）与式（5-55）相等，可得出自适应电流速断保护的保护范围 α' 为

$$\alpha' = \frac{Z_{\text{L}} - (K^{\text{I}}_{\text{rel}} - 1)Z_{\text{s}}}{K^{\text{I}}_{\text{rel}} Z_{\text{L}}} \tag{5-56}$$

由式（5-56）可知，α' 也不是常数，它随着实际系统的阻抗 Z_{s} 的增大、减小而变化，但总是能满足电流速断保护动作原理的基本要求，而处于最佳状态。

（3）保护范围比较。将式（5-54）与式（5-56）进行比较可得

$$\alpha' = \frac{(Z_{\text{L}} + Z_{\text{s}} - K^{\text{I}}_{\text{rel}} Z_{\text{s}})\alpha}{K_{\text{k}}(Z_{\text{L}} + Z_{\text{s·min}}) - K^{\text{I}}_{\text{rel}} Z_{\text{s}}} \tag{5-57}$$

由于

$$K_{\text{k}}(Z_{\text{L}} + Z_{\text{s·min}}) \leqslant (Z_{\text{L}} + Z_{\text{s}}) \tag{5-58}$$

所以有

$$\alpha' \geqslant \alpha \tag{5-59}$$

显然，采用自适应保护后，电流速断保护的性能得到显著提高。

二、自适应过电流保护

目前在电力系统中采用的过电流保护也具有某些自适应功能，如过电流反时限特性等，但这种自适应功能只有在预先设定好的人工干预条件下才能实现。在自适应过电流保护中则是对每回线路的电流电压进行实时监视和分析，自动改变继电器的整定值和特性，以适应负荷变化和运行方式的改变要求，从而达到使过电流保护更加灵敏、可靠的目的。

设最大负荷电流为 $I_{\text{L·max}}$，则过电流保护的起动电流整定值可表示为

$$I_{\text{op}} = K_{\text{rel}} I_{\text{L·max}} \tag{5-60}$$

式中　K_{rel}——可靠系数，取 >1.5。

根据式（5-60）可选用保护装置对应的一条反时限电流整定值，当线路故障时，在短路电流小于 $I_{\text{L·max}}$ 的情况下，按式（5-60）特性动作的过电流保护将不能检出故障，但是通过对负荷电流的实时监视，将根据实际负荷电流 I_{L} 自动改变为更灵敏的另一条反时限特性，这样过电流保护装置将有可能更灵敏，并且更快地切除故障。

思　考　题　与　习　题

5-1　三段式电流保护是怎样构成的？画出三段式电流保护各段的保护的原理接线图。比较三段式电流保护各段的优劣。

5-2　三段式电流保护各段是如何保证选择性的？

5-3　为什么在整定过电流保护的动作电流时考虑了返回系数，而在整定无时限及限时电流速断保护时不予考虑？

5-4　瞬时电流速断保护的动作电流及灵敏系数是如何计算的？为什么在瞬时电流速断保护装置的接线中要加入中间继电器？

5-5 说明电流速断、限时电流速断联合工作时，依靠什么环节保证保护动作的选择性？依靠什么环节保证保护动作的灵敏性和速动性？

5-6 为什么定时限过电流保护的灵敏度、动作时间需要同时逐级配合，而电流速断的灵敏度不需要逐级配合？

5-7 电流保护各段在什么情况下需经方向元件闭锁？

5-8 反应相间短路的功率方向继电器采用 90°接线方式有什么好处？

5-9 何谓按相起动？为什么方向电流保护要采用按相起动接线？

5-10 对于 90°接线方式、内角为 30°的功率方向判别元件，在电力系统正常负荷电流（功率因数为 0.85）下，分析功率方向判别元件的动作情况。假定 A 相的功率方向元件出口与 B 相过电流元件出口串接，而不是"按相连接"，当反方向发生 B、C 两相短路时，会出现什么情况？

5-11 中性点不接地电网发生单相接地时有哪些特征？试述在这种电网上实现单相接地保护的不同方案及应用范围。

5-12 为什么零序电流速断保护的保护范围比反应相间短路的电流速断保护的保护范围长而且稳定？

5-13 零序过电流保护与反应相间短路的过电流保护相比有哪些优点？

5-14 如图 5-37 所示网络，保护 1、2、3 为电流保护，系统参数为：$E_s = 115/\sqrt{3}$kV、$X_{G1} = 15\Omega$、$X_{G2} = 10\Omega$、$X_{G3} = 10\Omega$、$L_1 = L_2 = 60$km、$L_3 = 40$km、$L_{BC} = 50$km、$L_{CD} = 30$km、$L_{DE} = 20$km，线路阻抗 0.4Ω/km，$K_{rel}^{I} = 1.2$、$K_{rel}^{II} = K_{rel}^{III} = 1.15$，$I_{BC \cdot Lmax} = 300$A、$I_{CD \cdot Lmax} = 200$A，$I_{DE \cdot Lmax} = 150$A，$K_{ss} = 1.5$，$K_{re} = 0.85$。试求：

(1) 发电机元件最多三台运行，最少一台运行，线路最多三条运行，最少一条运行，请确定保护 3 在系统最大、最小运行方式下的等值阻抗。

(2) 整定保护 1、2、3 的电流速断定值，并计算各自的最小保护范围。

(3) 整定保护 2、3 的限时电流速断定值，并校验使其满足灵敏度要求（$K_{sen} \geq 1.2$）。

(4) 整定保护 1、2、3 的过电流定值，假定母线 E 过电流保护动作时限为 0.5s，校验保护 1 作近后备，保护 2、3 作远后备的灵敏度。

5-15 当图 5-37 中保护 1 的出口处在系统最小运行方式下发生两相短路，保护按照题 17 配置和整定时，试问：

(1) 共有哪些保护元件起动？

(2) 所有保护工作正常，故障由何处的哪个保护元件动作、多长时间切除？

(3) 若保护 1 的电流速断保护拒动，故障由哪个保护元件动作、多长时间切除？

(4) 若保护 1 处的断路器拒动，故障由哪个保护元件动作、多长时间切除？

5-16 如图 5-38 所示网络中，流过保护 1、2、3 的最大负荷电流分别为 400、500、550A，$K_{ss} = 1.3$、$K_{re} = 0.85$、$K_{rel}^{III} = 1.15$，$t_1^{III} = t_2^{III} = 0.5$s、$t_3^{III} = 1.0$s，试计算：

(1) 保护 4 的过电流定值。

(2) 保护 4 的过电流定值不变，保护

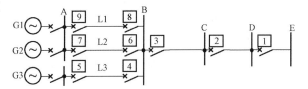

图 5-37 题 5-14 图

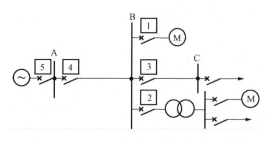

图 5-38 题 5-16 图

1 所在元件故障被切除，当返回系数 K_{re} 低于何值时会造成保误动？

（3）$K_{re}=0.85$ 时，保护 4 的灵敏系数为 $K_{sen}=3.2$，当 $K_{re}=0.7$ 时，保护 4 的灵敏系数降低到多少？

5-17 图 5-39 所示网络中，AB、BC、BD 线路上均装设了三段式电流保护，变压器装设了差动保护。已知，变压器 T2 差动保护动作电流 $I_{op.T2}=0.226kA$，Ⅰ段可靠系数取 1.25，Ⅱ段可靠取 1.15，Ⅲ段可靠系数取 1.15，自起动系数取 1.5，返回系数取 0.85，AB 线路最大工作电流 200A，时限级差取 0.5s，系统等值阻抗最大值为 18Ω，最小值为 13Ω，其他参数如图示，各阻抗值均归算至 115kV 的有名值，求 AB 线路限时电流速断保护及定时限过电流的动作电流、灵敏度和动作时间。

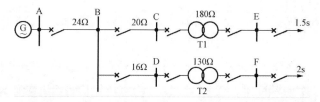

图 5-39 题 5-17 图

5-18 单电源环形网络如图 5-40 所示，在各断路器上装有过电流保护，已知时限级差为 0.5s。为保证动作的选择性，确定各过电流保护的动作时间及哪些保护要装设方向元件。

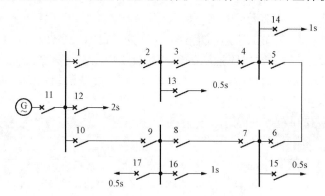

图 5-40 题 5-18 图

5-19 求图 5-41 所示网络方向过电流保护动作时间，时限级差取 0.5s。并说明哪些保护需要装设方向元件。

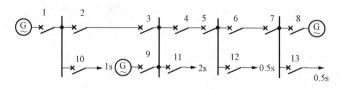

图 5-41 题 5-19 图

5-20 图5-42所示网络中，已知A电源 $X_{A.max}=15\Omega$，$X_{A.min}=20\Omega$，B电源 $X_{B.max}=20\Omega$，$X_{B.min}=25\Omega$，I段的可靠系数取1.25，II段取1.15，III段可靠系数取1.2，返回系数取0.85，自起动系数取1.5，AB线路最大

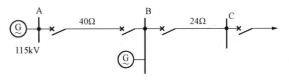

图5-42 题5-20图

负荷电流120A，所有阻抗均归算至115kV有名值。求AB线路A侧II段及III段电流保护的动作值及灵敏度。（不计振荡）

5-21 图5-43所示网络中，已知：

(1) 电源等值电抗 $X_1=X_2=5\Omega$，$X_0=8\Omega$；

(2) 线路AB、BC的电抗 $X_1=0.4\Omega/km$，$X_0=1.4\Omega/km$；

(3) 变压器T1额定参数为31.5MV·A，110/6.6kV，$U_k=10.5\%$，其他参数如图5-43所示。

试决定线路AB的零序电流保护的第I段、第II段、第III段的动作电流、灵敏度和动作时限。

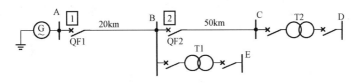

图5-43 题5-21图

5-22 确定图5-44所示网络各断路器相间短路及接地短路的定时限过电流保护动作时限，时限级差取0.5s。

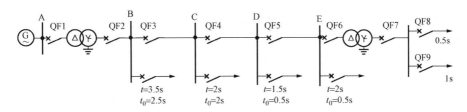

图5-44 题5-22图

第六章 电网的距离保护

第一节 距离保护的基本工作原理及组成元件

电流、电压保护的主要优点是简单、经济、工作可靠，但是由于这种保护装置在定值选择、保护范围及灵敏系数等方面都直接受电网接线方式及系统运行方式的影响，所以，在35kV 及以上电压的复杂电力网络中，常常不能满足选择性、灵敏性及快速切除故障的要求。为此，在结构复杂的高压电网中就必须采用性能更加完善的保护装置，距离保护就是其中之一。

一、距离保护的基本工作原理

所谓距离保护，是通过测量保护安装处至故障点的距离，并根据距离的远近自动确定动作时限的一种保护装置。测量保护安装处至故障点的距离，实际上就是测量保护安装处至故障点之间的阻抗，有时也称之为阻抗保护。该阻抗为被保护线路始端电压和线路电流的比值，即 $\dot{Z} = \dot{U}/\dot{I}$，这个比值被称为测量阻抗，用来完成这一测量任务的元件称为阻抗继电器 KZ。在线路正常运行时的测量阻抗称为负荷阻抗，其值较大；当系统发生短路时，测量阻抗等于保护安装处到短路点之间的线路阻抗（短路阻抗），其值较小，而且故障点越靠近保护安装处，其值越小。当测量阻抗小于预先规定的整定阻抗 Z_{set} 时，保护动作。

二、距离保护的时限特性

距离保护的动作时间与保护安装点至短路点之间距离的关系为 $t = f(l)$，称为距离保护的时限特性。为了满足速动性、选择性和灵敏性的要求，目前广泛采用具有三段动作范围的阶梯型时限特性，如图 6-1 所示，并分别称为距离保护的 I、II、III 段，这种动作时限特性与三段式电流保护的时限特性相类似。

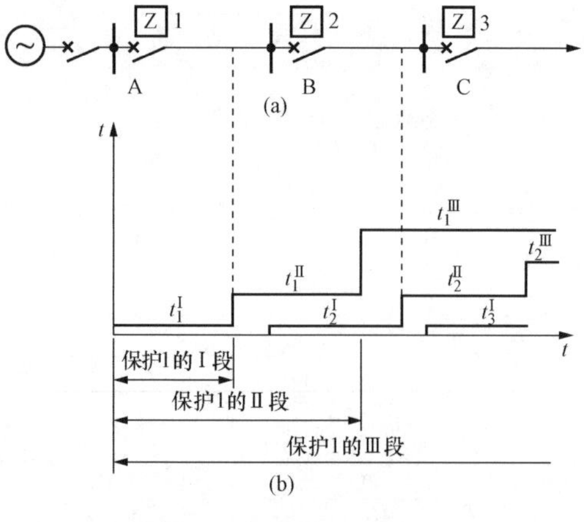

图 6-1 距离保护的时限特性

(a) 网络接线图；(b) 时限特性

距离保护第 I 段是瞬时动作的，t_1^I 是保护本身的固有动作时间。以保护 1 为例，其第 I 段本应保护线路 AB 的全长，即保护范围为全长的 100%，然而实际却是不可能的，因为当线路 BC 出口短路时，保护 1 第 I 段不应动作而由保护 2 的 I 段动作，为保证选择性，距离 I 段的整定值必须躲开该点短路所测量到的阻抗 Z_{AB}，即 $Z_{set.1}^I < Z_{AB}$。通常距离 I 段的保护范围为被保护线路全长的 80%～85%。

距离 I 段不能保护线路全长，为了较快切除本线路末端 15%～20% 范围内的故障，需装设第 II 段距离保护，即距离 II 段。距离 II 段整定阻抗的选择相似于限时电流速段保护，即其保护范围不超过相邻下一线路距离Ⅰ段的保护范围，同时在时限上与相邻下一线路距离Ⅰ段的动作时限 t_2^{I} 相配合，即

$$t_1^{\mathrm{II}} = t_2^{\mathrm{I}} + \Delta t \tag{6-1}$$

距离Ⅰ段和距离Ⅱ段联合工作构成本线路的主保护。

为了做相邻线路保护装置和断路器拒绝动作后的后备保护，同时也作为本线路距离Ⅰ段和距离Ⅱ段的后备保护，还需装设距离Ⅲ段。距离Ⅲ段整定阻抗的选择与过电流保护相似，应按躲过正常运行时的最小负荷阻抗整定。由于距离Ⅲ段的保护范围较大，所以其动作时限也按阶梯原则整定，即

$$t_1^{\mathrm{III}} = t_2^{\mathrm{III}} + \Delta t \tag{6-2}$$

三、距离保护的主要组成元件

三段式距离保护装置一般由起动元件、阻抗测量元件（Z^{I}、Z^{II}、Z^{III}）、时间元件、方向元件和出口元件组成。其逻辑关系如图6-2所示。

1. 起动元件

起动元件的主要作用是在发生故障的瞬间起动整套保护装置，并和阻抗测量元件（Z^{I}、Z^{II}、Z^{III}）组成与门，起动出口回路动作于跳闸，以提高保护装置动作的可靠性。起动元件可由电流继电器、阻抗继电器构成。

2. 方向元件

方向元件可采用功率方向继电器，当测量元件采用具有方向性的阻抗继电器时，则方向元件就可省去。方向元件的作用是判断故障时短路功率的方向。

3. 阻抗测量元件（Z^{I}、Z^{II}、Z^{III}）

阻抗测量元件的作用是测量短路点到保护安装点之间的阻抗（亦即距离），它是距离保护中的核心元件，一般由阻抗继电器来担任。

4. 时间元件

时间元件用以建立距离保护第Ⅱ段和第Ⅲ段动作所必需的延时，根据测量元件的动作结果以相应的不同时间去发出跳闸脉冲，以保证保护动作的选择性。时间元件一般由时间继电器担任。

5. 出口执行元件

保护装置在动作后由出口执行元件去跳闸并且发出保护动作信号。

由图6-2所示逻辑框图可知保护装置的动作情况如下：正常运行时，起动元件不动作，保护装置处于被闭锁状态；当正方向发生短路故障时，起动元件动作，如果故障位于距离Ⅰ段范围内，则 Z^{I} 动作，并与起动元件一起经与门瞬时作用于出口跳闸回路；如果故障位于距离Ⅱ段范围内，则 Z^{I} 不动而 Z^{II} 动作，随即起动Ⅱ段的时间元件 t^{II}，待 t^{II} 延时到达后，通过与门起动出口回路动作于跳闸；如果故障位于距离Ⅲ段范围内，则 Z^{III} 动作后起动 t^{III}，在 t^{III} 的延时之内，若故障未被其他的保护动作切除，则

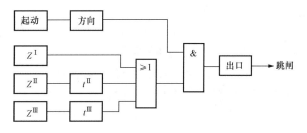

图6-2　距离保护装置逻辑框图

在 t^{III} 延时到达后，仍然通过与门和出口回路动作于跳闸，起到后备保护的作用。

四、距离保护与电流保护的主要差别

（1）测量元件采用阻抗元件而不是电流元件。

（2）电流保护中不设专门的起动元件，而是与测量元件合二为一；距离保护中每相均有独立的起动元件，可以提高保护的可靠性。

（3）电流保护只反应单一电流的变化，而距离保护即反应电流的变化（增加）又反应电压的变化（降低），其灵敏度明显高于电流保护。

（4）电流保护的保护范围与系统运行方式和故障类型有关；而距离保护的保护范围基本上不随系统运行方式而变化，较稳定。

第二节　阻　抗　继　电　器

阻抗继电器是距离保护的核心元件，它的作用是测量故障点到保护安装处之间的距离（阻抗）并与整定值进行比较，以确定保护是否动作。它主要用作测量元件，但也可作起动元件和方向元件。

一、阻抗继电器的几个基本概念与分类

（1）测量阻抗。其为加入继电器电压与电流的比值 $Z_{\text{KZ}} = \dfrac{\dot{U}_{\text{KZ}}}{\dot{I}_{\text{KZ}}}$。

（2）动作（起动）阻抗。其指阻抗继电器刚好动作时的测量阻抗。

（3）整定阻抗 Z_{set}。其为动作阻抗的整定值（一般指阻抗继电器安装处到保护区末端的线路阻抗）。

（4）二次测量阻抗与一次测量阻抗的关系。由于阻抗继电器的电压线圈和电流线圈分别接入电压互感器和电流互感器的二次侧（注意极性，规定 $\dot{I}_{\text{KZ}}$ 以流入其极性点为正方向；电压以其极性点为高电位），所以其测量阻抗与系统一次侧的阻抗之间的关系为

$$Z_{\text{KZ}} = \frac{\dot{U}_{\text{KZ}}}{\dot{I}_{\text{KZ}}} = \frac{\dfrac{\dot{U}}{K_{\text{TV}}}}{\dfrac{\dot{I}}{K_{\text{TA}}}} = \frac{K_{\text{TA}}}{K_{\text{TV}}} Z_{\text{K}} \qquad (6\text{-}3)$$

式中　$\dot{U}$——保护安装处一次侧电压，即母线电压；

　　　$\dot{I}$——被保护线路一次侧电流；

　　K_{TA}——电流互感器变比；

　　K_{TV}——电压互感器变比；

　　Z_{K}——一次侧测量阻抗。

（5）分类。阻抗继电器按其构造原理不同，分为电磁型、感应型、整流型、晶体管型、集成电路型和微机型；根据比较原理不同，可分为幅值比较式和相位比较式两大类；根据输入量的不同，分为单相式、多相补偿式阻抗继电器两大类。本节只讨论单相式阻抗继电器。

（6）阻抗继电器构成原则。由于互感器有数值误差和相位误差，继电器也存在误差，它

们导致测量阻抗不能与 Z_{BC} 方向完全一致。总之阻抗继电器的动作特性不只是一条线段，而应是包含该线段在内的某些简单图形的面积。

为了能消除过渡电阻以及互感器误差的影响，尽量简化继电器的接线，以便于制造和调试，通常把阻抗继电器的动作特性扩大为一个圆。如图 6-3（b）所示，阻抗继电器的动作特性分别为全阻抗继电器圆 1、方向阻抗继电器圆 2、偏移特性阻抗继电器圆 3。圆内为动作区，圆外为非动作区。圆周处于动作边界状态。

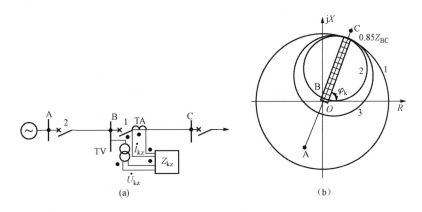

图 6-3　用复数平面分析阻抗继电器的特性
(a) 网络接线；(b) 被保护线路的测量阻抗及动作特性
1—全阻抗继电器；2—方向阻抗继电器；3—偏移特性阻抗继电器

阻抗继电器除上述几种圆特性外，还有四边形、椭圆形、直线形等特性。由于圆特性阻抗继电器易于实现、接线简单，故在各种线路上广泛采用。

二、阻抗继电器的动作特性

单相补偿式圆特性及其他特性的阻抗继电器的构成方式有两种，即对两个电气量的幅值进行比较和对两个电气量的相位进行比较，根据前者构成的阻抗继电器称为幅值比较式阻抗继电器，后者称相位比较式阻抗继电器，现分别叙述如下。

阻抗继电器主要由电压形成回路、比较回路和执行元件三部分组成。

电压形成回路将输入阻抗继电器的电压 $\dot{U}_{KZ}$、电流 $\dot{I}_{KZ}$ 经变换、组合后形成两个电压量 $\dot{A}$、$\dot{B}$(或 $\dot{C}$、$\dot{D}$)，送入比较回路。

比较回路的工作原理有两种，即幅值比较及相位比较。用不同的比较回路构成的阻抗继电路原理框图如图 6-4 所示。比较回路将电压量 $\dot{A}$、$\dot{B}$(或 $\dot{C}$、$\dot{D}$) 进行比较，若满足动作要求，则有输出，使执行元件动作。

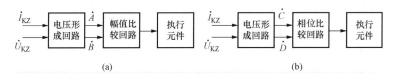

图 6-4　不同比较回路构成的阻抗继电器框图
(a) 幅值比较式；(b) 相位比较式

（一）全阻抗继电器

全阻抗继电器的动作特性是以保护安装点为圆心、以整定阻抗 Z_{set} 为半径所作的一个

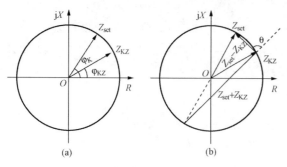

图 6 - 5　全阻抗继电器的动作特性
(a) 幅值比较式；(b) 相位比较式

圆，如图 6 - 5 所示。圆内为动作区，圆外为非动作区，圆周是动作边界。即当测量阻抗 Z_{KZ} 落在圆内时继电器动作；当测量阻抗 Z_{KZ} 落在圆外时继电器不动作；当测量阻抗 Z_{KZ} 落在圆周上时继电器刚好动作，对应此时的测量阻抗称为继电器的起动阻抗，用 $Z_{KZ.op}$ 表示。由图 6 - 5 可见，全阻抗继电器具有以下特点：

（1）无论阻抗角等于多大，起动阻抗 $Z_{KZ.op}$ 在数值上都等于圆的半径，也就是等于整定阻抗 Z_{set}，即 $|Z_{KZ.op}| = |Z_{set}|$。

（2）全阻抗继电器在阻抗复平面四个象限的动作面积相同，当保护反方向短路测量阻抗落在第三象限并且在圆内时，全阻抗继电器会误动作，即全阻抗继电器没有方向性。因此，若距离保护采用全阻抗继电器，还须增设功率方向元件以防止反方向短路时保护误动作。

1. 幅值比较式全阻抗继电器

由图 6 - 5 (a) 可知，当测量阻抗落在圆内时，$|Z_{KZ}| < |Z_{set}|$，阻抗继电器能够动作；当测量阻抗落在圆周上时，$|Z_{KZ}| = |Z_{set}|$，阻抗继电器刚好动作；当测量阻抗落在圆外时，$|Z_{KZ}| > |Z_{set}|$，阻抗继电器不动作。因此，全阻抗继电器的起动条件可用阻抗的幅值表示为

$$|Z_{KZ}| \leqslant |Z_{set}| \tag{6 - 4}$$

式中　Z_{set}——全阻抗继电器的整定阻抗，为恒定值。

式 (6 - 4) 两端乘以电流 $\dot{I}_{KZ}$，因 $\dot{I}_{KZ}Z_{KZ} = \dot{U}_{KZ}$，便得到

$$|\dot{U}_{KZ}| \leqslant |\dot{I}_{KZ}Z_{set}| \tag{6 - 5}$$

式 (6 - 5) 可看作两个电压幅值的比较，其中 $\dot{U}_{KZ}$ 为电压互感器的二次电压，$\dot{I}_{KZ}Z_{set}$ 表示电流在某一个恒定阻抗 Z_{set} 上的电压降落，可利用电抗变压器或其他补偿装置获得。

若

$$\dot{A} = \dot{I}_{KZ}Z_{set}$$

$$\dot{B} = \dot{U}_{KZ}$$

则起动条件为　$|\dot{B}| \leqslant |\dot{A}|$　(6 - 6)

2. 相位比较式全阻抗继电器

当测量阻抗 Z_{KZ} 落在圆周上时（继电器刚好动作），相量 $Z_{set} + Z_{KZ}$ 与相量 $Z_{set} - Z_{KZ}$ 的夹角 $\theta = 90°$，如图 6 - 5 (b) 所示；当测量阻抗落在圆内时（继电器能够动作），$\theta < 90°$，如图 6 - 6 (a) 所示；当测量阻抗落在圆外时（继电器不动作），$\theta > 90°$，如图 6 - 6 (b) 所示。因此，全阻抗

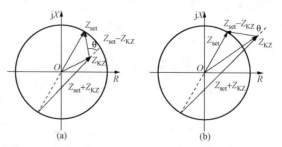

图 6 - 6　相位比较方式分析全阻抗继电器的动作特性
(a) 测量阻抗在圆内；(b) 测量阻抗在圆外

继电器的起动条件又可用比较阻抗相量 $Z_{set}+Z_{KZ}$ 和 $Z_{set}-Z_{KZ}$ 的相位关系表示为

$$-90° \leqslant \theta \leqslant 90°$$

$$\theta = \arg\left(\frac{Z_{set}+Z_{KZ}}{Z_{set}-Z_{KZ}}\right) \tag{6-7}$$

将式（6-6）中的阻抗相量乘以电流 $\dot{I}_{KZ}$，即可得到用两个电压相位关系表示的全阻抗继电器的起动条件为

$$-90° \leqslant \arg\frac{\dot{I}_{KZ}Z_{set}+\dot{U}_{KZ}}{\dot{I}_{KZ}Z_{set}-\dot{U}_{KZ}} \leqslant 90°$$

$$\dot{C} = \dot{I}_{KZ}Z_{set}+\dot{U}_{KZ}$$

$$\dot{D} = \dot{I}_{KZ}Z_{set}-\dot{U}_{KZ}$$

$$-90° \leqslant \arg\frac{\dot{C}}{\dot{D}} \leqslant 90° \tag{6-8}$$

其中，$\arg\dfrac{\dot{I}_{KZ}Z_{set}+\dot{U}_{KZ}}{\dot{I}_{KZ}Z_{set}-\dot{U}_{KZ}}$ 表示相量 $\dot{I}_{KZ}Z_{set}+\dot{U}_{KZ}$ 滞后相量 $\dot{I}_{KZ}Z_{set}-\dot{U}_{KZ}$ 的角度。此时继电器的起动条件只与此两个电压的相位差有关。

（二）方向阻抗继电器

方向阻抗继电器的动作特性是以整定阻抗 Z_{set} 为直径并且圆周经过坐标原点的一个圆，圆内为动作区，圆外为非动作区，圆周是动作边界，如图6-7所示。

由图6-7可见，方向阻抗继电器具有如下特点：

（1）当测量阻抗 Z_{KZ} 的阻抗角 φ_{KZ} 不同时，方向阻抗继电器的起动阻抗也不相同。当 φ_{KZ} 等于整定阻抗的阻抗角 φ_{set} 时，继电器的起动阻抗最大，等于圆的直径，此时阻抗继电器的保护范围最大，工作最灵敏，因此这个角度称为方向阻抗继电器的最大灵敏角，用 $\varphi_{sen·max}$ 表示。当保护范围内部故障时，$\varphi_{KZ}=\varphi_L$（被保护线路的阻抗角），因此应调整继电器的最大灵敏角 $\varphi_{set·max}=\varphi_L$，以使继电器工作在最灵敏的条件下。

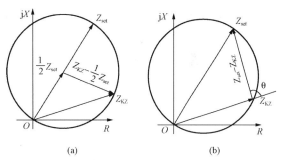

图6-7　方向阻抗继电器的动作特性
（a）幅值比较式的分析；（b）相位比较式的分析

（2）方向阻抗继电器在第三象限无动作区。这样当反方向发生短路时，测量阻抗落在第三象限，继电器便不能动作，即继电器本身具有方向性，因此称之为方向阻抗继电器。

方向阻抗继电器也可由幅值比较式和相位比较式两种原理构成，现分别分析如下：

（1）幅值比较式方向阻抗继电器。若用 r 表示方向阻抗继电器动作特性圆的半径，则 $r=\left|\dfrac{1}{2}Z_{set}\right|$。由图6-7（a）可知，当测量阻抗落在圆周上时，继电器刚好动作，此时相量 $Z_{KZ}-\dfrac{1}{2}Z_{set}$ 的值等于圆的半径 r；当测量阻抗落在圆内时，继电器能够动作，此时相量 $Z_{KZ}-\dfrac{1}{2}Z_{set}$ 小于圆的半径 r；当测量阻抗落在圆外时，继电器不动作，此时相量 $Z_{KZ}-\dfrac{1}{2}Z_{set}$ 大于

圆的半径 r。所以，继电器的起动条件可用比较两个阻抗的幅值表示为

$$\left| Z_{KZ} - \frac{1}{2} Z_{set} \right| \leqslant \left| \frac{1}{2} Z_{set} \right| \tag{6-9}$$

式（6-9）两边均乘以电流 $\dot{I}_{KZ}$，即得到比较两个电压幅值的表达式为

$$\left| \dot{U}_{KZ} - \frac{1}{2} \dot{I}_{KZ} Z_{set} \right| \leqslant \left| \frac{1}{2} \dot{I}_{KZ} Z_{set} \right| \tag{6-10}$$

若

$$\dot{A} = \frac{1}{2} \dot{I}_{KZ} Z_{set}$$

$$\dot{B} = \dot{U}_{KZ} - \frac{1}{2} \dot{I}_{KZ} Z_{set}$$

则

$$|\dot{B}| \leqslant |\dot{A}| \tag{6-11}$$

（2）相位比较式方向阻抗继电器。由图 6-7（b）可见，当测量阻抗落在圆周上时，阻抗 Z_{KZ} 与 $Z_{set} - Z_{KZ}$ 之间的相位差为 $\theta = 90°$，与对全阻抗继电器的分析相似，可见继电器的动作条件为

$$\dot{I}_{KZ} Z_{KZ} = \dot{U}_{KZ} = \dot{C}$$

$$\dot{I}_{KZ} Z_{set} - \dot{I}_{KZ} Z_{KZ} = \dot{I}_{KZ} Z_{set} - \dot{U}_{KZ} = \dot{D}$$

$$-90° \leqslant \arg \frac{\dot{C}}{\dot{D}} \leqslant 90° \tag{6-12}$$

（三）偏移特性阻抗继电器

偏移特性阻抗继电器的动作特性是当正方向的整定阻抗为 Z_{set} 时，同时向反方向偏移一个 αZ_{set}（α 称为偏移率），其中 $0 < \alpha < 1$，如图 6-8 所示，圆内为动作区，圆外为非动作区，圆周是动作边界。由图 6-8 可见，若以 d 表示圆的直径、r 表示圆的半径、Z_0 表示圆心坐标，则

$$d = |(1+\alpha) Z_{set}|$$

$$r = \frac{1}{2} |(1+\alpha) Z_{set}|$$

$$Z_0 = \frac{1}{2}(1-\alpha) Z_{set}$$

由图 6-8 可见，偏移特性的阻抗继电器具有如下特点：

（1）其动作特性介于方向阻抗继电器和全阻抗继电器之间，当采用 $\alpha = 0$ 时，即为方向阻抗继电器，当采用 $\alpha = 1$ 时，则为全阻抗继电器。其起动阻抗 $Z_{KZ.op}$ 随阻抗角的不同而不同。

（2）其在第三象限的动作范围与偏移率 α 的大小有关，一般取 $\alpha = 0.1 \sim 0.2$，以便消除方向阻抗继电器的死区。由于偏移特性的阻抗继电器在第三象限有一小的动作区域，所以它没有完全的方向性。

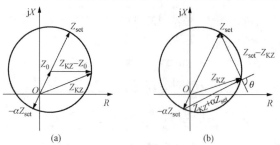

图 6-8 具有偏移特性的阻抗继电器
（a）幅值比较式；（b）相位比较式

现对偏移特性的阻抗继电器的两种构成方式分析如下：

（1）幅值比较式偏移特性阻抗继电器。由图 6-8（a）可知，当测量阻抗落在圆周上时，$|Z_{KZ}-Z_0|=\frac{1}{2}|(1+\alpha)Z_{set}|=r$；当测量阻抗落在圆内时，$|Z_{KZ}-Z_0|<\frac{1}{2}|(1+\alpha)Z_{set}|$；当测量阻抗落在圆外时，$|Z_{KZ}-Z_0|>\frac{1}{2}|(1+\alpha)Z_{set}|$。因此继电器的起动条件可表示为

$$|Z_{KZ}-Z_0|\leqslant\frac{1}{2}|(1+\alpha)Z_{set}| \tag{6-13}$$

或

$$\left|Z_{KZ}-\frac{1}{2}(1-\alpha)Z_{set}\right|\leqslant\frac{1}{2}|(1+\alpha)Z_{set}| \tag{6-14}$$

等式两边均乘以电流 $\dot{I}_{KZ}$，即得到比较两个电压幅值的表达式为

$$\left|\dot{U}_{KZ}-\frac{1}{2}\dot{I}_{KZ}(1-\alpha)Z_{set}\right|\leqslant\frac{1}{2}|\dot{I}_{KZ}(1+\alpha)Z_{set}| \tag{6-15}$$

（2）相位比较式偏移特性阻抗继电器。由图 6-8（b）可知，当测量阻抗落在圆周上时，相量 $\alpha Z_{set}+Z_{KZ}$ 与 $Z_{set}-Z_{KZ}$ 之间的相位差 $\theta=90°$，与对全阻抗继电器的分析相似，可以证明偏移特性阻抗继电器的起动条件为 $-90°\leqslant\theta\leqslant90°$，即

$$-90°\leqslant\arg\frac{\alpha Z_{set}+Z_{KZ}}{Z_{set}-Z_{KZ}}\leqslant90° \tag{6-16}$$

将 $\alpha Z_{set}+Z_{KZ}$ 和 $Z_{set}-Z_{KZ}$ 均乘以电流 $\dot{I}_{KZ}$，即得到比较两个电压相位的表达式为

$$-90°\leqslant\arg\frac{\alpha I_{KZ}Z_{set}+U_{KZ}}{I_{KZ}Z_{set}-U_{KZ}}\leqslant90° \tag{6-17}$$

现将以上三种阻抗继电器的两种构成方式汇总于表 6-1 中。

表 6-1　　　　　　　　　三种阻抗继电器的构成方式及结果

所需电压	幅值比较的两个电压		相位比较的两个电压	
继电器名称	$\dot{A}$	$\dot{B}$	$\dot{C}=\dot{A}+\dot{B}$	$\dot{D}=\dot{A}-\dot{B}$
全阻抗继电器	$\dot{I}_{KZ}Z_{set}$	$\dot{U}_{KZ}$	$\dot{I}_{KZ}Z_{set}+\dot{U}_{KZ}$	$\dot{I}_{KZ}Z_{set}-\dot{U}_{KZ}$
方向阻抗继电器	$\frac{1}{2}\dot{I}_{KZ}Z_{set}$	$\dot{U}_{KZ}-\frac{1}{2}\dot{I}_{KZ}Z_{set}$	$\dot{U}_{KZ}$	$\dot{I}_{KZ}Z_{set}-\dot{U}_{KZ}$
偏移特性阻抗继电器	$\dot{I}_{KZ}(Z_{set}-Z_0)$	$\dot{U}_{KZ}-\dot{I}_{KZ}Z_0$	$\alpha\dot{I}_{KZ}Z_{set}+\dot{U}_{KZ}$	$\dot{I}_{KZ}Z_{set}-\dot{U}_{KZ}$
动作条件	$|\dot{A}|\geqslant|\dot{B}|$		$-90°\leqslant\arg\frac{\dot{C}}{\dot{D}}\leqslant90°$	

本书只以各阻抗继电器电压回路为例进行说明，而略去比较回路和执行元件。

三、阻抗继电器主要技术指标

前面分析阻抗继电器的动作特性时，所得出的动作方程都是从理想的条件下得出的，即认为相位比较回路（或幅值比较回路中的执行元件）的灵敏度很高，当 $\arg\frac{\dot{C}}{\dot{D}}=90°$（或 $-90°$）或 $|\dot{A}|=|\dot{B}|$ 时，为继电器动作的临界条件，因此继电器的动作特性只与加入继电器的电压和电流的比值（即测量阻抗）有关，而与电流的大小无关。但实际上阻抗继电器在动

作时都必须消耗一定的功率，当计及这一因素的影响时，则需进一步的分析。

例如对于幅值比较式的方向阻抗继电器，其实际的动作条件应为

$$|\dot{K}_I \dot{I}_{KZ}| - |K_U \dot{U}_{KZ} - \dot{K}_I \dot{I}_{KZ}| \geqslant U_0 \tag{6-18}$$

式中　$\dot{K}_I$ ——电流量的系数，有阻抗量纲；

　　　K_U——电压量的系数，无量纲，一般是实数；

　　　U_0——使继电器动作（计及动作需要的功率）时，动作量必须比制动量高出的门槛电压。

将式（6-18）与式（6-10）相比，可知在方向阻抗继电器中，$\dot{K}_I = \dfrac{1}{2} Z_{set}$，$K_U = 1$。调节 K_U 的大小可改变继电器的定值。所以，继电器实际的临界动作条件应为

$$|\dot{K}_I \dot{I}_{KZ}| - |K_U \dot{U}_{KZ} - \dot{K}_I \dot{I}_{KZ}| = U_0$$

当 $\varphi_{KZ} = \varphi_{sen} = \varphi_1$ 时，上式中的各相量间的关系就变成了代数关系，因此可得

$$2K_I I_{KZ} - K_U U_{KZ} = U_0$$

因在临界动作时 $Z_{KZ} = \dfrac{U_{KZ}}{I_{KZ}} = Z_{KZ.op}$，又计及 $\dfrac{2K_I}{K_U} = Z_{set}$，所以可得继电器的实际起动阻抗为

$$Z_{KZ.op} = Z_{set} - \dfrac{U_0}{K_U I_{KZ}} \tag{6-19}$$

图 6-9 绘出了式（6-19）所表示的 $Z_{KZ.op} = f(I_{KZ})$ 关系曲线。

由图可见，当加入继电器的电流较小时，继电器的起动阻抗将下降，使阻抗继电器的实际保护范围缩短。这将影响继电器与相邻线路阻抗元件的配合，甚至引起非选择性动作。为了把起动阻抗的误差限制在一定的范围内，规定了精确工作电流 I_{ac} 这一指标。

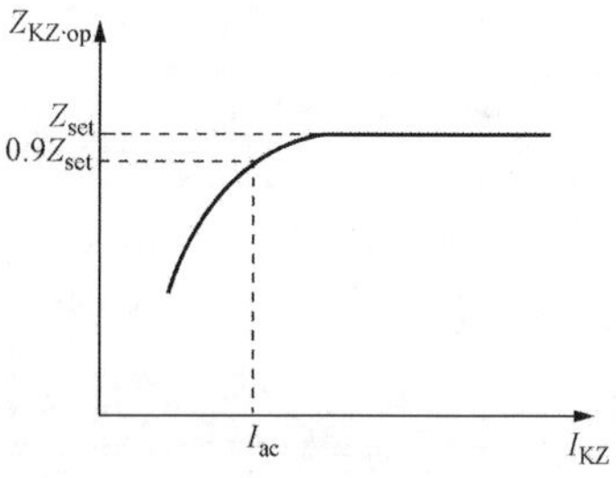

所谓精确工作电流，就时指当 $I_{KZ} = I_{ac}$ 时，继电器的起动阻抗 $Z_{KZ.op} = 0.9 Z_{set}$，即比整定阻抗值缩小了 10%。因此，当 $I_{KZ} > I_{ac}$ 时，就可以保证起动阻抗的误差在 10% 以内，而这个误差在选择可靠系数时，已经被考虑进去了。

当加入继电器的电流足够大以后，U_0 的影响就可以忽略，此时 $Z_{KZ.op} = Z_{set}$，继电器的动作特性才与电流无关。但当短路电流过大时，可能会造成电抗互感器或中间变流器的饱和，使继电器的起动阻抗又将随着 I_{KZ} 的继续增大而减小，

图 6-9　方向阻抗继电器的
$Z_{KZ.op} = f(I_{KZ})$ 曲线

这也是不允许的，因此在互感器或中间变流器的设计中，应注意对饱和电流倍数的要求。

第三节　反应相间短路故障的阻抗继电器接线方式

阻抗继电器的接线方式是指接入一定相别电压和一定相别电流的组合。根据距离保护的工作原理，加入继电器的电压 $\dot{U}_{KZ}$ 和电流 $\dot{I}_{KZ}$ 应满足以下两点要求：

（1）阻抗继电器的测量阻抗应正比于短路点到保护安装点之间的距离，而与电网的运行方式无关。

（2）阻抗继电器的测量阻抗应与故障类型无关，即保护范围应不随故障类型而变化，以保证在不同类型故障时，保护装置都能正确动作。

为了满足上述要求，对于反应相间短路的单相式阻抗继电器，可以采用 $0°$、$\pm30°$ 接线方式。

输入阻抗继电器的测量电流 $\dot{I}_{KZ}$ 应该是短路回路的电流，测量电压应是短路回路在保护安装处的残余电压 $\dot{U}_{KZ}$。为了便于讨论，假设为金属性短路，忽略负荷电流，并假定电流互感器、电压互感器的变比都为 1，即继电器的测量阻抗用系统一次阻抗表示。

一、相间短路阻抗继电器的 $0°$ 接线方式

类似于对功率方向继电器接线方式的定义，当功率因数等于 1 时，接入继电器的电压与电流的夹角为 $0°$，因此将这种接线方式称为 $0°$ 接线。为反应各种相间短路，在 AB、BC、CA 相各接入一只阻抗继电器。其关系如表 6‐2 所示，这是距离保护中广泛应用的一种接线方式。

表 6‐2 　　　　　　　　继电器采用 $0°$ 接线方式时接入的电压和电流的关系

继电器	$\dot{U}_{KZ}$	$\dot{I}_{KZ}$	反应故障类型
KZ1	$\dot{U}_{AB}$	$\dot{I}_A - \dot{I}_B$	$k^{(3)}$、$k^{(2)}_{AB}$、$k^{(1,1)}_{AB}$
KZ2	$\dot{U}_{BC}$	$\dot{I}_B - \dot{I}_C$	$k^{(3)}$、$k^{(2)}_{BC}$、$k^{(1,1)}_{BC}$
KZ3	$\dot{U}_{CA}$	$\dot{I}_C - \dot{I}_A$	$k^{(3)}$、$k^{(2)}_{CA}$、$k^{(1,1)}_{CA}$

现对各种相间短路时继电器的测量阻抗进行分析。

（一）三相短路

如图 6‐10 所示，由于三相短路时三相是对称的，三个继电器 KZ1、KZ2 和 KZ3 的工作情况完全相同，所以只分析其中一个阻抗继电器，便可知其他两个继电器的情况，如以 KZ1 为例分析如下。

设短路点到保护安装处的距离为 l，线路每千米的正序阻抗为 Z_1，则保护安装处的电压 $\dot{U}_{AB}$ 应为

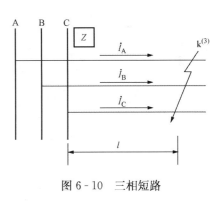

图 6‐10　三相短路

$$\dot{U}_{AB} = \dot{U}_A - \dot{U}_B = \dot{I}_A Z_1 l - \dot{I}_B Z_1 l = (\dot{I}_A - \dot{I}_B) Z_1 l$$

继电器 KZ1 的测量阻抗为

$$Z^{(3)}_{KZ\cdot 1} = \frac{\dot{U}_{AB}}{\dot{I}_A - \dot{I}_B} = Z_1 l \tag{6-20}$$

由式（6‐20）可见，在三相短路时，三个继电器的测量阻抗均等于短路点到保护安装点之间的线路阻抗，所以三个继电器均能够动作。

（二）两相短路

如图 6‐11 所示，以 AB 相间短路为例，此时三相电压和电流的关系为

$$\begin{cases} \dot{I}_A = -\dot{I}_B \\ \dot{I}_C = 0 \end{cases}$$

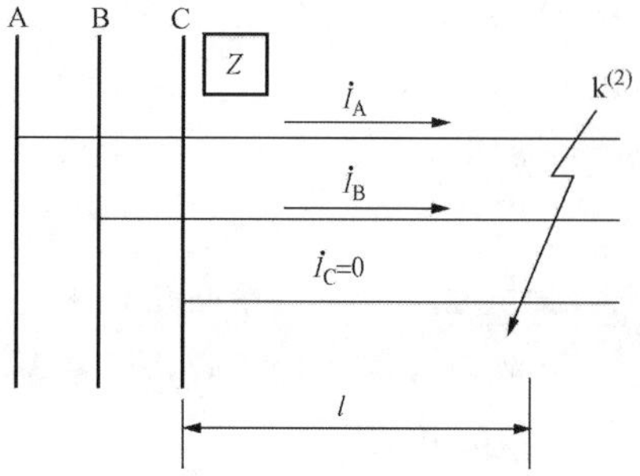

图 6-11　两相短路

$$\begin{cases} \dot{U}_\mathrm{A} = \dot{I}_\mathrm{A} Z_1 l + \dot{U}_\mathrm{KA} \\ \dot{U}_\mathrm{B} = \dot{I}_\mathrm{B} Z_1 l + \dot{U}_\mathrm{KB} \\ \dot{U}_\mathrm{C} = \dot{E}_\mathrm{C} \end{cases} \quad (6\text{-}21)$$

式中　$\dot{U}_\mathrm{A}$、$\dot{U}_\mathrm{B}$、$\dot{U}_\mathrm{C}$——保护安装处的 A、B、C 三相电压；

$\dot{U}_\mathrm{KA}$、$\dot{U}_\mathrm{KB}$、$\dot{U}_\mathrm{KC}$——短路点的 A、B、C 三相电压；

$\dot{E}_\mathrm{C}$——电源 C 相的相电势。

所以，三个阻抗继电器在 AB 两相短路时的测量阻抗分别为

$$\begin{cases} Z_{\mathrm{KZ}\cdot 1}^{(2)} = \dfrac{\dot{U}_\mathrm{AB}}{\dot{I}_\mathrm{A} - \dot{I}_\mathrm{B}} = \dfrac{(\dot{I}_\mathrm{A} - \dot{I}_\mathrm{B})Z_1 l}{\dot{I}_\mathrm{A} - \dot{I}_\mathrm{B}} = Z_1 l \\[2mm] Z_{\mathrm{KZ}\cdot 2}^{(2)} = \dfrac{\dot{U}_\mathrm{BC}}{\dot{I}_\mathrm{B} - \dot{I}_\mathrm{C}} = \dfrac{\dot{I}_\mathrm{B} Z_1 l + \dot{U}_\mathrm{KB} - \dot{E}_\mathrm{C}}{\dot{I}_\mathrm{B}} = Z_1 l + \dfrac{\dot{U}_\mathrm{KB} - \dot{E}_\mathrm{C}}{\dot{I}_\mathrm{B}} \\[2mm] Z_{\mathrm{KZ}\cdot 3}^{(2)} = \dfrac{\dot{U}_\mathrm{CA}}{\dot{I}_\mathrm{C} - \dot{I}_\mathrm{A}} = \dfrac{\dot{E}_\mathrm{C} - (\dot{I}_\mathrm{A} Z_1 l + \dot{U}_\mathrm{KA})}{-\dot{I}_\mathrm{A}} = Z_1 l + \dfrac{\dot{U}_\mathrm{KA} - \dot{E}_\mathrm{C}}{\dot{I}_\mathrm{A}} \end{cases} \quad (6\text{-}22)$$

由式（6-22）可见，KZ1 的测量阻抗和三相短路时相同，因此在 AB 两相短路时，KZ1 能正确动作；对于继电器 KZ2 和 KZ3，由于所加电压为非故障相间的电压，数值较 U_AB 高，而电流又只有一个故障相的电流，数值较 $\dot{I}_\mathrm{A} - \dot{I}_\mathrm{B}$ 小，因此，其测量阻抗必然大于 KZ1 的测量阻抗，也就是说它们不能正确地测量短路点到保护安装点之间的阻抗，因此不能起动。

由上述分析可见，在 AB 两相短路时，只有 KZ1 能准确测量短路阻抗而动作。同理可知，在 BC 和 CA 两相短路时，相应地只有 KZ2 和 KZ3 能动作，这就是为什么要用三个阻抗继电器分别并接于不同的相间。

二、阻抗继电器 30°接线方式

这种接线方式分为 +30°和 −30°接线方式，其接入继电器的电压和电流见表 6-3。

表 6-3　　　　　　　继电器采用 30°接线方式时接入的电压和电流的关系

继电器	+30°接线		−30°接线		反应故障类型
	$\dot{U}_\mathrm{KZ}$	$\dot{I}_\mathrm{KZ}$	$\dot{U}_\mathrm{KZ}$	$\dot{I}_\mathrm{KZ}$	
KZ1	$\dot{U}_\mathrm{AB}$	$\dot{I}_\mathrm{A}$	$\dot{U}_\mathrm{AB}$	$-\dot{I}_\mathrm{B}$	$k^{(3)}$、$k_\mathrm{AB}^{(2)}$
KZ2	$\dot{U}_\mathrm{BC}$	$\dot{I}_\mathrm{B}$	$\dot{U}_\mathrm{BC}$	$-\dot{I}_\mathrm{C}$	$k^{(3)}$、$k_\mathrm{BC}^{(2)}$
KZ3	$\dot{U}_\mathrm{CA}$	$\dot{I}_\mathrm{C}$	$\dot{U}_\mathrm{CA}$	$-\dot{I}_\mathrm{A}$	$k^{(3)}$、$k_\mathrm{CA}^{(2)}$

1. 正常运行情况

三个阻抗继电器所处情况相同，故只分析 KZ1 的测量阻抗，设负荷阻抗为 Z_L

$$Z_{\mathrm{KZ}1(+30°)} = \frac{\dot{U}_\mathrm{AB}}{\dot{I}_\mathrm{A}} = \frac{(\dot{I}_\mathrm{A} - \dot{I}_\mathrm{B})Z_\mathrm{L}}{\dot{I}_\mathrm{A}} = \left(1 - \frac{\dot{I}_\mathrm{B}}{\dot{I}_\mathrm{A}}\right)Z_\mathrm{L} = (1 - a^2)Z_\mathrm{L}$$

$$Z_{KZ1(-30°)} = \frac{\dot{U}_{AB}}{-\dot{I}_B} = \frac{(\dot{I}_A - \dot{I}_B)Z_L}{-\dot{I}_B} = \left(1 - \frac{\dot{I}_A}{\dot{I}_B}\right)Z_L = (1-a)Z_L$$

图 6-12 中，a 为复数运算符号，$a = e^{j120°}$

$$1 - a^2 = \sqrt{3}e^{j(+30°)}, \quad 1 - a = \sqrt{3}e^{j(-30°)} \quad (6-23)$$

因此，以上两式可写成

$$Z_{KZ1(+30°)} = \sqrt{3}Z_L e^{j30°} \quad (6-24)$$

$$Z_{KZ1(-30°)} = \sqrt{3}Z_L e^{-j30°} \quad (6-25)$$

由式（6-24）和式（6-25）说明，正常运行时，测量阻抗在数值上是负荷阻抗的 $\sqrt{3}$ 倍。在相位上，对于 $+30°$ 接线，较负荷阻抗超前 $30°$，对于 $-30°$ 接线，较负荷阻抗滞后 $30°$。

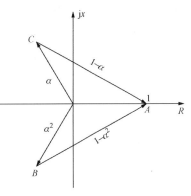

图 6-12 $1-a$、$1-a^2$ 的计算

2. 三相短路

三相短路与正常运行相似，都是三相对称的，只是将负荷阻抗用短路点到保护安装处的正序短路阻抗 $Z_1 l$ 代替，即

$$Z_{KZ1(+30°)} = \sqrt{3}Z_1 l e^{j30°} \quad (6-26)$$

$$Z_{KZ1(-30°)} = \sqrt{3}Z_1 l e^{-j30°} \quad (6-27)$$

3. 两相短路

当 A、B 两相短路时，$\dot{I}_A = -\dot{I}_B$，则

$$Z_{KZ1(+30°)} = \frac{\dot{U}_{AB}}{\dot{I}_A} = \frac{(\dot{I}_A - \dot{I}_B)Z_1 l}{\dot{I}_A} = \frac{2\dot{I}_A Z_1 l}{\dot{I}_A} = 2Z_1 l$$

$$Z_{KZ1(-30°)} = \frac{\dot{U}_{AB}}{-\dot{I}_B} = \frac{2\dot{I}_A Z_1 l}{\dot{I}_A} = 2Z_1 l$$

$$Z_{KZ1(\pm30°)} = 2Z_1 l \quad (6-28)$$

由式（6-28）可知，两种接线的测量阻抗都等于短路点到保护安装处的正序阻抗的两倍，其测量阻抗角等于线路阻抗角。

4. 讨论

（1）对于全阻抗继电器，由于全阻抗继电器的动作阻抗与角度无关，所以在同一点发生三相短路和两相短路时，测量阻抗分别为 $\sqrt{3}Z_1 l$ 和 $2Z_1 l$，不同类型的故障，保护范围不同，即不能准确测量故障点距离。因此不宜作测量元件，而只能作起动元件。

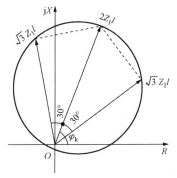

图 6-13 方向阻抗继电器采用 30°接线时的起动特性

（2）对于方向阻抗继电器，若采用 30°接线，如图 6-13 所示，如果整定阻抗按距保护 l（km）处发生两相短路时的测量阻抗来选择，即 $Z_{set} = 2Z_1 l$，特性圆的直径为 $2Z_1 l$，取灵敏角为 φ_K，当在 l（km）处发生三相短路时，继电器的测量阻抗为 $Z_{KZ(+30°)} = \sqrt{3}Z_1 l e^{\pm j30°}$，正好落在特性圆的圆周上。这说明采用 30°接线时，方向阻抗继电器对同一点两相和三相短路时有相同的保护范围，因此可作为测量元件。

（3）在输电线路的送电端，采用－30°接线，在正常情况下，其测量阻抗一般在第四象限，因此阻抗继电器具有更好的躲开负荷阻抗的能力。在输电线路的受电端，采用＋30°接线，也具有同样的效果。由以上分析可知，30°接线的阻抗继电器一般不适合于作测量元件而适用做起动元件。

第四节　距离保护的整定计算

目前，电力系统中的相间距离保护多采用三段式阶梯时限特性，其整定原则与三段式电流保护相似。现以图 6-14 所示网络为例，说明三段式距离保护的整定计算原则。

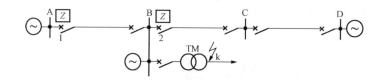

图 6-14　选择整定阻抗的网络接线

一、距离保护第 I 段的整定

与电流 I 段相似，距离 I 段也是按躲开下一线路出口短路的原则来整定的，即其起动阻抗应躲过下一线路始端短路时的测量阻抗。例如对于图 6-14 中 AB 线路 A 侧的距离保护 1，其 I 段的起动阻抗（一次值）整定为

$$Z_{op \cdot 1}^{I} = K_{rel} Z_{AB} \tag{6-29}$$

式中　K_{rel}——I 段可靠系数，在计及各种误差的影响后，一般取 $K_{rel} = 0.8 \sim 0.85$；

Z_{AB}——线路 AB 的正序阻抗。

继电器的整定阻抗（二次值）为

$$Z_{set \cdot 1}^{I} = Z_{op \cdot 1}^{I} \frac{K_{TA}}{K_{TV}} \tag{6-30}$$

式中　K_{TA}——电流互感器的变比；

K_{TV}——电压互感器的变比。

继电器的整定阻抗角等于被保护线路的阻抗角。

距离保护 I 段的动作时间 $t_1^I = 0s$，实际上它取决于保护装置的固有动作时间，一般小于 0.1s，应大于避雷器的放电时间。

二、距离保护第 II 段的整定

1. 起动阻抗

距离 II 段的起动阻抗应按以下两个原则来确定：

（1）与相邻线路的距离 I 段相配合，即按躲过下一线路保护 I 段末端短路，并考虑分支电流对测量阻抗的影响。

对于图 6-14 中的保护 1，其距离 II 段的起动阻抗应整定为

$$Z_{op \cdot 1}^{II} = K_{rel}(Z_{AB} + K_b Z_{op \cdot 2}^{I}) \tag{6-31}$$

式中　$Z_{op \cdot 2}^{I}$——相邻线路 BC 的 B 侧保护 2 的 I 段起动阻抗；

K_b——分支系数,等于保护 2 的 Ⅰ 段保护范围末端(在线路 BC 上)短路时流过线路 BC 的电流与流过线路 AB 中的电流之比。为保证保护在任何情况下的选择性,K_b 应选用实际可能的较小值;

K_{rel}——Ⅱ 段可靠系数,一般取 0.8。

(2)躲开线路末端变电所变压器低压侧出口处(图 6-14 中 k 点)短路时的测量阻抗。设变压器的阻抗为 Z_T,则保护 1 的起动阻抗应整定为

$$Z_{op \cdot 1}^{II} = K_{rel}(Z_{AB} + K_b Z_T) \qquad (6-32)$$

式中 K_{rel}——可靠系数,考虑到变压器阻抗的误差较大,所以一般取 $K_{rel}=0.7$。

按上述两原则计算后,应取数值较小的一个。然后便可确定继电器的整定阻抗为

$$Z_{set \cdot 1}^{II} = Z_{op \cdot 1}^{II} \frac{K_{TA}}{K_{TV}} \qquad (6-33)$$

整定阻抗的阻抗角等于被保护线路的阻抗角。

2. 灵敏度与动作时限

确定了距离 Ⅱ 段的起动阻抗后,按本线路末端金属性短路故障来校验灵敏度。因为距离保护是反应数值下降而动作的,所以其灵敏系数为

$$K_{sen} = \frac{Z_{op \cdot 1}^{II}}{Z_{AB}} \geqslant 1.3 \sim 1.5 \qquad (6-34)$$

保护的动作时限 t_1^{II} 应比下一线路距离 Ⅰ 段的动作时限大一个时间级差,一般取为 0.5s。

当校验灵敏系数不能满足要求时,应进一步延伸保护范围,使之与下一条线路的距离 Ⅱ 段相配合。例如对于图 6-14 中的保护 1,其起动阻抗为

$$Z_{op \cdot 1}^{II} = K_{rel}(Z_{AB} + K_b Z_{op \cdot 2}^{II}) \qquad (6-35)$$

式中 $Z_{op \cdot 2}^{II}$——相邻线路 Ⅱ 段的起动阻抗,当有几条出线时,应取较小值。

当然,此时距离 Ⅱ 段的动作时限也应与下一条线路的 Ⅱ 段的动作时间配合,即比下一线路 Ⅱ 段的动作时限 t_2^{II} 大一个时间级差,取为

$$t_1^{II} = t_2^{II} + \Delta t \qquad (6-36)$$

三、距离保护第Ⅲ段的整定

1. 起动阻抗

当距离 Ⅲ 段采用阻抗继电器时,其起动阻抗一般按躲开最小负荷阻抗 $Z_{L \cdot min}$ 来整定,它比 Ⅰ、Ⅱ 段的整定阻抗大得多,保护范围也较长,所以当本线路外部发生短路故障时,Ⅲ 段阻抗继电器一般处于动作状态。为保证选择性,外部故障切除后,在电动机自起动的条件下,继电器必须返回。

如果 Ⅲ 段阻抗继电器采用全阻抗继电器,其起动阻抗为

$$Z_{op}^{III} = \frac{1}{K_{rel}K_{re}K_{Ms}} Z_{L \cdot min} \qquad (6-37)$$

$$Z_{L \cdot min} = \frac{0.9U_N}{I_{L \cdot max}} \qquad (6-38)$$

上两式中 K_{rel}——可靠系数,取 1.2~1.3;

K_{re}——阻抗继电器的返回系数,取 1.1~1.15;

K_{Ms}——故障切除后电动机的自起动系数;

U_N——保护安装处的额定电压；

$I_{L \cdot max}$——流经被保护线路的最大负荷电流。

如果Ⅲ段阻抗继电器采用方向阻抗继电器，并且最大灵敏角等于被保护线路的阻抗角（即整定阻抗角）时，由于负荷阻抗角 φ_L 与整定阻抗角 φ_{set} 不相等，如图 6-15 所示，所以方向阻抗继电器的起动阻抗应整定为

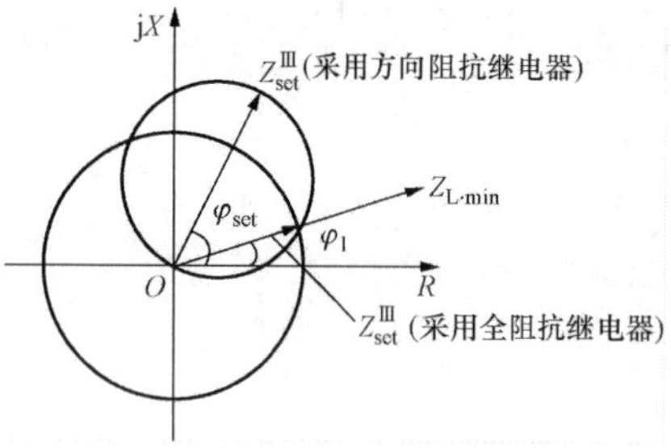

$$Z_{op}^{Ⅲ} = \frac{Z_{L \cdot min}}{K_{rel} K_{re} K_{Ms} \cos(\varphi_{set} - \varphi_L)} \quad (6\text{-}39)$$

图 6-15　距离Ⅲ段采用不同动作特性时起动阻抗的整定

比较式（6-37）和式（6-39）不难发现，采用方向阻抗继电器比采用全阻抗继电器的灵敏度要高，其灵敏系数是全阻抗继电器的 $\dfrac{1}{\cos(\varphi_{set} - \varphi_L)}$ 倍。例如，当 $\varphi_{set} = 70°$，$\varphi_L = 20°$ 时，$\dfrac{1}{\cos(70° - 20°)} = 1.74$，即方向阻抗继电器的灵敏度是全阻抗继电器的 1.74 倍。

2. 灵敏度与动作时限

当距离Ⅲ段作近后备时，其灵敏度按本线路末端金属性短路故障来校验，例如对于图 6-14 中的保护 1，其灵敏系数为

$$K_{sen} = \frac{Z_{op \cdot 1}^{Ⅲ}}{Z_{AB}} \quad (6\text{-}40)$$

一般要求 $K_{sen} \geqslant 1.5$。

当距离Ⅲ段作远后备时，其灵敏度按相邻线路末端金属性短路故障来校验，即

$$K_{sen} = \frac{Z_{op \cdot 1}^{Ⅲ}}{Z_{AB} + K_b Z_{BC}} \quad (6\text{-}41)$$

一般要求 $K_{sen} \geqslant 1.2$。式中分支系数 K_b 应取实际可能的最大值。

保护的动作时限按时间阶梯原则整定，比下一线路Ⅲ段动作时间大一时限级差 Δt，即

$$t_1^{Ⅲ} = t_2^{Ⅲ} + \Delta t \quad (6\text{-}42)$$

第五节　自适应距离保护

一、常规距离保护存在的问题

距离保护能瞬时切除输电线路 85%～90% 范围内的各种故障，受网络结构和系统运行方式的影响较小，因此距离保护长期以来一直是复杂电网中高压输电线路的主要保护方式。但是，距离保护的性能也存在一些问题，当应用到高压线路时，这些问题更为突出。如超高压线路传送的功率很大，阻抗继电器测量到的负荷阻抗较小。而对于长距离输电线路，保护定值必然较大，这时避越最小负荷阻抗将产生困难；对于超高压线路，短路点的弧光电阻通常较大，因此要求距离保护必须具备足够反应经过渡电阻短路的能力。但这与躲开最大负荷的能力是互相矛盾的，必须综合加以考虑。当两侧电源的线路上发生经过渡电阻的区外短路时，阻抗继电器的测量阻抗可能进入动作区而使距离保护误动作，称之为"稳态超越"；短路电流中的非周期分量电流，使短路电流正负半周不对称，可引起相位比较式阻抗继电器在区外短路故障时误动作；短路伴随振荡时，可能造成距离保护的不正确动作。除此之外，在

保护安装处发生短路故障、方向阻抗继电器在反方向经弧光电阻接地短路与在正方向经高电阻接地短路以及线路非全相运行时阻抗继电器都有可能发生误动作。

二、自适应控制原理基本概念

自适应保护是一种保护理论，根据这种理论，可允许和寻求对各种保护功能进行调节，使它们更适应当时的电力系统工况。

关键的设想是要对保护系统作某种改变来响应因负荷变化，电网开关操作或故障引起的电力系统变化。在某种程度上，目前所有保护系统都必须适应电力系统的变化。这个目标常常是通过设法使继电器的整定值在可能出现的各种电力系统情况下都正确的方法来实现的。

人们开始考虑自适应保护功能时，控制和保护功能之间的区别变得模糊不清。许多保护功能已经包含了控制，如断路器的重合就是这种情况。实际上，自适应继电保护事实上就是反馈控制系统。

有关文献给自适应继电保护下了一个定义："自适应继电保护是一种继电保护的基本原理，这种原理使得继电保护能自动地对各种保护功能进行调节或改变，以更适合于给定的电力系统的工况"。"除了具有常规的保护功能外，还必须具有明显的适应功能模块，只有在这种情况下，才能称为自适应式保护"。具体可用图6-16表示。

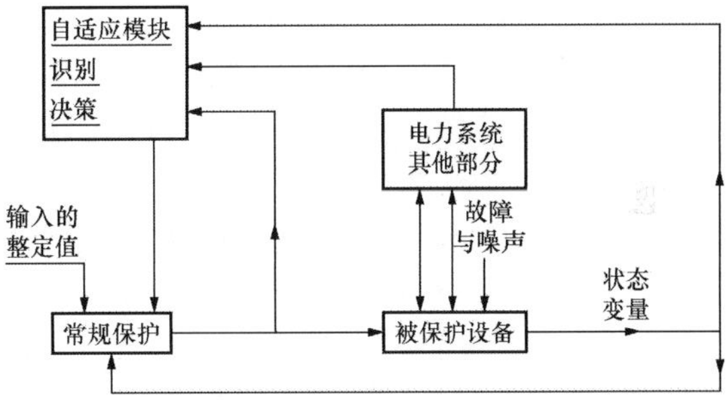

图6-16 自适应保护原理框图

为了更好地发挥自适应原理的作用，对这种保护进行适当的分类是必要的。分类方法有多种，但比较恰当的方法是按照自适应模块的构成进行分类，即按照自适应对策和识别的情况进行分类。

按照自适应对策进行分类，可区分为：

（1）整定值自调整式自适应保护。

（2）系数自调整式自适应保护。

（3）变结构自适应保护。

（4）环境的自适应调节。

按照识别的情况进行分类时，可区分为：

（1）故障前识别。

（2）故障后识别。

除了上述两种分类方法外，还可以按目的来区分。例如，有些自适应策略是为了提高保护灵敏度，有些自适应策略是为了提高保护动作速度等。此外，还可以以信息来源进行区分，如就地信息和远方信息等。

三、自适应距离保护的优越性

自适应距离保护与常规距离保护的主要区别在于增加了自适应控制回路，自适应控制回路的主要作用是根据被保护线路和系统有关部分所提供的输入识别系统所处的状态，进一步做出自适应的控制决策。

自适应距离保护虽然是近期提出的一个新研究课题，但是在常规的距离保护中，实际上已应用自适应原理解决了不少问题，微机保护为自适应原理的实现创造了更为有利的条件，可以预期自适应距离保护一定会得到进一步的发展。

思 考 题 与 习 题

6-1 距离保护的工作原理是什么？其与电流电压保护相比有哪些优点？

6-2 什么是阻抗继电器的测量阻抗、整定阻抗和起动阻抗？

6-3 试说明阻抗继电器+30°接线、-30°接线对两相短路故障和三相短路故障的反应能力，对于不同特性的继电器在采用这两种接线方式时其保护范围如何变化？

6-4 距离保护有哪几种组成元件？起动元件应满足哪些要求？

6-5 在距离保护中，能否利用Ⅲ段阻抗继电器作为起动元件？为什么？

6-6 试说明全阻抗继电器、方向阻抗继电器、偏移特性阻抗继电器的动作特性。

6-7 试说明阻抗继电器的测量阻抗的幅角、整定阻抗的幅角、最大灵敏角、线路阻抗角各自代表的意义。

6-8 分析0°接线在三相短路及两相短路（AB相间）时阻抗继电器KZ1、KZ2、KZ3的动作情况。为什么AB相间两相短路时KZ2、KZ3不会动作。

6-9 有一方向阻抗继电器，其整定阻抗 $Z_{set}=8\angle 60°\Omega$，若测量阻抗 $Z_m=7.2\angle 30°\Omega$，试问该继电器能否动作？为什么？

6-10 全阻抗继电器有无电压死区？为什么？

第七章 输电线路纵联保护

前几章讲述的电流保护和距离保护的原理，其测量信息均取自输电线路的一侧，这种单端测量的保护不能从电气量的变化上判断保护区末端的情况，因而不能准确判断保护区末端附近的区内外故障，所以这些保护从原理上就不能实现全线速动。如距离保护的第 I 段，最多也只能瞬时切除被保护线路全长的 80%～85% 范围以内的故障，线路其余部分发生的短路，则要靠带时限的保护来切除，这在高电压大容量的电力系统中，往往不能满足系统稳定的要求。必须采用纵联保护原理作为输电线路保护，以实现线路全长范围内故障无时限切除。本章所要讲述的输电线路的全线速断保护就能满足这样的要求。

第一节 线路的纵联差动保护

一、纵联差动保护的基本原理

输电线的纵联差动保护（习惯简称纵差保护）就是用某种通信通道将输电线两端的保护装置纵向连接起来，将各端的电气量（电流、功率的方向等）传送到对端，将两端的电气量比较，以判断故障在本线路范围内还是在线路范围之外，从而决定是否切断被保护线路。因此，从理论上讲这种纵联差动保护有绝对的选择性。

输电线的纵联差动保护随着所采用的通道不同，在装置原理、结构、性能和适用范围方面具有很大差别。纵差保护是最简单的一种用辅助导线或称导引线作为通道的纵联保护。

纵差保护的基本原理是基于比较被保护线路始端和末端电流的大小和相位原理构成的。下面就以短线路为例来说明。如图 7-1 所示，在线路的两端装设特性和变比完全相同的电流互感器，两侧电流互感器一次回路的正极性均接于靠近母线的一侧，二次回路的同极性端子相连接（标 "∗" 号者为正极性），差动继电器则并联连接在电流互感器的二次端子上。按照电流互感器极性和正方向的规定，一次侧电流从 "∗" 端流入，二次侧电流从 "∗" 端流出。当线路正常运行或外部故障时，流入差动继电器的电流是两侧电流互感器二次侧电流之差，近似为零，也就是相当于继电器中没有电流流过；当被保护线路内部故障时，流入差动继电器的电流是两侧电流互感器二次侧电流之和。

当线路正常运行或外部故障（指在两侧电流互感器所包括的范围之外故障）时，如图 7-1 所示，在理想情况下，流入继电器线圈的电流为

$$\dot{I}_g = \dot{I}_m - \dot{I}_n = \frac{1}{K_{TA}}(\dot{I}_M - \dot{I}_N) = 0$$

$$(7-1)$$

式中　K_{TA}——电流互感器变比。

但实际上，由于两侧电流互感器的励磁特性不可能完全一致，因此继电器线圈

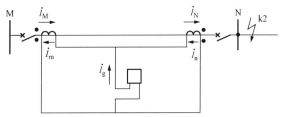

图 7-1　线路纵差保护工作原理说明
（正常运行及区外故障）

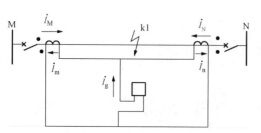

图 7-2 线路纵差保护工作原理
说明（区内故障）

会流入一个不平衡电流，继电器不动作。

当线路内部故障时，如图 7-2 所示，流入继电器线圈的电流为

$$\dot{I}_g = \dot{I}_m + \dot{I}_n = \frac{1}{K_{TA}} (\dot{I}_M + \dot{I}_N)$$

$$= \frac{1}{K_{TA}} \dot{I}_k \qquad (7-2)$$

式中　$\dot{I}_k$——流入故障点总的短路电流。

由式（7-2）可知，当线路内部故障时，流入继电器线圈的电流为两侧电源供给短路点的总电流，大于继电器的动作电流，继电器动作，将线路两侧的断路器跳开。

从以上分析看出，纵差动保护装置的保护范围就是线路两侧电流互感器之间的距离。保护范围以外短路时，保护不动作，故不需要与相邻元件的保护在动作值和动作时限上互相配合，因此，它可以实现全线瞬时动作切除故障，但不能作相邻元件的后备保护。

在线路正常运行或外部故障时，由于两侧电流互感器的特性不可能完全一致，以致反应在电流互感器二次回路的电流不等，继电器中将通过不平衡电流。

二、不平衡电流

（一）稳态不平衡电流

前面讲的是被保护线路两端的电流互感器的特性完全一致的理想情况，所以在正常运行或外部故障时，流入差动继电器的电流为零。实际上电流互感器的特性总是有差别的，即使是同一厂家生产的相同型号、相同变比的电流互感器也是如此，这个特性不同主要表现在励磁特性和励磁电流不同。当一次电流较小时，这个差别的表现还不明显；当一次电流较大时，电流互感器的铁心开始饱和，于是励磁电流开始剧烈上升，由于两侧电流互感器的励磁特性不同，即两铁心的饱和程度不同，所以两个励磁电流剧烈上升的程度不一样，造成两个二次电流之间的差别较大，饱和程度越严重，这个差别就越大。

设电流互感器二次电流为

$$\dot{I}_m = \frac{1}{K_{TA}} (\dot{I}_M - \dot{I}_{ex1}) \qquad (7-3)$$

$$\dot{I}_n = \frac{1}{K_{TA}} (\dot{I}_N - \dot{I}_{ex2}) \qquad (7-4)$$

式中　$\dot{I}_{ex1}$、$\dot{I}_{ex2}$——两侧电流互感器的励磁电流。

正常运行或外部故障时，流入继电器的电流为

$$\dot{I}_g = (\dot{I}_m - \dot{I}_n) = (1/K_{TA})[(\dot{I}_M - \dot{I}_{ex1}) - (\dot{I}_N - \dot{I}_{ex2})]$$

$$= (1/K_{TA})(\dot{I}_{ex2} - \dot{I}_{ex1}) = \dot{I}_{unb} \qquad (7-5)$$

式中　$\dot{I}_{unb}$——不平衡电流。

由此可见，不平衡电流等于两侧电流互感器的励磁电流之差。因此，凡导致励磁电流增加的各种因素，以及两个电流互感器的励磁特性的差别，是使不平衡电流增大的主要原因。

（二）暂态过程中的不平衡电流

由于差动保护是瞬时性动作的，因此，需要考虑在外部短路的暂态过程中，差动回路出

现的不平衡电流。这时短路电流中除含有周期分量外，还含有按指数规律衰减的非周期分量，短路电流波形如图 7 - 3 所示。

当短路电流流过电流互感器的一次侧时，由于非周期分量对时间的变化率远小于周期分量的变化率，因此，它很难传变到二次侧，而大部分成为励磁电流。另一方面，由于电流互感器励磁回路以及二次回路中的磁通不能突变，将在二次回路中引起自由非周期分量电流。因此，在暂态过程中励磁电流将大大超过其稳态电流，并含有很大且缓慢衰减的非周期分量，使其特性曲线偏于时间轴的一侧，不平衡电流最大值出现在故障以后几个周波。

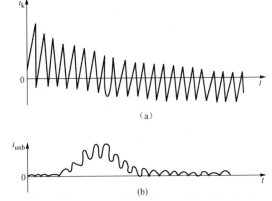

图 7 - 3 外部短路暂态过程中的短路电流和不平衡电流
(a) 一次侧短路电流；(b) 不平衡电流

为了保证差动保护动作的选择性，差动继电器动作电流必须躲过最大不平衡电流。

第二节 平行双回线路保护

一、平行双回线路内部故障的特点

为加强电力系统间的联系，提高供电的可靠性，增加传输容量，电力系统中常采用双回线路的供电方式，如图 7 - 4 所示。为便于说明问题，假设两侧等效电动势 $\dot{E}_M$、$\dot{E}_N$ 大小相等、相位相同，规定电流的正方向为母线流向被保护线路，如图 7 - 4 中 $\dot{I}_I$ 和 $\dot{I}_{II}$、$\dot{I}'_I$ 和 $\dot{I}'_{II}$。

如果平行双回线路的阻抗相等，在正常运行或区外故障时必有 $\dot{I}_I = \dot{I}_{II}$($\dot{I}'_I = \dot{I}'_{II}$)；而当平行双回线路内部发生了短路故障，则 $\dot{I}_I \neq \dot{I}_{II}$($\dot{I}'_I \neq \dot{I}'_{II}$)。如果平行双回线路内部发生了短路故障，如何判别出故障线路是保证继电保护选择性所必需的。当 $\dot{I}_{II} > \dot{I}_I$ 即 $\dot{i}_{II} - \dot{i}_I > 0$(或 $\dot{i}'_{II} - \dot{i}'_I > 0$) 时，判别为线路 II 上发生了短路故障，如图 7 - 4 所示；同样，当 $\dot{I}_I > \dot{I}_{II}$ 即 $\dot{i}_I - \dot{i}_{II} > 0$(或 $\dot{i}'_I - \dot{i}'_{II} > 0$) 时，判别为线路 I 上发生了短路故障。对 $\dot{i}_I - \dot{i}_{II} > 0$ 还是 $\dot{i}_I - \dot{i}_{II} < 0$ 的判别是通过功率方向继电器来实现的，功率方向继电器采用 90°接线方式。按以上原理构成的平行双回线路的保护，称为横联差动方向保护。在横联差动方向保护中，反应差电流 $\dot{i}_I - \dot{i}_{II}$(或 $\dot{i}'_I - \dot{i}'_{II}$)的电流继电器称为起动元件，两只功率方向继电器作为 I 线路故障或 II 线路故障的判别元件。

平行双回线路内部发生短路故障时，利用母线电压降低、两回线电流大小不等这一特点，同样可判别出故障线路。如在图 7 - 4 中 M 侧，当 M 母线上电压 $\dot{U}_M$ 降低时，$|\dot{i}_I| > |\dot{i}_{II}|$

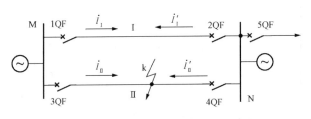

图 7 - 4 平行双回线路供电方式

$\left(\text{或}-90°\leqslant\dfrac{\dot{i}_\text{I}-\dot{i}_\text{II}}{\dot{i}_\text{I}+\dot{i}_\text{II}}\leqslant90°\right)$，则判别为 I 线路上发生了短路故障；如果 $|\dot{i}_\text{I}|<|\dot{i}_\text{II}|$

$\left(\text{或}-90°\leqslant\dfrac{\dot{i}_\text{II}-\dot{i}_\text{I}}{\dot{i}_\text{II}+\dot{i}_\text{I}}\leqslant90°\right)$时，则判别为 II 线路上发生了短路故障。应用此原理同样可判别出 N 侧故障的线路。以此原理构成的平行线路保护称为电流平衡保护。

横联差动方向保护和电流平衡保护统称为平行线路的横联保护。

二、平行双回线路的横联差动方向保护

（一）横联差动方向保护的工作原理

如图 7-5 所示为平行双回线路横联差动方向保护的原理图，图中表示的是一相接线，而实际上在中性点直接接地的系统中，采用三相式接线，这样可反应接地短路故障；在中性点非直接接地的系统中，采用两相式接线。由图可知，横联差动方向保护由以下主要元件组成。

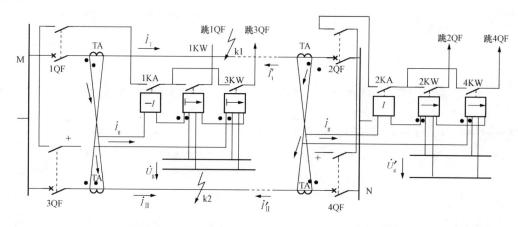

图 7-5 平行双回线路横联差动方向保护的原理图

（1）起动元件。起动元件由电流继电器 1KA 和 2KA 组成，用来判断是否在平行线路上发生故障。当任一回线路发生故障时，保护起动。

（2）方向元件。方向元件由功率方向继电器 1KW、3KW 和 2KW、4KW 组成，当在平行线路内部短路时，用以保证有选择地切除故障线路。

下面以 M 侧为例说明横联差动方向保护的工作原理。

线路正常运行以及外部故障时，$\dot{i}_\text{I}=\dot{i}_\text{II}$ 流过两侧电流继电器的差电流为不平衡电流，继电器不起动，这时功率方向继电器在不平衡电流作用下，其触点可能闭合，但整套保护不动作。

当故障发生在线路 I 的 k1 点时，两侧电流继电器 1KA 和 2KA 均起动，其常开触点闭合，两侧功率方向继电器 1KW 和 2KW 也动作，其常开触点闭合，接通跳闸回路分别跳开两侧断路器 1QF 和 2QF。当故障发生在线路 II 的 k2 点时，两侧电流继电器 1KA 和 2KA 起动，其常开触点闭合，两侧功率方向继电器 3KW 和 4KW 也动作，其常开触点闭合，接通其跳闸回路，分别跳开两侧断路器 3QF 和 4QF，从而有选择地切除故障线路。

横联差动方向保护是建立在双回线路同时运行的基础上。当其中任一回线路断开后，横

联差动方向保护就变为一个瞬时动作的方向电流保护。如果运行线路电流大于保护装置的整定电流，保护将误动作，切除正在运行的线路。为了防止这种情况的发生，横差方向保护的直流操作电源是经过断路器 1QF 和 2QF（3QF 和 4QF）常开触点串联达到闭锁的，如图 7-6 所示，只有 1QF 和 2QF（3QF 和 4QF）同时投入时，M、N 两侧保护的直流操作电源才能接通。当其中任一回线路断开后，通过断路器辅助触点切断直流操作电源，将横差方向保护退出工作。

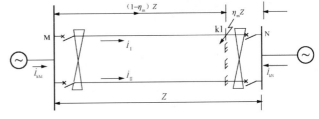

图 7-6　横联差动方向保护的相继动作区的求法

（二）横联差动方向保护的相继动作区和死区

1. 相继动作区

现以图 7-6 所示双侧电源平行线路为例，说明横联差动方向保护的相继动作和相继动作区。故障发生在第Ⅰ回线路时，故障点越靠近 N 侧变电所母线，流过 M 侧保护的差电流越小，而流过 N 侧保护的差电流越大。当差电流小于 M 侧起动元件动作电流时，M 侧保护不动，而 N 侧保护动作跳开 2QF，2QF 断开后全部短路电流流入 M 侧保护，M 侧保护动作跳开 1QF。这种在 N 侧保护首先跳开 2QF 后，继之 M 侧保护动作跳开 1QF 的现象，称为相继动作。在靠近 N 侧变电所母线的一段区域内发生故障时，首先 N 侧保护先动，而后 M 侧保护才能动作的这段区域称为 M 侧保护的相继动作区。同样对 N 侧保护在靠近 M 侧变电所母线附近也存在一相继动作区。

2. 横联差动方向保护的死区

横联差动方向保护的死区是由功率方向继电器不能动作引起的。功率方向继电器不能动作的死区分为电流死区和电压死区。所谓电流死区的含义是当短路点靠近对侧母线时，流入功率方向继电器的电流太小，以至功率方向继电器不能动作。但当对侧保护动作断路器跳开后，功率方向继电器便立即动作，电流死区便自动消失。因为电流死区小于相继动作区，所以一般不考虑。电压死区是指当短路点靠近本侧母线时，母线上的残压很低，当低于功率方向继电器的最小动作电压时，功率方向继电器不动作。电压死区的长度不应超过线路全长的 10%。

三、电流平衡保护

电流平衡保护的工作原理是利用比较两回线路电流大小来判断双回线路上是否发生故障和故障发生在哪一回线路上，从而有选择性地切除故障线路。它与横联差动方向保护不同之处在于电流平衡保护是用电流平衡继电器代替方向继电器来判断平行双回线路中的故障线路。电流平衡继电器是按比较平行双回线路中的电流绝对值而工作的，同时还引入了电压量作为制动量。电压量的大小将影响继电器的动作灵敏度，电压降低时继电器的灵敏度将提高，所以在线路发生短路故障时，保护有较高的灵敏度。

电流平衡保护的主要优点是：与横联差动方向保护相比，只有电流相继动作区而没有死区，而且相继动作区比横联差动方向保护小。此外，它动作迅速、灵敏度足够大并且接线简单。

电流平衡保护的主要缺点是：只能应用于有电源一侧的双回线路上，在无电源的一侧是不能采用的。通常在 35kV 以上的电网中用的较多。

第三节　线路高频保护

一、问题的提出

目前，电压为 220kV 及以上的电力系统中，为了保证其并列运行的稳定性和提高输送功率，在很多情况下，都要求保护装置能无延时地从线路两侧切除被保护线路任何一点的故障。虽然输电线路的纵差动保护能区分是保护范围内部还是外部的故障，并且当内部故障时能立即使保护作用于跳闸，但它仅对短距离输电线是有效的。对于中、长距离的输电线路，为了继电保护的需要而敷设辅助电缆，这不仅在经济上是不合理的，而且在技术上也是不能实现的。一般它只用在 5～7km 以下的输电线路，国外有用于长达 30km 的线路上的保护方式。为此可引入高频保护，它是以输电线载波通道作为通信通道的纵联保护。高频保护广泛应用于高压和超高压输电线路，是比较成熟和完善的一种无时限快速原理保护。

二、高频保护的原理及构成

高频保护的工作原理是：将线路两端的电流相位或功率方向转化为高频信号，然后，利

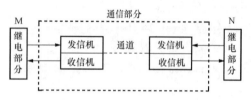

图 7-7　高频保护结构框图

用输电线路本身构成高频电流通道，将此信号送至对端，以比较两端电流的相位或功率方向的一种保护装置。当保护范围内部发生故障时，它瞬时将两端的断路器跳闸。当外部故障时，保护装置不动作。从原理上看，高频保护和纵差动保护的工作原理相似，即它不反应保护范围以外的故障，同时在参数的选择上无需和下一条线路相配合。高频保护主要作为在 220kV 及以上的电压等级电网的主保护。

高频保护由继电保护部分和通信部分构成，线路两端所用设备相同。

通常是利用输电线路本身作为高频通道，即在输电线传送 50Hz 工频电流的同时，叠加传送一个高频信号（或称载波信号），高频信号一般采用 40～300Hz 的频率，以便与输电线路的工频相区别，输电线经高频加工后就可作为高频通道。高频加工所需的设备称高频加工设备。通道的构成有以相与相之间构成通路的"相—相"制和相与大地构成通路的"相—地"制两种方式。前者需要的高频加工设备多、不经济，但信号传输衰耗小。后者则相反，需用加工设备少、经济，但衰耗较大。我国主要使用后一种方式。下面以"相—地"制为例介绍高频加工设备的构成元件及用途。

图 7-8 中，1 为输电线路，2 为高频阻波器，它对工频电流呈现很小的阻抗，对高频电流呈现大阻抗，使高频电流能顺利通过。

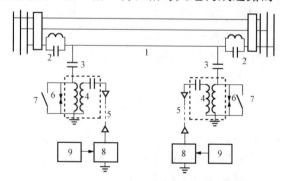

图 7-8　"相—地"制高频通道的原理接线图

1—输电线路；2—高频阻波器；3—耦合电容器；4—连接滤波器；5—高频电缆；6—保护间隙；7—接地开关；8—高频收发信机；9—保护

3 为耦合电容器，它使高频收发信机与工频电压隔离，保证低压设备和人身安全。4 为连接滤波器，与耦合电容器组成带通滤波器，使所需频带的高频电流能顺利通过。7 为接地开关，在检修、调试高频保护时，合上它，可保证人身安全。

目前广泛采用的高频保护，按工作原理的不同可分为两大类，即方向高频保护和相差高频保护。方向高频保护的基本原理是比较线路两端的功率方向，而相差高频保护的基本原理则是比较两端电流的相位。在实现以上两类保护的过程中，都需要解决一个如何将功率方向或电流相位转化为高频信号，以及如何进行比较的问题。

相差高频保护的基本原理主要是比较两端电流的相位的保护。规定电流方向由母线流向线路为正，从线路流向母线为负。若线路两侧电源电动势同相位，系统各元件阻抗角相等，则当线路内部故障时，两侧电流同相位；当外部故障时，两侧电流相位差为180°，它就是利用这种原理构成的保护装置。

方向高频保护的基本工作原理是比较被保护线路两端的功率方向，来判别输电线路的内部或外部故障。高频闭锁方向保护是通过高频通道间接比较被保护线路两侧的功率方向，以判别是被保护范围内部故障还是外部故障。通常规定：从母线流向输电线路的功率方向为正方向；从输电线路流向母线的功率方向为负方向。在被保护的输电线路两侧都装有功率方向元件。当被保护范围外部故障时，靠近故障点一侧的功率方向，是由线路流向母线，在该侧的功率方向元件不动作，而且该侧的保护发出高频闭锁信号，通过高频通道送到输电线路的对侧。虽然对侧的功率方向是从母线流向线路，功率方向为正方向，但由于收到对侧发来的高频闭锁信号，这一侧的保护也不会动作。当被保护范围内部发生故障时，两侧的功率方向都是从母线流向线路，功率方向元件皆动作，两侧高频保护都不发出闭锁信号，故输电线路两侧的断路器立即跳闸。这种在外部故障时，由靠近故障点一侧的保护发出闭锁信号，由两侧的高频收信机所接收而将保护闭锁起来，故称为高频闭锁方向保护。

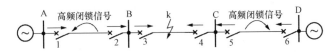

图 7 - 9 高频闭锁方向保护原理示意图

第四节 微波保护和光纤保护简述

一、微波保护

微波保护与高频保护就其保护原理而言是相同的，所不同的是，微波保护是采用微波作为通信通道来传送输电线两端的比较信号的。与高频通道相比，微波通道具有频带宽、频率高的优点，因而通信路数比高频信道多得多，且传送信号的可靠性也更高。

由于通信技术、自动化、远动化以及电力系统继电保护的不断发展和广泛应用，使得利用电力线载波的高频通道显得越来越拥挤，载波频带已不够分配。为适应这种新的发展需要，许多国家已采用微波作为通信、自动化、远动化和电力系统继电保护传送信号的通道。

微波通道构成示意如图 7 - 10 所示，它由收发信机 1、连接电缆 2 和定向天线 3 组成。发信机 1 发出微波信号，经连接电缆 2 送到定向天线 3，经空间将微波信号传送到对侧的接收天线接收。再经连接电缆 2 送到收信机 1。现在，微波保护所用的微波波长为 1～10cm，

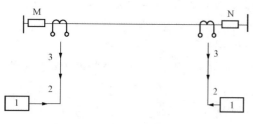

图 7-10 微波通道构成示意图
1—收发信机；2—连接电缆；3—定向天线

即频率为 3000～30000MHz。由于频率高，电离层对它几乎不反射，加之地面传送衰耗又很大，所以它只能在"视距"范围内直接传送。又因为地球表面呈弧形，靠无限地提高天线的高度来增加"视距"的长度在技术上和经济上均是不可能的。因此，在有限的范围内即使尽量提高天线的高度，传送距离也不会超过 60km。如果被保护线路的长度超过这个距离时，则需要增设微波中继站来中转所需的微波信号。微波中继站的中继收发信机能增加微波信号的强度，以补偿信号在传送过程中的衰耗。

微波通道与电力线载波通道相比，有以下优点：

（1）频率高，通道受干扰小，可靠性高。微波通道与输电线路无直接联系，检修输电线时，微波保护无需退出运行。反之，在检修微波通道时也不会影响输电线的正常运行。

（2）由于传送信号与输电线无关，因此，其工作方式灵活，它既可以采用在外部故障时传送闭锁信号的方式，也可以采用在内部故障时传送允许信号和跳闸信号的方式。

（3）微波通道的频带宽，可以传送更多路数的信号。这就为构成性能更加完善的分相相位比较的保护创造了条件。例如分相电流相位差动微波保护就是其中之一。

微波通道虽然有上述诸多优点，但在我国仍未被广泛使用的主要原因是投资大，特别是当需要采用中继站时，投资更大。实际应用时，也只有在电力系统中综合利用微波通道来同时实现继电保护、自动化、远动化和通信信号的传输，微波通道的效益才能充分发挥。

二、光纤保护

光纤保护主要是采用光纤通道，由光纤通道构成的保护成为光纤继电保护。图 7-11 为光纤通道示意图，它由光发送器，光纤和光接收器等部分构成。

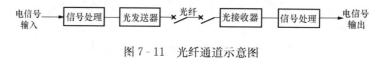

图 7-11 光纤通道示意图

1. 光发送器

光发送器的作用是将电信号转变为光信号输出，一般由砷化镓或砷镓铝发光二极管或钛铝石榴石激光器构成。发光二极管的寿命可达百万小时，它是一种简单又很可靠的电光转换元件。

2. 光接收器

光接收器的作用是将接收的光信号转换为电信号输出，通常采用光电二极管构成。

3. 光纤

光纤用来传递光信号，它是一种很细的空心石英丝或玻璃丝，直径仅为 100～200μm。光在光纤中传播。

光纤通道容量大，可以节约大量有色金属材料，敷设方便，抗腐蚀不受潮，不怕雷击，不受外界电磁干扰，可以构成无电磁感应且很可靠的通道。但不足的是，通信距离不够长，用于长距离时，需要用中继器及其附加设备。

思 考 题 与 习 题

7-1　高频保护与距离保护相比，有何优点？说明构成高频保护的基本工作原理。

7-2　分析线路纵差保护的工作原理。

7-3　说明横联差动方向保护的相继动作区和死区的形成。

7-4　简要说明方向高频保护的基本工作原理。

7-5　说明自适应纵联差动保护原理。

7-6　比较微波保护、光纤保护和高频保护的原理，说明其各自特点。

第八章 电力变压器继电保护

第一节 变压器故障、不正常运行状态和应装设的保护

在供配电系统中，电力变压器是十分重要的电气元件。虽然变压器是静止设备，结构简单，运行可靠性较高，但运行经验表明，实际运行中仍有可能发生各种类型的故障和不正常运行状态。为了提高变压器工作的可靠性，保证系统的安全供电。在考虑装设保护装置时，应充分估计到变压器可能发生的故障和不正常运行状态，并根据变压器的容量和重要性考虑装设性能良好、工作可靠的继电保护装置。

电力变压器的故障可分为油箱内部和油箱外部两种故障。油箱内部故障主要包括变压器绕组的相间短路、匝间短路、单相接地短路和铁心烧损等。对变压器而言，内部发生故障是非常危险的，因为短路电流产生的电弧会破坏绕组的绝缘，烧毁铁心，而且由于绝缘材料和变压器油受热分解会产生大量的气体，可能引起变压器油箱的爆炸。变压器最常见的油箱外部故障，是绝缘套管引出线上发生的相间短路或接地（对变压器外壳）短路故障，它可能引起变压器绝缘套管爆炸，从而影响电力系统的正常运行。因此，变压器发生故障时，必须将其从电力系统中切除。

变压器不正常运行状态有油箱漏油造成的油面降低，由于外部短路引起的过电流，变压器油温升高，由于负荷超过额定值引起的过负荷使变压器绕组过热加速绕组绝缘老化甚至引起内部故障等。

根据上述可能发生的故障和不正常运行状态，变压器一般应装设下列保护装置。

一、瓦斯保护

瓦斯保护用来反应变压器油箱内部的故障，当变压器油箱内部发生故障，油分解产生气体或当变压器油面降低时，瓦斯保护应动作。容量在 $800kV \cdot A$ 及以上的油浸式变压器和容量在 $400kV \cdot A$ 及以上的车间内油浸式变压器一般都应装设瓦斯保护。

二、电流速断保护

电流速断保护用来反应变压器内部绕组、引出线及套管处的相间短路故障，容量在 $10000kV \cdot A$ 以下单台运行的变压器和容量在 $6300kV \cdot A$ 以下并列运行的变压器，一般装设电流速断保护。

三、纵联差动保护

纵联差动保护用来反映变压器内部绕组、引出线及套管处的相间短路故障，容量在 $10000kV \cdot A$ 及以上单台运行的变压器和容量在 $6300kV \cdot A$ 及以上并列运行的变压器，都应装设纵联差动保护。当电流速断保护灵敏度不满足要求时，也要装设纵联差动保护。

四、过电流保护

过电流保护用来反应变压器内部和外部的故障，作为瓦斯保护、纵联差动保护或电流速断保护的后备保护。

（1）过电流保护宜用于降压变压器，保护的整定值，应考虑事故时可能出现的过负荷。

（2）复合电压起动的过电流保护，宜用于升压变压器、系统联络变压器和过电流保护不符合灵敏性要求的降压变压器。

（3）负序电流和单相式低电压起动的过电流保护，可用于 63MV·A 及以上升压变压器。

（4）当复合电压起动的过电流保护或负序电流和单相式低电压起动的过电流保护不能满足灵敏性和选择性要求时，可采用阻抗保护。

五、过负荷保护

过负荷保护用来反映变压器的对称过负荷，对于容量在 400kV·A 及以上的变压器，保护装置只接在某一相的电流回路中并且动作于信号。

六、温度保护装置

为了监视变压器的上层油温不超过规定值（一般为 85℃）而装设。当变压器的上层油温超过油温规定值时，温度保护装置动作发出信号或自动开启变压器冷却风扇。

第二节　变压器瓦斯保护

油浸式变压器是利用变压器油作为绝缘和冷却介质的，当变压器油箱内部发生故障，由于短路电流所产生的电弧使变压器的绝缘材料和变压器油分解而产生大量气体。这些大量气体形成气流并与油流混合冲向油枕的上部。故障愈严重，产生气体越多，油流速度越快。利用这种气体来实现的保护，称为瓦斯保护。

一、瓦斯保护的原理及组成

反应变压器内部故障的各种保护装置除瓦斯保护外，由于受灵敏度的限制，都不能反应变压器内部一切形式的故障，特别是匝间短路和严重漏油等故障。如变压器绕组的匝间短路，将在短路的线匝内产生环流，局部过热，损坏绝缘，并可能发展成为单相接地故障或相间短路故障，但在变压器外电路中的电流值还不足以使变压器的差动保护或过电流保护动作，但瓦斯保护却能动作并发出信号，使运行人员及时处理，从而避免事故的扩大。因此，瓦斯保护是反应变压器内部故障最有效、最灵敏的保护装置。瓦斯保护只反应变压器油箱内的故障，不能反应油箱外套管与引出线上的故障，因此，它不能单独作为变压器的主保护，通常它与纵联差动保护或电流速断保护配合共同作为变压器的主保护。

瓦斯保护的主要元件是气体继电器（原称瓦斯继电器），它安装在油箱与油枕之间的连接管道中，如图 8-1 所示。变压器内部发生故障，绝缘物和油分解使油箱内产生的大量气体都要通过气体继电器流向油枕，为保证气体顺利进入油枕，变压器顶盖与水平面之间应有 1%～1.5% 的坡度，连接管道应有 2%～4% 的坡度。气体继电器安装方向是由箭头指向油枕。

二、气体继电器的构造和工作原理

国内采用的气体继电器有浮筒式、挡板式和复合式三种形式。实践证明，早期的浮筒式气体继电器因浮筒漏气渗油和水银触点防震性能差，易引起误动。挡板式气体继电器在浮筒式基础上，将下浮筒换成挡

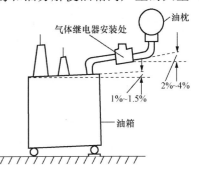

图 8-1　气体继电器安装位置图

板而上浮筒不变，所以仍存在部分缺点。目前广泛采用开口杯和挡板构成的复合式气体继电器，用干簧触点代替了水银触点，提高了抗震性能，是比较好的气体继电器，如 QJ1-80 型复合式气体继电器。

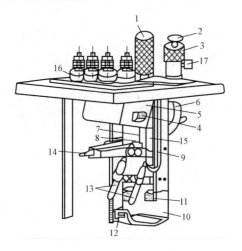

图 8‐2　QJ1-80 型复合式气体继电器结构图
1—罩；2—顶针；3—气塞；4、11—磁铁；5—开口杯；
6—重锤；7—探针；8—开口销；9—弹簧；10—挡板；
12—螺杆；13—干簧触点（重瓦斯用）；14—调节杆；
15—干簧触点（轻瓦斯用）；16—套管；17—排气口

图 8‐2 为 QJ1-80 型开口杯挡板式气体继电器，其动作过程如下：

正常运行时，开口油杯 5 浸在油内，其外壳（不包括油杯内的油）和附件在油内的重量所产生的力矩，比平衡重锤 6 所产生的力矩小，开口油杯 5 处于向上倾斜位置，与开口油杯固定在一起的永久磁铁 4 位于干簧触点 15 的上方，干簧触点 15 可靠地处于开断位置。

变压器内部发生轻微故障时，产生的气体聚集在继电器的上部，迫使继电器内油面下降，则开口油杯 5 及附件在空气中的重量加上油杯内油重所产生的力矩，超过平衡重锤 6 所产生的力矩，使油杯 5 随着油的降低而下沉，并带动永久磁铁 4 下降，当永久磁铁靠近干簧触点 15 时，干簧触点闭合，发出信号，此动作称为轻瓦斯动作。

变压器内部发生严重故障时，产生大量气体，强烈的气流伴随油流冲击挡板 10。当油流速度达到整定值时，挡板 10 被冲到一定位置，永久磁铁 11 靠近干簧触点 13，触点闭合，发出重瓦斯跳闸脉冲。

变压器严重漏油使油面降低时，开口杯 5 下沉到一定位置，干簧触点 15 闭合，同样发出轻瓦斯动作的信号。

由于 QJ1-80 型气体继电器防震性能好，且调整方便，所以广泛应用于大型变压器和强迫油循环变压器的瓦斯保护中。

三、瓦斯保护的原理接线

瓦斯保护的原理接线如图 8‐3 所示。轻瓦斯动作于信号，重瓦斯动作于跳闸（跳开变压器两侧断路器）。因为瓦斯保护反应的是气体量和油流速度，所以瓦斯保护不但在发生故障和危险的不正常情况时动作，且当由于任何原因在变压器内部出现空气或油的冲击流动时也会动作。因此在充油或变压器修理后重新灌油时，变压器油箱内可能进入空气，变压器带负荷后，油温上升，油中的空气受热上升，空气进入气体继电器，将可能发生误动作，利用连接片 XB 经 R 接于负电源，直至不再有空气逸出为止，一般约为两、三天。此外，在气体继电器试验时也应切换至信号。

瓦斯保护的出口中间继电器必须采用自保持中间继电器，因为重瓦斯是靠油流的冲击而动作的，但变压器内部发生严重故障时，油流的速度不恒定（即不稳定），且断路器跳闸有它的固有动作时间，为了防止短时闭合造成动作不可靠，将两个电流自保持线圈分别与变压器两侧断路器的跳闸线圈串联。当重瓦斯动作时，接通出口中间继电器的电压线圈，闭合其

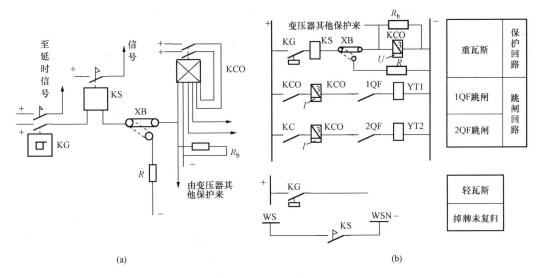

图 8 - 3　瓦斯保护原理接线图

(a) 原理图；(b) 直流展开图

触点，这样就可分别经两个电流线圈接通断路器的跳闸线圈而自保持，从而保证断路器可靠地跳闸。

四、瓦斯保护整定范围

轻瓦斯保护的动作值采用气体容积表示。通常气体容积的整定范围为 $250\sim300\text{cm}^3$。对于容量在 $10\text{MV}\cdot\text{A}$ 以上变压器，多采用 $250\sim300\text{cm}^3$。气体容积的调整可通过改变重锤位置来实现。重瓦斯保护的动作值采用油流流速表示。一般整定范围在 $0.6\sim1.5\text{m/s}$，该流速指的是导油管中油流的速度。对 QJ1-80 型气体继电器进行油速的调整时，可先松动调节螺杆 14，再改变弹簧 9 的长度即可，一般整定在 1m/s 左右。

第三节　变压器电流速断保护

对于小容量变压器，若灵敏度满足要求时，在电源侧可装设电流速断保护。它与瓦斯保护配合，构成变压器的主保护，就可以反应变压器内部和电源侧套管及引出线上的全部故障。

图 8 - 4 所示为变压器电流速断保护单相原理接线图，当变压器的电源侧为直接接地系统时，保护采用三相完全星形接线；当变压器的电源侧为 35kV 及以下中性点非直接接地电网，保护采用两相不完全星形接线方式。电流速断保护动作后，瞬时断开变压器两侧的断路器。

保护的动作电流可按下列条件选择：

（1）按躲过外部（k1 点）短路时流过保护的最大短路电流整定，即

$$I_{op} = k_{rel}I_{k\cdot max}^{(3)}\qquad(8-1)$$

式中　k_{rel}——可靠系数，取 $1.3\sim1.4$；

$I_{k\cdot max}^{(3)}$——最大运行方式下，变压器低压侧母线 k1 点发生短路故障时，流过保护的最大短路电流。

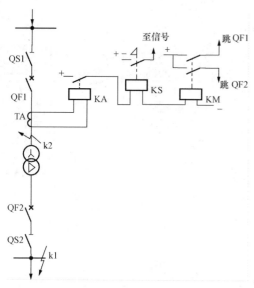

图 8 - 4 变压器电流速断保护原理接线示意图

（2）按躲过变压器空载投入时的励磁涌流整定，即

$$I_{op} = (3 \sim 5)I_N \qquad (8 - 2)$$

式中 I_N——保护安装侧变压器的额定电流。

选择上述两个的最大值作为整定值。

保护的灵敏度校验，要求在保护安装处（k2点）发生两相金属性短路进行校验，即

$$K_{sen} = \frac{I_{k \cdot min}^{(2)}}{I_{op}} \geqslant 2 \qquad (8 - 3)$$

式中 $I_{k \cdot min}^{(2)}$——最小运行方式下，保护安装处发生两相短路时的最小短路电流。

电流速断保护具有接线简单、动作迅速等优点，但当系统最大和最小运行方式差别较大时，保护区可能很短，使灵敏度不能满足要求，甚至保护不到变压器电源侧的绕组；同时在受电侧，从套管到断路器之间的一段距离也得不到保护。此时，要考虑装设更灵敏和更可靠的保护，如纵联差动保护。

第四节 变压器纵联差动保护

纵联差动保护能正确区分被保护元件的保护区内、外故障，并能瞬时切除保护区内的短路故障。变压器的纵联差动保护用来反应变压器绕组、套管及引出线上的各种短路故障，是变压器的主保护。应用输电线路纵联差动保护原理，可以实现变压器的纵联差动保护，对于变压器纵联差动保护，比较两侧有关电气量更容易实现，所以变压器的纵联差动保护得到了广泛的应用。

一、变压器纵联差动保护的基本原理

变压器纵联差动保护通常采用环流法接线。如图 8 - 5 所示为双绕组变压器纵联差动保护的单相原理接线图。它是将被保护元件两侧（高、低压）的电流互感器二次侧，靠近被保护元件的两端连在一起。然后，将差动继电器并联到两电流互感器上。

从图 8 - 5 可见，正常运行和外部短路（k1 点）时，流过差动继电器的电流为

$$\dot{I}_{KD} = \dot{I}_2 - \dot{I}_1 \qquad (8 - 4)$$

如设法使电流互感器二次侧的电流能满足 $\dot{I}_1$ 和 $\dot{I}_2$ 大小相等，相位相同，即 $\dot{I}_1 = \dot{I}_2$，在理想情况下，$\dot{I}_{KD} = \dot{I}_2 - \dot{I}_1 = 0$，差动

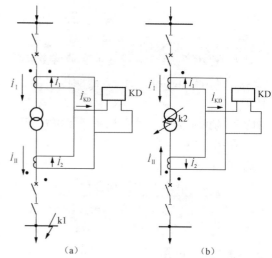

图 8 - 5 双绕组变压器差动保护单相原理接线图
(a) 正常运行和外部故障时的情况；(b) 内部故障时的情况

继电器 KD 不动作。

当变压器内部（k2 点）发生相间短路时，在差动回路中由于 $\dot{I}_2$ 改变了方向或等于零（无电源侧），这时流过差动继电器的电流为 $\dot{I}_1$ 与 $\dot{I}_2$ 相量之和，即

$$\dot{I}_{KD} = \dot{I}_2 + \dot{I}_1 \tag{8-5}$$

该电流为流过短路点的短路电流，使差动继电器 KD 可靠动作，并作用于变压器两侧断路器跳闸。

由此可知，变压器纵联差动保护的保护范围是构成变压器差动保护的两侧电流互感器之间的范围。而在保护范围之外发生故障时，保护不动作，因此，不需要与保护区外相邻元件的保护在整定值和整定时限上互相配合，所以在区内故障时，可瞬时动作。

二、变压器纵联差动保护的特殊问题

上面分析纵联差动保护（以下简称差动保护）的工作原理时，只认为是理想情况，没有考虑不平衡电流，实际上在正常运行和外部短路时会产生很大的不平衡电流流过差动继电器，使 $\dot{I}_{KD}$ 不等于零。为防止此时的变压器差动保护误动作，必须设法减小和躲过不平衡电流。

（一）稳态情况下的不平衡电流

1. 变压器正常运行时由励磁电流引起的不平衡电流

该电流只流过变压器的电源侧，通过电流互感器反应到差动回路形成不平衡电流。变压器正常运行时，励磁电流为其额定电流的 3%～5%。当外部短路时由于变压器电压降低，此时的励磁电流更小，在整定计算中可以不与考虑。

2. 由于变压器各侧电流相位不同引起的不平衡电流

在电力系统中大、中型变压器多数采用 Yd11 接线，变压器一、二次侧线电流相位差为 30°，如果两侧电流互感器采用相同接线方式，即使 $\dot{I}_1$ 和 $\dot{I}_2$ 的数值相等，其也存在不平衡电流，即 $I_{unb} = 2I_1 \sin 15° = 0.518I_1$，如图 8-6 所示。因此，必须补偿由于两侧电流相位不同而引起的不平衡电流。具体方法是将 Yd11 接线的变压器星形接线侧的电流互感器接成三角形接线，三角形接线侧的电流互感器接成星形接线，这样可以使两侧电流互感器二次连接臂上的电流和相位一致，如图 8-7（a）所示；变压器 Yd11 接线的电流相量图如图 8-7（b）所示。按图 8-7（a）接线进行相位补偿之后，高压侧（Y 侧）保护臂中电流比该侧互感器二次侧电流大 $\sqrt{3}$ 倍，为使正常负荷时两侧保护臂中电流接近相等，故高压侧电流互感器变比应按增大 $\sqrt{3}$ 倍考虑。

在实际接线中，必须严格注意变压器与两侧电流互感器的极性要求，要防止发生差动继电器的电流相别接错，极性接反现象。在变压器差动保护投入前要做一次接线检查，在运行中如测量不平衡电流值过大时，应在变压器带负荷时，测量互感器一、二次侧电流相位关系，判别接线是否正确。

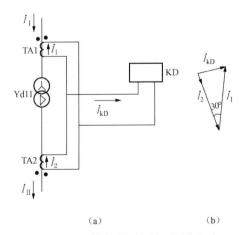

图 8-6 Yd11 接线所引起的不平衡电流

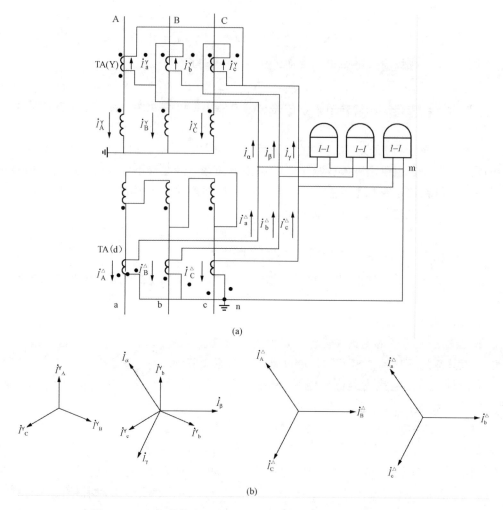

图 8-7　Yd11 接线变压器两侧电流互感器的接线及电流相量图

3. 由于电流互感器计算变比与选用的标准变比不同而引起的不平衡电流

图 8-7（a）中变压器两侧电流加以相位补偿后，为使差动回路中不平衡电流为零，则两侧电流互感器流入连接臂中电流必须相等，而且在正常运行时应等于二次额定电流 5A，于是可按下式求出电流互感器的变比，即

变压器星形侧电流互感器变比为

$$K_{\mathrm{TA(d)}} = \frac{\sqrt{3}I_{\mathrm{N(Y)}}}{5} \tag{8-6}$$

变压器三角形侧电流互感器变比为

$$K_{\mathrm{TA(Y)}} = \frac{I_{\mathrm{N(d)}}}{5} \tag{8-7}$$

上两式中　$I_{\mathrm{N(Y)}}$、$I_{\mathrm{N(d)}}$——变压器 Y、d 侧的额定线电流。

　　按上两式计算值选取的相邻较大的标准变比。这样，在正常运行时电流互感器二次电流不会超过 5A。必须指出，由于实际所选电流互感器的变比不同于计算值，势必在差动回路中出现不平衡电流。

【例 8 - 1】 计算 $31.5MV \cdot A$，$110 \pm 2 \times 2.5\%/11kV$，Yd11 型变压器在额定负荷下差动保护中各电压侧保护臂中的电流，计算数据列于表 8 - 1 中。

表 8 - 1 计算变压器差动保护臂中电流

项 目	各 侧 数 据	
额定电压（kV）	110（104.5）	11
额定电流（A）	$\dfrac{31500}{\sqrt{3} \times 110} = 165$（174）	$\dfrac{31500}{\sqrt{3} \times 11} = 1650$
互感器接线方式	三角形接线	星形接线
互感器计算变比	$\sqrt{3} \times \dfrac{165}{5} = \dfrac{286}{5}$	$\dfrac{1650}{5} = 330$
互感器选择变比	300/5	2000/5
保护臂中电流（A）	$\dfrac{165}{300/5} \times \sqrt{3} = 4.76$（5.02）	$\dfrac{1650}{2000/5} = 4.13$

注 括号内数值是在 $-2 \times 2.5\%$ 抽头电压时的计算值。

表 8 - 1 所示算例中，$I_{unb} = 4.76 - 4.13 = 0.63$（A），占额定负荷的 13%，当该不平衡电流大于 5% 时，应采取补偿措施。常用补偿措施有：

（1）采用自耦变流器（或称自耦变压器）UT（通常置于电流较小的保护臂中）来变换保护臂中的电流。

（2）利用带中间速饱和变流器 SUA 差动继电器的平衡绕组 N_b 进行磁动势补偿，如图 8 - 8 所示。通常将 N_b 置于电流较小的保护臂中，即差动绕组 N_d 中不平衡电流在 SUA 铁心中产生的磁动势被平衡绕组中电流所产生的磁动势所补偿。如果能完全补偿，则 SUA 二次绕组 N_2 中不产生不平衡电流。

由于自耦变流器 UT、中间速饱和变流器 SUA 绕组匝数不能平滑调节，所以选用的整定匝数与计算匝数不可能完全一致。因此，差动回路中仍残留一部分不平衡电流，在整定保护动作值时要考虑躲过这部分不平衡电流。

4. 由变压器调压引起的不平衡电流

当系统运行方式改变时，需要调节变压器调压分接头以保证系统电压水平。在表 8 - 1 的算例中，高压侧保护臂电流是按调压主接头电压计算的，表中括号内数值是 $-2 \times 2.5\%$ 抽头电压时的计算值，这时不平衡电流为 $I_{unb} = 5.02 - 4.13 = 0.89$（A），由此可见，当调压分接头位置改变时，在差动回路中引起很大不平衡电流。该不平衡电流的大小与调压范围 ΔU 及变压器一次电流成正比，对于不带负载调压的变压器 $\Delta U = \pm 5\%$；对于带负载调压的变压器，调压范围 ΔU 较大，各类产品不一，最大的 $\Delta U = \pm 15\%$。

在运行中不可能随变压器分接头改变而重新调整差动继电器的参数，因此，ΔU 引起的不平衡电流要在整定计算时考虑躲过。

5. 由于各侧电流互感器误差不同引起的不平衡电流

变压器各侧电压等级和额定电流不同，因而采用的电流互感器型号不同，它们的特性差别较大，故引起较大的不平衡电流。可以采用下面的措施减小不平衡电流。

（1）选用高饱和倍数差动保护专用的 D 级电流互感器，并在外部短路的最大短路电流下按 10% 误差曲线校验互感器二次负荷。

（2）合理选用互感器二次连接导线截面，使二次负荷减小，并尽量使各侧差动保护臂阻抗相近，以减小不平衡电流。为减小二次负荷，可以选用二次侧额定电流为 1A 的电流互感器，因它的允许负荷比二次侧额定电流为 5A 的电流互感器大 25 倍。

（3）采用铁心具有小气隙的电流互感器，可以减少铁心剩磁的影响，因为磁路特性决定于气隙大小，以减小非线性误差，从而改善互感器的工作条件，使两侧互感器特性趋于一致，减小不平衡电流。

（4）引入同型系数的 K_{st} 概念，即流入继电器的电流为 $K_{st} I_{unb \cdot max}$。当两侧电流互感器具有同一型号时，相对误差不会超过每个电流互感器误差的一半，即流入继电器的电流为 $I_{unb \cdot max}$ 的一半；当两侧电流互感器具有不同型号时，相对误差等于每个电流互感器的误差。因此，两侧电流互感器型号相同，$K_{st} = 0.5$；变压器两侧电流互感器型号不同，$K_{st} = 1$。

保护用电流互感器的选择和二次负荷都是以电流互感器 10% 误差曲线为依据的。在实际短路时，变压器两侧电流互感器都会出现饱和现象，只是励磁阻抗减小，励磁电流增大程度不同，差动回路的不平衡电流要小于互感器未饱和时情况。可能出现的最大不平衡电流可按上述假设条件计算。

（二）暂态过程中的不平衡电流

差动保护要躲过外部短路时暂态过程中的不平衡电流，其波形如图 8-8（c）所示，其中含有较大的非周期分量，偏于时间轴一侧铁心中磁感应强度沿着部分磁滞回线变化，ΔB 变化很小，中间速饱和变流器的二次绕组 N2 中感应电动势很小，故可以防止保护误动作。而且不平衡电流最大值出现的时间较迟，是因为励磁回路具有很大电感。

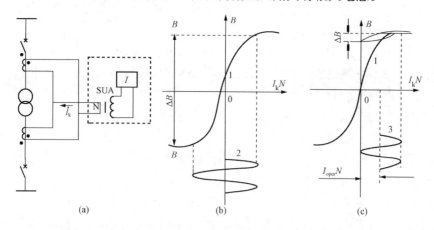

图 8-8 在差动回路中接入速饱和变流器及其工作原理说明图

（a）接入速饱和变流器；（b）I_k 中不含非周期分量电流；（c）I_k 中含有非周期分量电流

图 8-8（b）是内部短路时的电流的波形，短路电流虽然在初瞬也具有一定成分的非周期分量，但衰减很快，只是短暂地延迟了周期分量的传变。非周期分量衰减后速饱和变流器一次绕组中只有短路电流周期分量通过，此时铁心中 ΔB 变化很大，在 N2 中感生较大电动

势，使差动继电器可靠动作。

综合暂态和稳态的影响，总的不平衡电流为

$$I_{\text{unb·max}} = (10\% \times K_{\text{st}} + \Delta U + \Delta f_{\text{N}}) \frac{I_{\text{k·max}}}{K_{\text{TA}}} \qquad (8\text{-}8)$$

式中 Δf_{N}——平衡线圈实际匝数与计算匝数不同引起的相对误差，可取 0.05；

$\quad\quad I_{\text{k·max}}$——外部短路流过基本侧的最大短路电流。

（三）变压器励磁涌流及其特点

当变压器空载投入和外部故障切除后电压恢复时，可能出现数值很大的励磁电流，这种暂态过程中出现的变压器励磁电流称为励磁涌流，其数值可达额定电流的 6～8 倍。

在稳定运行时，铁心中的磁通应滞后于外加电压90°，如图 8-9（a）所示。如果在空载合闸初瞬（$t = 0$）时正好电压瞬时值 $u = 0$，铁心中的磁通应为负最大值 $-\Phi_{\text{m}}$。但是由于铁心中的磁通不能突变，因此将出现一个非周期分量磁通，其幅值为 $+\Phi_{\text{m}}$。这样经过半个周期以后，铁心中的磁通就达到 $2\Phi_{\text{m}}$，如果铁心中原来还存在剩余磁通 Φ_{res}，显然，磁通最大值（空载合闸后 0.01s 出现）接近 $2\Phi_{\text{m}} + \Phi_{\text{res}}$（是稳态磁通幅值），这时铁心严重饱和，如图 8-9（c）所示，励磁电流将剧烈增大。

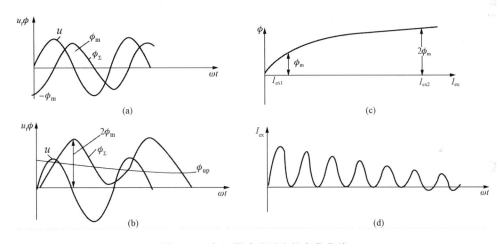

图 8-9 变压器励磁涌流的变化曲线

（a）稳态情况下，磁通与电压的关系；（b）在 $u = 0$ 瞬间空载合闸时，磁通与电压的关系；
（c）变压器铁心的磁化曲线；（d）励磁涌流的波形

由上面分析可知励磁涌流具有以下特点：

（1）励磁涌流包含有很大成分的非周期分量，约占基波的 60%，涌流偏向时间轴的一侧。涌流衰减的快慢与变压器容量有关，一般励磁涌流衰减到变压器额定电流的 25%～50% 所需时间，对中、小型变压器约为 0.5～1s，对大型变压器约为 2～3s。励磁涌流完全衰减，大型变压器要经几十秒时间。

（2）励磁涌流包含有大量的高次谐波，以二次谐波为主，约占基波 30%～40% 以上。

（3）波形之间出现间断角。

表 8-2 给出一组励磁涌流的实验数据。

表 8 - 2 励磁涌流中谐波分量（用百分数表示）

试验次数	1	2	3	4
基波	100	100	100	100
二次谐波	36	31	50	23
三次谐波	7	6.9	3.4	10
四次谐波	9	6.2	5.4	—
五次谐波	5	—	—	—
直流分量	66	80	62	73

根据励磁涌流的特点，可以采取下列措施防止励磁涌流的影响：

（1）采用具有速饱和铁心的 BCH 型差动继电器。速饱和变流器的工作原理是应用励磁涌流中非周期分量电流来破坏周期分量电流的传变。当然，内部短路故障时必然带来纵差动保护动作的延时。

（2）利用二次谐波制动而躲开励磁涌流。

（3）按比较波形间断角来鉴别内部故障和励磁涌流的差动保护。

由于速饱和变流器躲过非周期分量的性能不够理想，目前，中、小型变压器广泛采用加强型速饱和变流器（BCH-2 型）构成的变压器差动保护。BCH-2 型（DCD-2，DCD-2M 型）差动继电器，是在速饱和变流器基础上，再加上短路绕组，以改善躲过非周期分量的性能。

三、采用 BCH 型差动继电器构成的差动保护

（一）BCH-2 型差动继电器构成的差动保护

1. BCH-2 型差动继电器的构造和工作原理

BCH-2 型差动继电器由带短路线圈的三柱式速饱和变流器和 DL-11/0.2 型电流继电器组合而成。图 8 - 10 是其原理结构图。铁心中间 B 柱截面是边缘柱截面的 2 倍，其上绕有一个差动线圈 N_d，两个平衡线圈 N_{b1}、N_{b2} 以及短路线圈 N'_k；左边 A 柱上绕有一个短路线圈 N''_k，其中 N'_k 和 N''_k 间的连接是同向串联的；右边 C 柱上绕有一个二次线圈 N_2，N_2 接有作为执行元件的电流继电器。

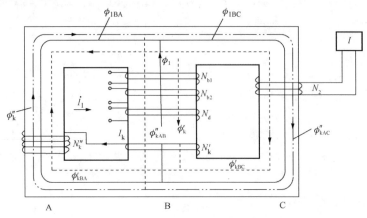

图 8 - 10 BCH-2 型差动继电器结构原理图

当差动电流 i_1 通过差动线圈时，在 B 柱中产生磁通 ϕ_1，经 A、C 柱构成回路，其中在 A 柱中的磁通为 ϕ_{1BA}，其中在 C 柱中的磁通为 ϕ_{1BC}。ϕ_1 与 ϕ_{1BA} 在短路线圈中感应出电动势，并产生电流 i_k。$i_k N'_k$ 磁动势在 B 柱中的磁通为 ϕ'_k，经 A、C 柱构成回路，C 柱中的磁通为 ϕ'_{kBC}；$i_k N''_k$ 磁动势在 A 柱中的磁通为 ϕ''_k，经 B、C 柱构成回路，C 柱中的磁通为 ϕ''_{kAC}。于是 C 柱中的合成磁通可表示为

$$\phi_C = \phi_{1BC} + \phi''_{kAC} - \phi'_{kBC} \tag{8-9}$$

在合成磁通 ϕ_C 中，ϕ'_{kBC} 与 ϕ_{1BC} 的方向相反，起去磁作用；而 ϕ''_{kAC} 与 ϕ_{1BC} 的方向相同，起助磁作用。如果不计铁心磁轭磁阻，B 柱截面积是 A、C 柱的两倍，在铁心未饱和时，A、B、C 柱的磁阻关系为 $R_A = R_C = 2R_B = R$。于是，在不计 N_2 线圈负载情况下，可推导出

$$\phi_{1BC} - \phi'_{kBC} = \frac{i_1 N_d - i_k N'_k}{R_B + (R_A /\!/ R_C)} \times \frac{R_A}{R_A + R_C} = \frac{i_1 N_d - i_k N'_k}{2R}$$

$$\phi''_{kAC} = \frac{i_k N''_k}{R_A + (R_B /\!/ R_C)} \times \frac{R_B}{R_A + R_C} = \frac{i_k N''_k}{4R}$$

所以，C 柱中的合成磁通为

$$\phi_C = \frac{i_1 N_d}{4R} - \frac{i_k N'_k}{2R} + \frac{i_k N''_k}{4R} \tag{8-10}$$

由式（8-10）可以推出以下结论：

（1）当短路线圈开路，相当于没有短路线圈时，$i_k = 0$，此时它就是一个普通的速饱和变流器。

（2）当短路线圈接入后，发生内部故障时，i_1 为正弦交流电流，只要保持 $N''_k = 2N'_k$，那么 C 柱中的磁通 ϕ'_{kBC} 和 ϕ''_{kAC} 大小相等方向相反，去磁和助磁作用相互抵消，相当于短路线圈不起作用。只要保持 $N''_k / N'_k = 2$，则不论它们的匝数是多少，都不影响继电器的动作安匝。

（3）当外部发生短路故障或变压器空载投入时，流入差动线圈中的电流含有较大的非周期分量，使铁心迅速饱和，它与速饱和变流器的作用一样。当考虑短路线圈的作用时，在非周期分量作用下铁心饱和，由于各铁心柱截面不同，各柱的饱和程度不同，A 柱比 B 柱饱和程度高，故 R_A 较 R_B 增加很多，亦即助磁磁通 ϕ''_{kAC} 减少的比去磁磁通 ϕ'_{kBC} 多，则 ϕ''_{kAC} 与 ϕ'_{kBC} 在 C 柱上总的效果是去磁的。这时，只有在差动线圈通过较大的交流分量时，才能使继电器动作。由此可以说明短路线圈的存在加强了躲过非周期分量影响的性能。

N''_k 与 N'_k 的匝数按比例增大，只要保持 $N''_k / N'_k = 2$，则 ϕ'_{kBC} 和 ϕ''_{kAC} 也相应增大。如果差动线圈中只有交流分量时，增大后的 ϕ'_{kBC} 和 ϕ''_{kAC} 仍然相当，不影响继电器的动作安匝。如果差动线圈中还含非周期分量，由于前述原因，ϕ'_{kBC} 和 ϕ''_{kAC} 仍然下降，但下降后 ϕ'_{kBC} 和 ϕ''_{kAC} 的差值更大，即总的去磁作用更强，动作安匝增大。这就说明，在按比例 $N''_k / N'_k = 2$ 增加 N''_k 和 N'_k 匝数时，提高了躲过非周期分量的性能。

若单独增大 N'_k，即减小 N''_k / N'_k 的比值时，十分明显，去磁磁通 ϕ'_{kBC} 增大，即使差动线圈流过纯交流分量时，也需要较大的交流分量才能使继电器动作。当减小 N''_k / N'_k 的比值时，在增大动作电流的同时，也提高了躲过非周期分量的性能。

2. BCH-2 型差动继电器整定计算原则

（1）差动继电器动作电流的整定。根据前述的分析，应考虑以下几种情况：

1）躲过变压器的励磁电流的影响，则

$$I_{op} = K_{rel} I_N \qquad\qquad (8-11)$$

式中　　K_{rel}——可靠系数，取 1.3；

　　　　I_N——变压器基本侧的额定电流。

2）躲过外部短路时的最大不平衡电流，即

$$I_{op} = K_{rel} I_{unb\cdot max} = K_{rel}(10\% K_{st} + \Delta U + \Delta f_N) I_{k\cdot max} \qquad (8-12)$$

式中　　K_{rel}——可靠系数，取 1.3；

　　　　K_{st}——电流互感器同型系数，取 1；

　　　　ΔU——变压器分接头改变而引起的误差；

　　　　Δf_N——继电器整定匝数与计算匝数不等而产生的相对误差。计算动作电流时，先用
　　　　　　　　0.05 进行计算；

　　　　$I_{k\cdot max}$——外部短路时流过基本侧的最大短路电流。

3）在正常运行时，防止电流互感器二次回路断线时引起差动保护误动，所以应躲开电流互感器二次回路断线时变压器的最大负荷电流（当 $I_{L\cdot max}$ 不确定时，用变压器的额定电流来替代），即

$$I_{op} = K_{rel} I_{L\cdot max} \qquad\qquad (8-13)$$

式中　　$I_{L\cdot max}$——变压器正常运行时归算到基本侧的最大负荷电流。

取上述三个条件中最大值作为保护动作电流计算值。

（2）差动保护的灵敏度校验。按变压器内部短路故障时最小短路电流校验，则

$$K_{sen} = \frac{I_{k\cdot min}}{I_{op}} \geqslant 2 \qquad\qquad (8-14)$$

式中　　$I_{k\cdot min}$——内部短路故障时流入继电器的最小短路电流，已归算到基本侧（如为单侧
　　　　　　　　电源，应归算到电源侧）；

　　　　I_{op}——基本侧保护一次动作电流；若为单侧电源变压器，应为电源侧保护一次动
　　　　　　　　作电流。

3. 采用 BCH-2 型差动继电器构成变压器差动保护的整定计算

通过整定计算要确定保护的一、二次侧动作电流和 BCH-2 型继电器各线圈的匝数，并按所选择的运行方式和短路形式校验保护装置的灵敏度。下面结合一个实例来说明整定计算的方法和步骤。

【例 8-2】　某工厂总降压变电所由无限大系统供电，其中变压器的参数为 SFL₁—10000/60 型，60/10.5kV，Yd11 接线，$U_k\%=9$。已知 10.5kV 母线上最大运行方式下的三相短路电流为 $I_{k\cdot max}^{(3)}=3850A$，最小运行方式下的三相短路电流为 $I_{k\cdot min}^{(3)}=3200A$，归算到 60kV 侧分别为 691A 和 560A，10kV 侧最大负荷电流为 $I_{L\cdot max}=450A$，归算到 60kV 侧为 78.75A，拟采用 BCH-2 型差动继电器构成变压器差动保护，试进行整定计算。

解　（1）确定基本侧。首先计算变压器各侧一次额定电流，选出电流互感器的变比，计算电流互感器二次连接臂中的电流，其计算结果列于表 8-3 中。

表 8 - 3　　　　　　　　　　　　　**例题中变压器各侧有关计算数据**

数据名称	各 侧 数 据	
	60kV	10.5kV
变压器的额定电流	$I_{TN.Y} = \dfrac{10000}{\sqrt{3} \times 60} = 96.2$ （A）	$I_{TN.d} = \dfrac{10\,000}{\sqrt{3} \times 10.5} = 550$ （A）
电流互感器的接线方式	△	Y
电流互感器变比计算值	$K_{TAd} = \dfrac{I_{TN.Y}}{5}\sqrt{3} = \dfrac{96.2 \times \sqrt{3}}{5} = \dfrac{166.6}{5}$	$K_{TAY} = \dfrac{I_{TN.d}}{5} = \dfrac{550}{5}$
选择电路互感器标准变比	$K_{TAd} = \dfrac{200}{5}$	$K_{TAY} = \dfrac{600}{5}$
电流互感器二次连接臂电流	$I_1 = \dfrac{96.2}{200/5}\sqrt{3} = 4.165$ （A）	$I_2 = \dfrac{550}{600/5} = 4.583$ （A）

从上表可以看出，$I_2 > I_1$，所以选较大者 10.5kV 侧为基本侧。平衡线圈 N_{bl} 接于 10.5kV 基本侧，平衡线圈 N_{b2} 接于 60kV 侧。

（2）计算变压器差动保护的动作电流，并将其归算到基本侧。

1）确定保护装置的一次动作电流。躲过变压器的励磁电流为

$$I_{op} = K_{rel} I_N = 1.3 \times 550 = 715 (\text{A})$$

躲过外部短路时的最大不平衡电流为

$$I_{op} = K_{rel} I_{unb \cdot max} = K_{rel}(10\% K_{st} + \Delta U + \Delta f_N) I^{(3)}_{k \cdot max}$$
$$= 1.3(1 \times 0.1 + 0.05 + 0.05) \times 3850 = 1001 (\text{A})$$

躲过电流互感器二次回路断线时变压器的最大负荷电流为

$$I_{op} = K_{rel} I_{L \cdot max} = 1.3 \times 450 = 585 (\text{A})$$

选取 10.5kV 侧一次动作电流为 $I_{op} = 1001 \text{A}$

2）差动继电器基本侧（10.5kV 侧）的二次动作电流为

$$I_{op \cdot KD} = \frac{I_{op} K_{con}}{K_{TA}} = \frac{1001 \times 1}{600/5} = 8.34 (\text{A})$$

式中　K_{con}——基本侧电流互感器接线系数。

3）确定 BCH-2 型差动继电器基本侧（10.5kV 侧）各线圈匝数。该继电器在保持 $N''_k / N'_k = 2$ 时其动作安匝为 $AN_0 = 60 (\pm 4)$ 安匝，据此计算 10.5kV 侧工作线圈的计算匝数为

$$N_{op \cdot cal} = \frac{AN_0}{I_{op \cdot KD}} = \frac{60(\pm 4)}{8.34} = 7.19 (\text{匝})$$

选用实用整定匝数为 $N_{op \cdot set} = 7$ 匝。为了平衡得更精确，使不平衡电流影响更小，可将基本侧平衡线圈 N_{bl} 作为动作匝数的一部分，基本侧工作线圈匝数 $N_{op \cdot set}$ 等于差动线圈 $N_{d \cdot set}$ 和平衡线圈 $N_{bl \cdot set}$ 之和，选取差动线圈 N_d 与平衡线圈 N_{bl} 的整定匝数 $N_{d \cdot set} = 6$ 匝，$N_{bl \cdot set} = 1$ 匝，即

$$N_{op \cdot set} = N_{d \cdot set} + N_{bl \cdot set} = 6 + 1 = 7 (\text{匝})$$

根据选取的基本侧工作线圈整定匝数，算出继电器的实际动作电流和保护的一次动作电流分别为

$$I_{op \cdot KD} = \frac{AN_0}{N_{op \cdot set}} = \frac{60}{7} = 8.57 (\text{A})$$

$$I_{op} = \frac{K_{TA}}{K_{con}} I_{op \cdot KD} = 1028.4(A)$$

确定非基本侧平衡线圈 N_{b2} 的计算匝数

$$I_{1N}(N_{b2} + N_{d \cdot set}) = I_{2N}(N_{b1} + N_{d \cdot set})$$

$$N_{b2 \cdot cal} = \frac{I_{2N}}{I_{1N}}(N_{b1} + N_{d \cdot set}) - N_{d \cdot set} = \frac{4.583}{4.165}(1+6) - 6 = 1.7(匝)$$

式中　I_{1N}、I_{2N}——非基本侧、基本侧二次回路的额定电流。

选用与 $N_{b2 \cdot cal}$ 相近的整数匝作为非基本侧平衡线圈的整定匝数 $N_{b2 \cdot set}$，实选 $N_{b2 \cdot set} = 2$ 匝，校验由于实用匝数与计算匝数不相等而产生的相对误差，即

$$\Delta f_N = \frac{N_{b2 \cdot cal} - N_{b2 \cdot set}}{N_{b2 \cdot cal} + N_{d \cdot set}} = \frac{1.7 - 2}{1.7 + 6} = -0.0395$$

因 $|\Delta f_N| \leqslant 0.05$，且相差很小，则以上计算结果有效；若 $\Delta f_N \geqslant 0.05$，则应将 Δf_N 代入上述过程重新计算动作电流和各线圈匝数。

（3）灵敏度校验。本例题为单电源，应以最小运行方式下 10kV 侧两相短路反应到电源侧（60kV 侧）进行校验。

10.5kV 侧母线两相短路时归算到 60kV 侧流入继电器的电流为

$$I_{K.min.KD}^{(2)} = \frac{\sqrt{3}}{2}\left(\frac{\sqrt{3} I_{K.min}^{(3)}}{K_{TA}}\right) = \frac{1.5 \times 560}{200/5} = 21(A)$$

60kV 电源侧 BCH-2 继电器的动作电流为

$$I_{op.KD} = \frac{AN_0}{N_{d.set} + N_{b2 \cdot set}} = \frac{60}{6+2} = 7.5(A)$$

则差动保护装置的最小灵敏系数为

$$K_{sen} = \frac{I_{K.min.KD}^{(2)}}{I_{op \cdot KD}} = \frac{21}{7.5} = 2.8 > 2$$

可见，满足灵敏度要求。

（二）采用 BCH-1 型（带制动特性）差动继电器构成的差动保护

由于 BCH-1 型差动继电器具有制动特性，其躲过外部短路不平衡电流的性能比 BCH-2 型继电器好，但躲过励磁涌流的能力不如 BCH-2 型继电器。对带负荷调压的变压器、多侧电源的三绕组变压器以及同一侧经两个断路器接至系统的（例如高压侧为内桥或四角形接线的）变压器，采用 BCH-2 型继电器构成纵差保护，其灵敏系数可能不满足，此时可采用带制动特性的 BCH-1 型差动继电器构成变压器差动保护。

1. BCH-1 型差动继电器的构造和工作原理

BCH-1 型差动继电器的构造原理如图 8-11 所示。其速饱和变流器铁心，差动线圈 N_d，平衡线圈 N_{b1}、N_{b2} 及执行部分都与 BCH-2 型继电器相同。但它没有短路线圈，而在铁心两边柱上分别绕有制动线圈 N_{brk1} 和 N_{brk2}（其匝数均为制动

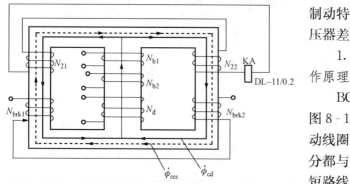

图 8-11　BCH-1 型继电器结构原理图

线圈总匝数的一半），两个制动线圈反向串联，制动线圈中通过电流时产生的磁通，只沿两边柱形成回路，两个二次线圈 N_2 同向串联后接执行元件 DL-11/0.2 型电流继电器。在制动磁通的作用下，两个二次线圈中产生的电动势互相抵消，而差动线圈所产生的磁通，在二次线圈产生的电动势相加。差动线圈接入差动电流回路，而制动线圈接入差动保护臂中。

当不考虑制动线圈的作用时，BCH-1 型继电器相当于一个普通的速饱和变流器，若考虑到制动线圈的作用，在差动保护外部短路时，穿越性短路电流流过制动线圈产生的制动磁通使铁心饱和。这种交流助磁效应使磁阻增大，减弱了差动线圈与二次线圈之间的传变能力，使得外部短路时产生的最大不平衡电流的交流分量难以传变到二次侧，这样可靠地躲开了外部短路时不平衡电流的影响。

当制动线圈中无电流时，使继电器动作需要通入差动线圈的最小电流 $I_{op.KD0}$，称为继电器的最小动作电流。当通入制动线圈中的制动电流 I_{st} 增加时，铁心饱和程度也增加，使继电器的动作电流 $I_{op.KD}$ 也随之增加，$I_{op.KD}$ 与 I_{st} 的关系曲线称为继电器的制动特性曲线，如图 8-12 所示。当制动电流较小时，铁心没有饱和，动作电流变化不大，故制动特性曲线起始部分变化较平缓。当制动电流较大时，铁心饱和严重，继电器动作电流增加很快，使制动特性曲线上翘。而且制动匝数越多，曲线上翘越严重。从原点作制动曲线的切线，此切线与横轴间夹角为 α，则 $\tan\alpha = K_{brk} = I_{op.KD}/I_{brk}$ 称为继电器的制动系数。为保证继电器可靠动作，取 $K_{brk}=0.5\sim0.6$。K_{brk} 不是常数，它与 α 有关，图 8-12（b）中曲线 1 为 $\alpha=90°$（或 $270°$）时最小制动特性曲线，曲线 2 为 $\alpha=0°$（或 $180°$）时最大制动特性曲线。

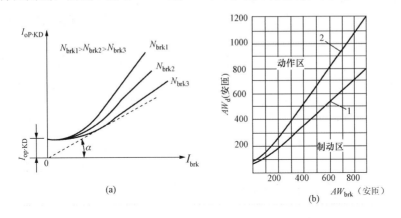

图 8-12　BCH-1 型差动继电器制动特性曲线

2. BCH-1 型差动继电器工作特性

应用 BCH-1 型差动继电器，可以提高内部故障时的灵敏度，现用以下三种典型情况来说明，如图 8-13 所示，继电器的制动线圈接入 B 侧差动臂。差动线圈 N_d 接入差动回路。平衡线圈的作用同 BCH-2 型继电器相同，下面通过分析制动线圈作用，说明继电器的工作特性。

在图 8-14 中，直线 1 为不平衡电流 I_{unb} 与外部短路电流 I_k 的关系曲线。水平线 2 为无制动作用时继电器的动作电流曲线，显然，继电器动作电流是与短路点位置无关的常数。曲线 3 为制动特性曲线，且位于直线 1 之上，交水平线 2 于 a 点。从图中可见，在任何外部短路电流作用下，继电器的动作电流都大于相应的不平衡电流，故继电器不会误动作。而当内

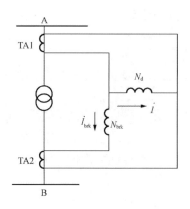

图 8-13 应用 BCH-1 型继电器差动保护说明图

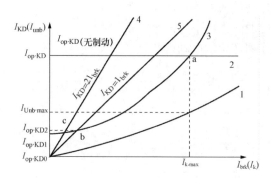

图 8-14 内部故障时继电器起动电流图解法

部短路时，当短路电流增大时，继电器的动作电流相应降低，所以采用带制动特性的继电器不仅可以躲过不平衡电流的影响，还可以提高保护的灵敏性，现结合图 8-13 说明如下：

（1）当保护区内部故障且 B 侧无电源时，制动线圈中无电流流过，由于 $I_{\text{brk}}=0$，故其动作电流为 $I_{\text{op.KD0}}$，差动线圈中是 A 侧供给的短路电流。这种情况下保护最灵敏。

（2）当保护区内部故障且 A、B 供给的短路电流相等时，$I_{\text{brk}}=\frac{1}{2}I_{\text{KD}}$，即制动线圈中电流是差动线圈中电流的一半，这个关系如图 8-14 中直线 4 所示。直线 4 与制动特性曲线 3 交于 c 点，此点的纵坐标就是继电器的动作电流 $I_{\text{op.KD1}}$。在 c 点右侧，直线 4 位于曲线 3 之上，继电器能动作。

（3）当保护区内部故障且 A 侧无电源时，制动线圈与差动线圈中电流相等，即 $I_{\text{brk}}=I_{\text{KD}}$，这是继电器动作最不利的情况，如图 8-14 中直线 5。它与制动特性曲线 3 交于 b 点，b 点对应的继电器动作电流为 $I_{\text{op.KD2}}$。在 b 点之右，直线 5 始终在曲线 3 之上，继电器能动作。

由以上分析可见，在各种可能的运行方式下，变压器差动保护区内发生故障时，带制动特性继电器的动作电流在 $I_{\text{op.KD0}}\sim I_{\text{op.KD2}}$ 之间变化，由于制动特性曲线起始部分变化缓慢，因此实际动作电流的变化范围不大，但都比无制动作用继电器的动作电流（直线 2）小得多，即提高了灵敏性。

BCH-1 型继电器的制动线圈应接入哪一侧，遵循原则是要保证外部短路时制动作用最大，而内部短路时制动作用最小。据此，对于双绕组变压器，制动线圈应接在无电源或小电源侧。对于三绕组变压器，当三侧都有电源时，一般将继电器制动线圈接于穿越性短路电流最大一侧，使外部故障时，制动线圈有最大的制动作用。对于单侧或双侧电源的三绕组变压器，制动线圈一般接于无电源的一侧以提高变压器内部故障时保护的灵敏性。

BCH-1 型和 BCH-2 型差动继电器构成差动保护的共同缺点是：①由于采用速饱和变流器延缓了保护动作时间；②整定计算复杂。BCH-2 型比 BCH-1 型的灵敏性低，但是躲过励磁涌流能力强。

因 BCH 型差动继电器构成的纵差动保护，采用速饱和变流器延缓了保护动作时间，同时整定、调试复杂。为了提高保护性能，广泛采用整流型比率制动式差动继电器。利用穿越制动提高灵敏度，利用二次谐波制动提高躲励磁涌流的能力。

四、二次谐波制动的变压器差动保护

如图 8‑15 所示为由 LCD-15 型差动继电器构成变压器差动保护原理接线图。它由比率制动部分、差动部分、二次谐波制动部分、差动电流速断部分和极化继电器所组成。若将执行元件（极化继电器）换成零指示器，它就成为一晶体管型继电器。

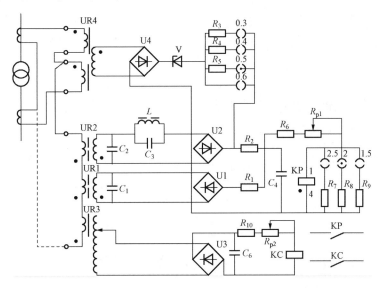

图 8‑15　LCD-15 型差动继电器构成的变压器纵差动保护

比率制动部分是用于防止外部短路时，由于不平衡电流影响而造成误动作。二次谐波制动部分的作用，是防止变压器空载投入时出现励磁涌流而造成保护误动作。当变压器内部发生严重故障时，短路电流很大，电流互感器严重饱和，其二次电流中可能出现很大的各次谐波分量。为防止差动继电器拒动和加快切除故障，继电器中设有差动电流速断部分。

1. 比率制动部分

图 8‑15 中比率制动部分实际上是一比率制动式差动继电器，其简化电路如图 8‑16 所示。它是由电抗变压器 UR1、UR4，两个整流桥 U1、U4，稳压管 V，电容 C_1、C_4 和极化继电器 KP 所组成。

电容 C_1 与 UR1 二次线圈组成 50Hz 串联谐振，以便从电容 C_1 两端取得基波电压。C_4 为滤波电容。UR1 和 UR4 各有一个相同匝数的二次线圈。UR1 的一次线圈称为工作线圈（或称差动线圈）；UR4 有两个相同匝数的一次线圈，称为制动线圈，而两线圈的极性如图 8‑16 所示。工作线圈是制动线圈匝数的两倍。工作线圈接入差动回路内，而两个制动线圈分别接入两个差动臂中。正常运行以及外部短路时，流过工作线圈中的工作电流为 $\dot{I}_1' - \dot{I}_2' = I_{unb}$，是不平衡电流，数值很小；而流过制动线圈电流 $\dot{I}_1' + \dot{I}_2' = I_{brk}$，它

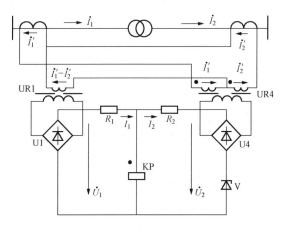

图 8‑16　整流型比率制动式差动继电器

是正常负荷电流或短路电流，数值较大，故继电器可靠不动。当内部短路时，工作电流 $I_{d1} = \dot{I}'_1 + \dot{I}'_2$ 为短路点总的短路电流，数值较大；而制动电流为 $\dot{I}'_1 - \dot{I}'_2 = I_{unb}$ 电流较小，继电器较灵敏地动作。

UR1 一次侧流过工作电流，UR4 一次侧流过制动电流，则在电抗变压器二次侧产生两个相应交流电压，并分别经两个全波整流桥 U1、U4 整流后，输出一直流电压 U_1 和 U_2。分别称之为工作电压和制动电压。U_1 和 U_2 分别与其相应的工作电流和制动电流成正比，即

$$U_1 = K_1 I_{d \cdot 1}$$
$$U_2 = K_2 I_{brk}$$

式中　$I_{d \cdot 1}$——差动电流中的工频分量电流；

　K_1、K_2——计及整流后的系数。

（1）当不考虑稳压管 V 作用时的制动特性。当工作电压 U_1 和制动电压 U_2 加在极化继电器上，分别从极化继电器 KP 的极性端和非极性端流入一个电流 I_1 和 I_2

$$I_1 = \frac{U_1}{R_1} = \frac{K_1}{R_1} I_{d \cdot 1} \tag{8-15}$$

$$I_2 = \frac{U_2}{R_2} = \frac{K_2}{R_2} I_{brk} \tag{8-16}$$

如不考虑极化继电器功率消耗时的理想条件，则继电器的动作条件

$$I_1 - I_2 = 0 \tag{8-17}$$

将式（8-15）和式（8-16）代入式（8-17）可求得动作电流

$$I_{d \cdot 1} = I_{oper \cdot k} = \frac{R_1 K_2}{R_2 K_1} I_{brk} = \rho I_{brk} \tag{8-18}$$

当差动电流 $I_{d \cdot 1}$ 满足式（8-18）时，继电器刚好动作。此时差动电流 $I_{d \cdot 1}$ 就称为动作电流 $I_{oper \cdot k}$。式（8-18）在直角坐标系中为一直线，如图 8-16 中的虚线 1，亦即此时制动特性为一通过原点，斜率为 ρ 的一条直线。改变 R_1、R_2、K_1、K_2，即可改变制动特性斜率。继电器的动作电流 $I_{oper \cdot k}$ 与制动电流 I_{brk} 之比称为制动系数，即

$$K_{brk} = \frac{I_{oper \cdot k}}{I_{brk}} \tag{8-19}$$

显然，不考虑极化继电器的功率损耗时，则制动特性斜率 ρ 和制动系数 K_{brk} 相等，即

$$K_{brk} = \rho$$

若考虑极化继电器的功率损耗时，则继电器的动作边界条件为

$$I_1 - I_2 = I_0 \tag{8-20}$$

式中，I_0 是为克服极化继电器功率损耗所必需的。电流 I_0 是工作线圈中流过电流 $I_{oper \cdot 0}$ 产生的，$I_{oper \cdot 0}$ 是无制动电流时的动作电流。$I_{oper \cdot 0}$ 在 UR1 二次侧产生的电压 $U_0(= K_1 I_{oper \cdot 0})$，所以 I_0 为可表示为

$$I_0 = \frac{U_0}{R_1} = \frac{K_1}{R_1} I_{oper \cdot 0} \tag{8-21}$$

此时动作方程为

$$\frac{K_1}{R_1} I_{d \cdot 1} - \frac{K_2}{R_2} I_{brk} = \frac{K_1}{R_1} I_{oper \cdot 0}$$

$$I_{d \cdot 1} = I_{oper \cdot 0} + \rho I_{brk} \tag{8-22}$$

式 (8 - 18) 中差动电流 $I_{d\cdot1}$ 使继电器刚好动作，故称为动作电流 $I_{oper\cdot k}$，故可写成下面形式

$$I_{oper\cdot k} = I_{oper\cdot 0} + \rho I_{brk} \qquad (8-23)$$

式 (8 - 23) 表明，其制动特性不再是通过原点的直线，而是图 8 - 17 中的直线 2。显然，此时的 $K_{brk} \neq \rho$，而为一变量。

(2) 当考虑稳压管 V 的作用时的制动特性。当考虑稳压管的作用时，制动电压只有克服稳压管 V 的反向击穿电压时才能起制动作用。制动电压在极化继电器中所产生的电流 I_2 为

$$I_2 = \frac{U_2 - U_V}{R_2} \qquad (8-24)$$

式中稳压管的反向击穿电压可用流过制动线圈的某一制动电流 $I_{brk\cdot 0}$ 在 UR4 二次产生的电压表示，即

$$U_V = K_2 I_{brk\cdot 0} \qquad (8-25)$$

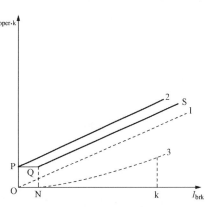

图 8 - 17　制动特性曲线

考虑极化继电器功耗时的动作边界条件仍为式 (8 - 20) 时，将式 (8 - 15)、式 (8 - 16)、式 (8 - 21) 和式 (8 - 25) 代入式 (8 - 20) 整理得

$$I_{d\cdot 1} = I_{oper\cdot 0} + \frac{R_1 K_2}{R_2 K_1}(I_{brk} - I_{brk\cdot 0})$$

即

$$I_{oper} = I_{oper\cdot 0} + \rho(I_{brk} - I_{brk\cdot 0}) \qquad (8-26)$$

式 (8 - 26) 所表明的制动特性，如图 8 - 17 中的折线 PQS，QP 代表无制动作用的动作电流 $I_{oper\cdot 0}$，ON 为开始有制动作用时的制动电流 $I_{brk\cdot 0}$。在制动电流 I_{brk} 小于 $I_{brk\cdot 0}$ 时，继电器无制动作用，其目的是为提高变压器内部短路时的灵敏度。一般使 $I_{brk\cdot 0} = (0.5 \sim 1)I_N/n_{TA}$。$I_{brk\cdot 0}$ 决定于稳压管 V 的反向击穿电压。

对于某个继电器来说，$I_{brk\cdot 0}$ 是一确定值，不需整定。需要整定的是无制动作用时动作电流 $I_{oper\cdot 0}$ 和 QS 的斜率。

2. 二次谐波制动部分

如图 8 - 15 所示，二次谐波制动部分是由电抗变压器 UR2、电容 C_2、电抗 L，电容 C_3 和电阻 R_2 组成。电抗变压器 UR2 的二次线圈与电容 C_2 组成 100Hz 谐振回路，以便从电容 C_2 两端取出二次谐波电压，再经电抗 L 和电容 C_3 组成对 50Hz 的阻波器，除去其中的基波分量，并通过整流桥 U2，输出一个二次谐波制动量加在极化继电器上，以防止变压器空载投入时误动。

3. 差动电流速断部分

差动电流速断部分是由 UR3、U3 和 C_5 等组成。UR3 二次侧输出一个与差动电流 $I_{d\cdot 1}$ 成正比的电压，此电压经 U3 整流、C_5 滤波后加在执行元件 KC 上。当输出电压达到整定值时，中间继电器 KC 动作接通跳闸回路。利用二次线圈分接头可改变动作值。

4. 差动保护的整定计算

整定计算的内容主要是确定最小动作电流 $I_{oper\cdot 0}$、折点制动电流 $I_{brk\cdot 0}$ 以及选取制动特性来躲过区外短路故障时的最大不平衡电流。下面以双绕组变压器为例简述其整定计算原则

和步骤。

（1）选择自耦变流器变比及抽头。首先计算变压器各侧额定电流；选择各侧电流互感器变比，计算各侧差动臂中电流，选择自耦变流器变比，最后计算出相对误差。

（2）计算最小动作电流，即

$$I_{oper \cdot 0} = (0.2 \sim 0.4) I_N / K_{TA} \tag{8-27}$$

式中 I_N——变压器额定电流。

（3）选取折点制动电流，即

$$I_{brk \cdot 0} = (0.5 \sim 1) I_N / K_{TA} \tag{8-28}$$

（4）确定制动系数，即

$$K_{brk} = \frac{I_{oper \cdot k}}{I_{brk}} = K_{rel}(10\% K_{np} K_{st} + \Delta U + \Delta f_w) \tag{8-29}$$

式中 K_{st}——同型系数，取1；

K_{np}——非周期分量系数，取 $1.5 \sim 2$；

ΔU——带负荷调压变压器调压引起的相对误差，取调压范围的一半；

Δf_w——变比误差，取实际计算值；

K_{rel}——可靠系数，取1.3。

（5）校验灵敏度，即

$$K_{sen} = \frac{I_{k \cdot min}}{I_{oper \cdot k}} \geqslant 2 \tag{8-30}$$

式中 $I_{k \cdot min}$——变压器内部最小两相短路电流；

$I_{oper \cdot k}$——当有制动电流时的动作电流。

（6）差动电流速断动作电流。按躲开变压器空载投入时，出现的最大励磁涌流的 $1.5 \sim 2$ 倍整定，对于Yd接线变压器为

$$I_{oper \cdot 0} = (1.5 \sim 2) I_{ex} \tag{8-31}$$

式中 I_{ex}——励磁涌流。

第五节　变压器相间短路的后备保护和过负荷保护

为反应变压器外部相间短路故障引起的过电流，以及作为变压器本身纵差动保护和瓦斯保护的后备，变压器必须装设过电流保护。它既是变压器主保护的后备保护，又是相邻母线或线路的后备保护。根据变压器容量和对保护灵敏度的要求，实现后备保护的方式有过电流保护、低电压起动的过电流保护、复合电压起动的过电流保护和负序过电流保护等。各过电流保护原理示意框图如图8-18所示。从图中可以看出：过电流保护最简单，由电流继电器和时间继电器组成，经延时动作于跳闸；低电压起动的过电流保护是在过电流保护的基础上增加低压继电器闭锁；复合电压起动的过电流保护又增加了负序电压继电器，提高了不对称短路时电压元件的灵敏度；负序电流和单相式低压起动的过电流保护，提高了不对称短路时电流元件的灵敏度。

如果变压器长期过负荷运行，会加速绝缘老化，势必影响绕组绝缘的寿命，因此还必须装设过负荷保护。

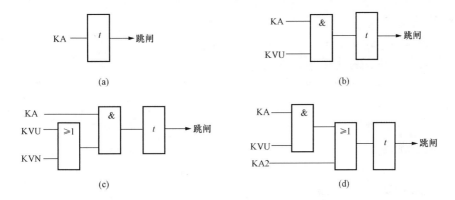

图 8-18 各过电流保护原理示意框图

(a) 过电流保护；(b) 低电压起动的过电流保护；

(c) 复合电压起动的过电流保护；(d) 负序电流和单相式低压起动的过电流保护

一、过电流保护

变压器的过电流保护宜用于容量较小的降压变压器，其单相原理接线如图 8-19 所示。保护动作后，应跳开变压器两侧的断路器。

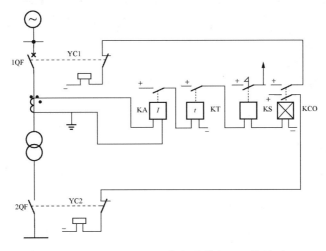

图 8-19 变压器过电流保护的单相原理接线图

保护装置的动作电流 I_{op} 按躲过变压器可能出现的最大负荷电流整定，即

$$I_{op} = \frac{K_{rel}}{K_{re}} I_{L \cdot max} \tag{8-32}$$

式中 K_{rel}——可靠系数，取 1.2～1.3；

$\quad\quad K_{re}$——返回系数，取 0.85。

对并列运行的变压器，应考虑突然切除一台时所出现的过负荷。若各台变压器容量相同，则一台变压器的最大负荷电流为

$$I_{L \cdot max} = \frac{n}{n-1} I_N \tag{8-33}$$

式中 n——并列运行变压器的台数；

$\quad\quad I_N$——每台变压器的额定电流。

对降压变压器，应考虑负荷中电动机自起动时的最大电流，则

$$I_{L \cdot max} = K_{Ms} I_N \tag{8-34}$$

式中　$I_{L \cdot max}$——正常运行时最大负荷电流；

　　　　K_{Ms}——自起动系数，其值与负荷性质及用户与电源间的电气距离有关。

对 110kV 降压变电站的 6～10kV 侧，$K_{Ms}=1.5～2.5$；35kV 侧，$K_{Ms}=1.5～2$。保护动作时限的选择和灵敏度校验与定时限过电流保护相同。

过电流保护的动作电流通常较高，往往不能满足升压变压器或较大容量的降压变压器对灵敏度的要求。这时，可采用低电压起动的过电流保护。

二、低电压起动的过电流保护

如图 8-20 所示为低电压起动的过电流保护接线图，只有当电流继电器和低电压继电器同时动作后，才能起动时间继电器，经预定延时，起动出口中间继电器动作于跳闸。

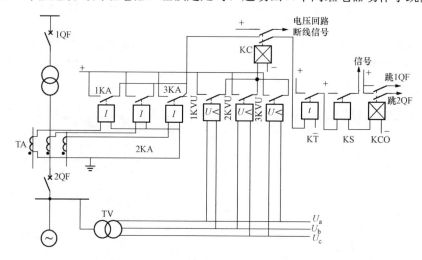

图 8-20　低电压起动的过电流保护接线图

因为并列运行变压器突然切除一台或异步电动机自起动时母线电压并不降低很多，因此低电压继电器不会动作，电流继电器的动作电流就可不考虑可能出现的最大负荷电流而是按大于变压器额定电流来整定，即

$$I_{op} = \frac{K_{rel}}{K_{re}} I_N \tag{8-35}$$

由式（8-35）可见，其动作电流比过流保护动作电流小，因此提高了保护的灵敏性。

低电压继电器的动作电压应低于正常运行情况下母线上可能出现的最低工作电压，同时继电器在外部短路故障切除后电动机自起动的过程中必须返回，根据运行经验，动作电压可取

$$U_{op} = (0.5 \sim 0.7) U_N \tag{8-36}$$

式中　U_N——变压器的额定线电压。

对于保护装置的灵敏度，应按后备保护范围末端发生短路故障进行校验。电流保护和电压保护的灵敏系数分别为

$$K_{sen} = \frac{I_{k \cdot min}^{(2)}}{I_{op}} \tag{8-37}$$

式中　$I_{\text{k}\cdot\min}^{(2)}$——后备保护范围末端发生两相金属性短路故障时流过保护的最小短路电流。

$$K_{\text{sen}} = \frac{U_{\text{op}}}{U_{\text{k}\cdot\max}^{(3)}} \qquad (8\text{-}38)$$

式中　$U_{\text{k}\cdot\max}^{(3)}$——后备保护范围末端发生三相金属性短路时保护安装处的最大残余线电压。

作近后备保护时，要求 $K_{\text{sen}} \geqslant 1.3 \sim 1.5$；作远后备保护时，要求 $K_{\text{sen}} \geqslant 1.2$。

对于升压变压器，若低电压继电器只接在某一侧的电压互感器上，则当另一侧短路故障时，往往不能满足对上述灵敏度的要求。此时可采用两套低电压继电器分别接在变压器两侧的电压互感器的线电压上，并将其触点并联。

当电压互感器二次回路发生断线时，低电压继电器动作，而整套保护装置不会动作，故只通过中间继电器发出断线信号，由运行人员进行处理。

三、复合电压起动的过电流保护

复合电压起动的过电流保护宜用于升压变压器、系统联络变压器和过电流保护不满足灵敏度要求的降压变压器。保护的三相原理接线如图 8-21 所示。与图 8-20 相比，只是用负序电压继电器 KVN 和低电压继电器 KV 取代三只低电压继电器而已。只有电流起动元件和电压起动元件都动作才能起动时间继电器 KT。

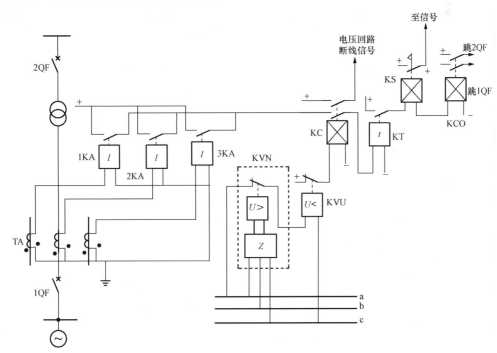

图 8-21　复合电压起动的过电流保护原理接线图

首先介绍负序电压继电器的用途、结构和动作原理。

（1）用途。在变压器的复合电压起动的过电流保护中，负序电压继电器用来反映不对称短路时电压元件的负序分量。在对称故障和正常运行方式下没有输出电压，灵敏度很高，如与一个正序元件相配合，可以反应各种类型的故障，从而简化保护的接线。

（2）结构。其由一个电阻—电容双臂负序电压滤过器和一个过电压继电器组成，可以借助于改变执行元件的指针位置进行继电器动作电压的整定。

（3）动作原理。以阻容式单相负序电压滤过器为例。所谓单相式负序电压滤过器，是指其输出的单相电压只与输入的三相电压中的负序电压成正比的一种装置。

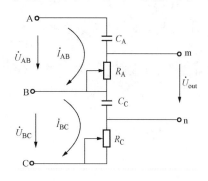

图 8‐22 阻容式单相负序
电压滤过器原理接线

阻容式单相负序电压滤过器原理接线如图 8‐22 所示。滤过器输入的是线电压，而线电压中不含有零序电压，故在接线中就保证了其输出也不反应输入电压中的零序电压。

阻容式单相负序电压滤过器的参数关系满足

$$R_{\mathrm{A}} = \sqrt{3}\,\frac{1}{\omega C_{\mathrm{A}}} = \sqrt{3}X_{\mathrm{A}}, \; R_{\mathrm{C}} = \frac{1}{\sqrt{3}\,\omega C_{\mathrm{C}}} = \frac{1}{\sqrt{3}}X_{\mathrm{C}} \qquad (8\text{-}39)$$

根据式（8‐39）可见：$\dot{I}_{\mathrm{AB}}$ 超前 $\dot{U}_{\mathrm{AB}}$ 的相角为 30°；$\dot{I}_{\mathrm{BC}}$ 超前 $\dot{U}_{\mathrm{BC}}$ 的相角为 60°。

从图 8‐22 中可见，滤过器的输出电压为

$$\dot{U}_{\mathrm{OUT}} = \dot{I}_{\mathrm{AB}}R_{\mathrm{A}} - \mathrm{j}\,\dot{I}_{\mathrm{BC}}X_{\mathrm{C}} \qquad (8\text{-}40)$$

下面用相量图来分析滤过器的工作原理，首先在滤过器的输入端加入三相对称的正序电压，从图 8‐23（a）可见，其输出电压为 $\dot{U}_{\mathrm{OUT}} = \dot{I}_{\mathrm{AB}}R_{\mathrm{A}} - \mathrm{j}\,\dot{I}_{\mathrm{BC}}X_{\mathrm{C}} = 0$；然后在滤过器的输入端加入三相对称的负序电压，从图 8‐23（b）可见其输出电压为

$$\dot{U}_{\mathrm{OUT}} = \dot{I}_{\mathrm{AB}}R_{\mathrm{A}} - \mathrm{j}\,\dot{I}_{\mathrm{BC}}X_{\mathrm{C}} = \dot{U}_{\mathrm{A2}}\sqrt{3}\cos30° \times \sqrt{3}\mathrm{e}^{\mathrm{j}30°} = \frac{3\sqrt{3}}{2}\dot{U}_{\mathrm{A2}}\mathrm{e}^{\mathrm{j}30°} \qquad (8\text{-}41)$$

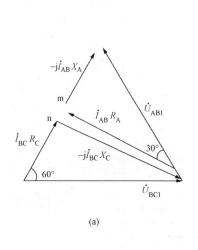

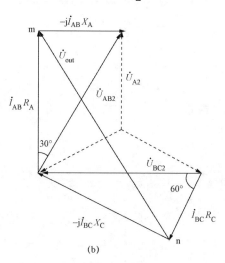

图 8‐23 阻容式单相负序电压滤过器相量关系
（a）加入正序电压；（b）加入负序电压

通过相量图的分析，可以看出，当滤过器满足式（8‐40）时，就是一个负序电压滤过器。

（4）执行元件。执行元件是一个过电压继电器，它有一对动合触点和一对动断触点，当输出电压大于其整定值时，动断触点打开，负序电压继电器动作。

正常运行时，因无负序电压，所以负序电压继电器 KVN 不动作，动断触点（常闭触点）闭合，将线电压 U_{ac} 加在低电压继电器 KV 上，其动断触点打开，保护装置不动作。

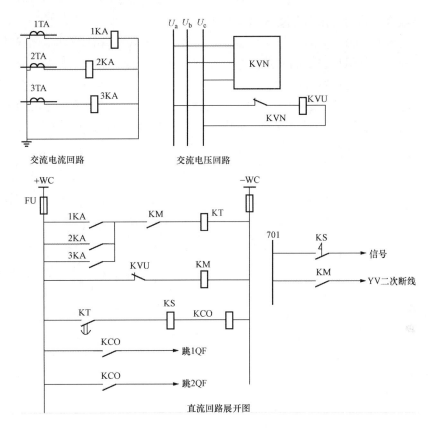

图 8-24　复合电压起动的过电流保护展开图

保护区内发生各种不对称短路故障时，负序电压滤过器有较高的输出电压，故 KVN 动作，动断触点打开，低电压继电器 KV 失压，KV 动作，其动断触点闭合，起动中间继电器 KM。此时，电流继电器至少有两个动作，于是起动时间继电器 KT，经预定延时，动作于跳闸。

保护区内发生三相短路故障时，因无负序电压，所以 KVN 不动作，同时三相电压均降低，低电压继电器处于动作状态，起动中间继电器 KM。KM 起动后，动作情况与不对称短路相同。应当指出，即使三相短路故障时短时出现负序电压，也不会影响保护的正确动作。

电流继电器和低电压继电器的整定与低电压起动的过电流保护相同。对于负序电压继电器，其动作电压应躲过正常运行时负序电压滤过器出现的最大不平衡电压。通常取

$$U_{2 \cdot \text{op}} = (0.06 \sim 0.07) U_\text{N} \tag{8-42}$$

灵敏度校验

$$K_\text{sen} = \frac{U_{2 \cdot \text{min}}}{U_{2 \cdot \text{op}}} \geqslant 1.2 \tag{8-43}$$

式中　$U_{2 \cdot \text{min}}$——后备保护范围末端发生金属性两相短路时保护安装处的最小负序电压。

采用复合电压起动的过电流保护，提高了电压元件对受电侧不对称短路的灵敏度，且与变压器线圈的接线方式无关。

四、负序电流和单相式低压起动的过电流保护

对于大型变压器，为提高后备保护灵敏度，必要时可装设负序电流和单相式低压起动的过电流保护。其优点是保护装置的构造简单，在不对称短路时灵敏度高。

负序电流保护装置的接线如图 8-25 所示。负序电流滤过器 ZAN 和电流继电器 2KA 组成负序电流继电器 KAN、时间继电器 KT、信号继电器 KS 和出口中间继电器 KCO 构成负序电流保护，用以反应不对称短路故障。低电压继电器 KVU、电流继电器 1KA 和中间继电器 KC 构成单相式低电压起动的过电流保护，用以反应对称短路故障。

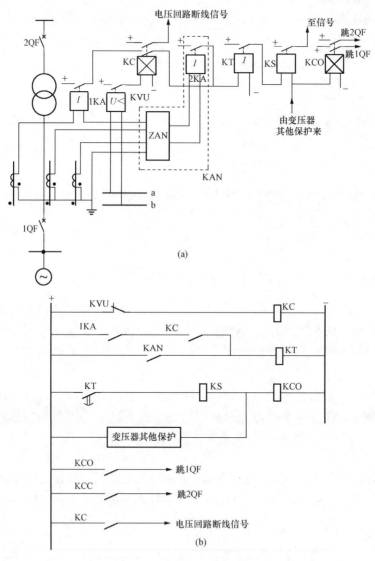

图 8-25　负序电流和单相低电压起动的过电流保护
(a) 原理接线图；(b) 直流展开图

负序电流继电器的动作电流，应躲过变压器正常运行时负序电流滤过器输出的最大不平衡电流，即

$$I_{2 \cdot op} = (0.1 \sim 0.2) I_N \tag{8-44}$$

同时，还应躲过与变压器连接线路之一发生单相断线时通过变压器的负序电流。此外负序电流继电器的动作电流还应与相邻元件上的后备保护在灵敏度上相配合。

负序电流继电器的灵敏系数为

$$K_{sen} = \frac{I_{2\cdot min}}{I_{2\cdot op}} \geqslant 1.25 \qquad (8-45)$$

式中　$I_{2\cdot min}$——后备保护范围末端发生不对称短路故障时流过保护最小负序电流。

对于大型变压器采用上述保护不能满足灵敏性和选择性要求时，可以采用阻抗保护。

五、相间短路后备保护配置原则

变压器防止外部相间短路的后备保护的配置与被保护变压器电气主接线方式及各侧电源情况有关。当变压器油箱内部故障，应跳开各侧断路器，当油箱外部故障时只跳开近故障点的一侧断路器，使变压器其余各侧继续运行。

（1）对于双绕组变压器，相间短路的后备保护应装于主电源侧，根据主接线情况可带较长或较短时限，较短时限用于缩小故障影响范围，较长时限用于断开各侧断路器。

（2）对于三绕组变压器，当过电流保护在外部故障时，应保证有选择性地只断开变压器故障侧的断路器，使变压器其余两侧继续运行。如图 8-26 中母线Ⅱ上短路时，应只跳开 QF2。这样，变压器的绕组Ⅰ和Ⅲ还可继续运行。根据这一要求，三绕组变压器过电流保护的配置原则如下：

1）对单侧电源变压器，可以装设两套过电流保护，如图 8-26 所示。一套装于供给负荷的Ⅱ侧，其动作时限 t_{II} 最小（t_{II} 和 t_{III} 应根据在各相应电压的电网中能获得选择性的原则整定），这一套保护只跳开 QF2。另一套装于电源（Ⅰ）侧，它具有两个时限 t_{III} 和 t_{I}，$t_{III} \geqslant t_{I} + \Delta t$，用以只断开 QF3，而 $t_{I} = t_{III} + \Delta t$，用以断开变压器三侧断路器。

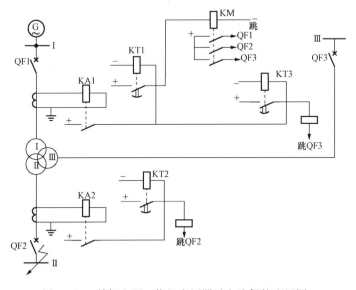

图 8-26　单侧电源三绕组变压器过电流保护配置图

2）对多侧电源变压器，应当在三侧都装过电流保护，而且在时限较短的电源侧加装方向元件。例如若绕组Ⅰ和Ⅲ侧有电源，当母线Ⅰ故障时，t_{I} 时间较短，动作有选择性；而当母线Ⅲ故障时，保护Ⅰ将失去选择性。解决办法是在保护Ⅰ处加方向元件予以闭锁，使当短路电流方向由母线流向变压器时保护不动作。在装有方向性保护的一侧，加装一套不带方向的过电流保护，作为变压器内部故障主保护拒动时的后备保护，其时限应比 $t_{Ⅰ}$、$t_{Ⅱ}$、$t_{Ⅲ}$ 中最长的还要大一个时限级差 Δt。

六、过负荷保护

变压器过负荷电流大多数情况下三相是对称的，因此只装设对称过负荷保护。即只用一

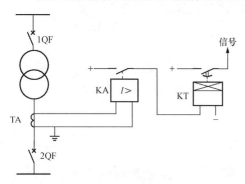

图 8‑27　变压器的过负荷保护原理接线图

个电流继电器接于任一相电流之中，动作时经延时作用于信号。变压器过负荷保护原理接线图如图 8‑27 所示。

过负荷保护应能反应变压器各绕组的过负荷情况。对双绕组升压变压器应装在发电机电压侧；对双绕组降压变压器应设在高压侧；对三绕组升压变压器，当一侧无电源时，过负荷保护应设在低压主电源侧和无电源侧，当三侧都有电源时，则三侧都装过负荷保护。对于单侧电源的三绕组降压变压器，若三侧绕组容量相同，则过负荷保护只装在电

源侧；若三侧绕组容量不同，则在电源侧和容量较小的一侧分别装设过负荷保护；对于双侧电源的三绕组降压变压器或联络变压器，三侧均应装设过负荷保护。

过负荷保护的动作电流应躲过变压器额定电流，即

$$I_{op} = \frac{K_{rel}}{K_{res}} I_N \qquad (8‑46)$$

式中　K_{rel}——可靠系数，取 1.05；

　　　K_{res}——返回系数，取 0.85；

　　　I_N——保护安装侧变压器额定电流。

过负荷保护的动作时限，应比过电流保护的最大时限增加一个时限级差 Δt。以防止过负荷保护在外部短路故障及短时过负荷时误发信号。在无人值班的变电所，保护作用于自动减负荷或跳闸。

第六节　电力变压器温度保护

当变压器的冷却系统发生故障或发生外部短路和过负荷时，变压器的油温将升高。变压器油的温度越高，油的劣化速度越快，实用年限减少。当油温达 115～120℃ 时，油开始劣化，而到 140～150℃ 时劣化更明显，以致不能使用。油温高将促使变压器绕组绝缘加速老化影响其寿命。因此，《变压器运行规程》（DLT572—1995）规定：上层油温最高允许值为 95℃，正常情况下不应超过 85℃，所以运行中对变压器的上层油温要进行监视。凡是容量在 1000kV·A 及以上的油浸式变压器均要装设温度保护，监视上层油温的情况；对于车间内变电所，凡是容量在 315kV·A 及以上的变压器，通常都要装设温度保护；对于少数用户变电所，凡是容量在 800kV·A 左右的变压器，都应装设温度保护，但温度保护只作用于信号。

一、温度继电器的结构

变压器油温的监视采用温度继电器 $K\theta$，它是一种非电量继电器，由变压器生产厂成套

提供，如图 8-28 所示为常用的电触头压力式温度继电器的结构图，它由受热元件（传感器）1、温度计 3 及附件组成，是按流体压力原理工作的。

温度计是一只灵敏的流体压力表，它有一支可动指针（黑色）和两支定位指针（分别为黄色和红色）。铜质连接管内充有乙醚液体（或氯甲烷、丙酮等）；受热元件 1 插在变压器油箱顶盖的温度测孔内。

二、温度继电器的工作原理

当变压器油温升高时，受热元件 1 发热升高使铜质连接管 2 中的液体膨胀，温度计 3 中的压力增大，可动指针 4 向指示温度升高的方向转动。当可动指针 4 与事先定位的黄色指针 5 接触时，发出预告信号并开启变压器冷却风扇。如经强迫风冷后变压器油温降低，则可动

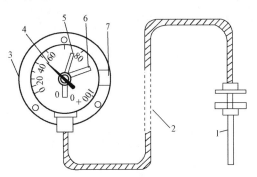

图 8-28　压力式温度继电器的结构图

1—受热元件；2—铜质连接管；3—温度计；

4—可动指针（黑色）；5—定位指针 1（黄色）；

6—定位指针 2（红色）；7—接线盒

指针 4 逆时针转动，信号和电扇工作停止；反之，如果变压器油温继续升高，可动指针 4 顺时针转动到与红色定位指针 6 接触，这时为避免事故发生而接通断路器跳闸回路，使断路器跳闸，切除变压器，并发出音响灯光信号。

第七节　电力变压器保护接线全图举例

一、电力变压器保护全图举例

图 8-29 所示为 35/6～10kV，$S \geqslant 10MV \cdot A$ 双绕组变压器保护原理接线图。现将图 8-29 中各有关保护装置分述如下：

（1）瓦斯保护。瓦斯保护由气体继电器 KG、信号继电器 3KS、XB、R_2 等组成。轻瓦斯触点 KG1 仅作用于信号，重瓦斯触点 KG2 则瞬时作用与切断变压器各侧断路器，也可将切换片 XB 投至位置 2，作用于信号。

（2）纵联差动保护。纵联差动保护由 BCH-2 型差动继电器 1KD～3KD 和信号继电器 2KS 等组成，其保护范围在电流互感器 1TA、6TA 之间的区域。保护动作后，由出口继电器 KCO 瞬时断开 1QF、2QF，并由连接片 4XB～5XB 确定要断开的断路器。

（3）复合电压起动的过电流保护。复合电压起动的过电流保护是由负序电压继电器 KVZ、低电压继电器 KV、断线闭锁继电器 KC、电流继电器 1KA、时间继电器 1KT 与信号继电器 1KS 等组成。电流继电器按三相式接于 35kV 侧的 3TA 上。KVZ 与 KV 分别作为对称短路和不对称短路的电压起动元件接于变压器 6～10kV 侧的电压互感器的 2TV 上，其作用由 KC 实现。故障时，由 1KC1 和 KA 起动 1KT。经整定时限作用于跳闸。2TV 二次回路断线时，由动合触点 1KC2 延时作用于信号。

（4）过负荷保护。过负荷保护与复合电压过电流保护共用 3TA。由 A 相电流继电器 4KA 与时间继电器 2KT 等组成，保护延时作用于信号。

（5）温度保护。温度保护由温度继电器 $K\theta$ 与信号继电器 4KS 等组成，保护作用于信号。

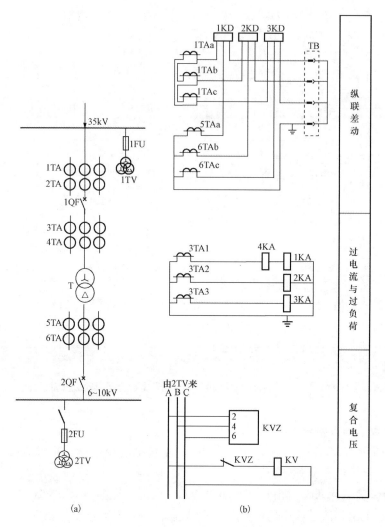

图 8-29　35kV 电压等级双绕组变压器保护接线全图（一）

(a) 一次回路示意图；(b) 保护交流回路

（6）绝缘监视装置。绝缘监视装置接于 35kV 与 6～10kV 母线的电压互感器 1TV、2TV 的开口三角形开口处（图 8-29 中未画出），反应变压器及其各侧的接地情况，保护作用于信号。

二、几点说明

（1）保护的出口回路中均装有连接片 XB，以适应保护调试或运行方式的需要进行投、切。

（2）保护分别设有单独的信号继电器，用以指示保护的动作情况，便于值班人员分析与处理故障。

（3）保护在几套保护同时动作时 KS 能灵敏动作，在 KCO 的电压线圈上并联附加电阻，增大信号继电器回路中的电流。

（4）保护动作后要发出相应的信号。

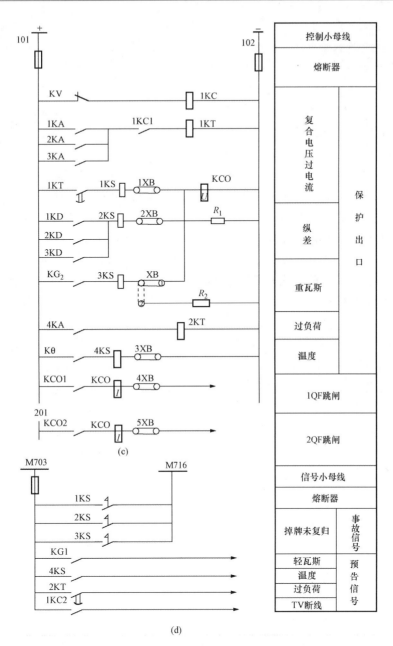

图 8-29　35kV 电压等级双绕组变压器保护接线全图（二）
(c) 保护直流回路；(d) 信号回路

第八节　微机变压器保护

变压器微机保护在硬件上与线路微机保护相类似，由于保护上的特殊要求，软件上较常规高压设备保护在使用方便、性能稳定、灵敏度和可靠性等各方面都具有明显突出的特性。新型的变压器微机保护软件采用了工频变化量比率差动元件，提高了变压器内部小电流故障的检测灵敏度。微机保护还解决了变压器空投内部故障，因健全相涌流制动而拒绝动作的间题，使保护的可靠性提高了一大步。多 CPU 微机保护的采用，使得变压器的后备保护按侧独立配置并与变压器主保护、人机接口管理相互独立运行，改善了保护运行和维护条件，也提高了保护的可靠性。下面以 RCS-978 系列微机变压器保护装置为例简单加以说明。

RCS-978 系列微机变压器装置保护基于双套主保护、双套后备保护配置的原则，适用于 500 kV 及以下电压等级的各种变压器。保护的主体方案是将一台主变的全套电量保护集成在一套保护装置中，主保护和后备保护共用一组电流互感器 TA。主保护包括稳态比率差动保护、差动速断保护、高灵敏工频变化量比率差动保护、零序比率差动或分侧差动（针对自耦变压器）保护和过励磁保护（定、反时限可选）。后备保护包括阻抗保护、复合电压闭锁方向过流保护、零序方向过流保护、零序过压保护、间隙零序过流保护、过负荷报警、起动风冷、过载闭锁有载调压、零序电压报警、TA 异常报警和 TV 异常报警等。另外，RCS-978 的附加功能包括完善的事件报文处理、灵活的后台通信方式、与 COMTRADE 兼容的故障录波、后台管理故障分析软件等。其适用于 500kV 及以下电压等级，需要提供双套主保护、双套后备保护的各种接线方式的变压器。

一、装置的硬件结构图

整个装置的硬件结构如图 8-30 所示。其工作过程为：电流、电压首先转换成小电压信号，分别进入 CPU 板和管理板，经过滤波，AD 转换后，进入高性能数字信号处理器 DSP。DSP1 进行后备保护的运算，DSP2 进行主保护的运算，结果转给 32 位 CPU。32 位 CPU 进行保护的逻辑运算及出口跳闸，同时完成事件记录、录波、打印、保护部分的后台通信及与人机 CPU 的通信。管理板的工作过程类似，只是 32 位 CPU 判断保护起动后，只开放出口继电器正电源。另外，管理板还进行主变故障录波，录波数据可通过通信口输出或打印输出。

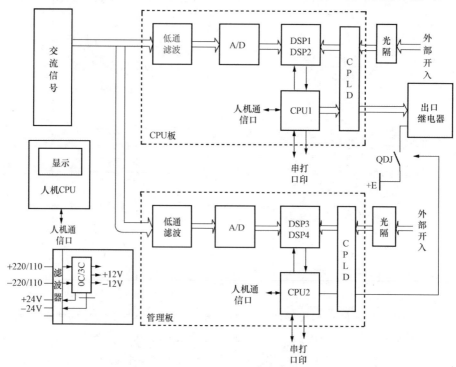

图 8-30　RCS-978 硬件结构图

电源部分由一块电源插件构成，功能是将 220V 或 110V 直流变换成装置内部需要的电压，另外还有开关量输入功能，开关量输入经由 220/110V 光耦。

模拟量转换部分由 2～3 块 AC 插件构成，功能是将 TV 或 TA 二次侧电气量转换成小电压信号，交流插件中的电流变换器按额定电流可分为 1A 和 5A 两种。

CPU 板和管理板是完全相同的两块插件，完成录波、采样，保护的运算或起动功能。

出口和开入部分由 3 块开入、开出插件构成，完成跳闸出口、信号出口、开关量输入功能，开关量输入功能经由 24V 光耦。

二、装置的性能特点

（1）装置采样率为每周波 24 点，主要继电器采用全周波傅氏算法。装置在较高采样率前提下仍能保证故障全过程中所有保护继电器（主保护与后备保护）的并行实时计算，使装置具有很高的固有可靠性和安全性。

（2）管理板中设置了独立的总起动元件，动作后开放保护装置的跳闸出口继电器正电源；同时针对不同的保护采用不同的起动元件，CPU 板各保护动作元件只在其相应的起动元件动作后管理板相应的起动元件也动作才能有跳闸输出。保护装置的元件在正常情况下损坏不会引起装置误输出，装置的可靠性很高。

（3）变压器各侧二次电流相位和平衡通过软件调整，平衡系数调整范围可达 16 倍。装置采用△→Y 变化调整差动电流平衡，可以明确区分涌流和故障电流，大大加快差动保护在空投变压器于内部故障时的动作速度。

（4）稳态比率差动保护的动作特性采用三折线，励磁涌流闭锁判据采用差动电流二次、三次谐波或波形判别。采用差动电流五次谐波进行过励磁闭锁。装置采用适用于变压器的谐波识别抗 TA 饱和的方法，能有效地解决变压器在区外故障伴随 TA 饱和时稳态比率差动保护误动作问题。

（5）工频变化量比率差动保护完全反应差动电流和制动电流的变化量，不受变压器正常运行时负载电流的影响，有很高的检测变压器内部小电流故障的能力（如中性点附近的单相接地及相间短路，单相小匝间短路）。同时，工频变化量比率差动的制动系数和制动电流取值较高，耐受 TA 饱和的能力较强。

（6）装置针对自耦变压器设有零序比率差动保护或分侧差动保护。零差保护各侧零序电流均由装置自产得到，各侧二次零序电流平衡由软件调整。同时采用正序电流制动与 TA 饱和判据相结合的方法，以避免区外故障时零差保护误动。

（7）装置采用电压量与电流量相结合的方法，使差动保护 TA 二次回路断线和短路判别更加可靠准确。

（8）反时限过励磁保护的动作特性能针对不同的变压器过励磁倍数曲线进行配合，过励磁倍数测量值更能反应变压器的实际运行工况。

（9）各侧后备保护考虑最大配置要求，跳闸输出采用跳闸矩阵整定，适用于各种跳闸方式。阻抗保护具有振荡闭锁功能，TV 断线时阻抗保护退出。为防止变压器和应涌流对零序过流保护的影响，装置设有零序过流保护谐波闭锁功能。

（10）采用友好的人机界面。液晶上可显示时间、变压器的主接线、各侧电流、电压大小、功率方向、频率、过励磁倍数和差动电流的大小。键盘操作简单，菜单和打印的报告为简体汉字。

（11）通过相应的 PC 机软件包，利用通信方式，提供方便与易用的手段进行装置的设置、装置状态观察以及了解信息的记录，例如整定值、模拟量实时值、开入量状态以及录波数据等。故障分析软件包使用户在故障发生后可以方便地进行故障分析。

（12）装置采用整体面板、全封闭 8U 机箱，强弱电严格分开，取消传统背板配线方式。在软件设计上也采取相关的抗干扰措施，使装置抗干扰能力大大提高，顺利通过了各种抗干扰标准的测试。

三、保护工作原理

主程序按固定的采样周期接收采样中断进入采样程序，在采样程序中进行模拟量采集与

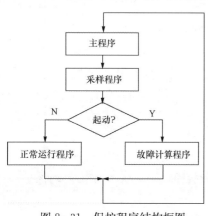

图 8-31　保护程序结构框图

滤波，开关量的采集、装置硬件自检、外部异常情况检查和起动判据的计算，根据是否满足起动条件而进入正常运行程序或故障计算程序。硬件自检内容包括 RAM、E^2PROM、跳闸出口三极管等。保护程序结构框图如图 8-31 所示。

正常运行程序进行装置的自检，装置不正常时发出告警信号，信号分两种，一种是运行异常告警，这时不闭锁装置，提醒运行人员进行相应处理；另一种为闭锁告警信号，告警同时将装置闭锁，保护退出。故障计算程序中进行各种保护的算法计算和跳闸逻辑判断。

思 考 题 与 习 题

8-1　变压器可能出现哪些故障和异常运行状态？针对变压器油箱内部和外部故障应分别装设哪些保护？针对异常运行状态应装设哪些保护？

8-2　对于变压器纵差动保护，产生不平衡电流的因素有哪些？为什么？

8-3　三相变压器纵差动保护的接线如何实现？说明其特点。

8-4　何谓变压器的励磁涌流？有何特点？对变压器纵差动保护有何影响？试说明之。

8-5　在变压器纵差动保护中，如何克服不平衡电流和励磁涌流的影响？试说明之。

8-6　为什么说瓦斯保护不能单独作为变压器的主保护？

8-7　何谓复合电压起动？复合电压起动与低电压起动相比，有何优点？试说明之。

8-8　为什么瓦斯保护是反应变压器油箱内部故障的一种有效保护方式？在安装气体继电器时应该注意哪些问题？

8-9　在 Yd11 接线变压器的纵差动保护中，为什么要进行相位补偿？补偿的方法和原理是什么？变压器两侧电流互感器变比应如何选择？

8-10　BCH-2 型差动继电器的结构有何特点？说明其工作原理。

8-11　在 Yd11 接线变压器的纵差动保护中，如果 Y 侧 C 相电流互感器极性接反，试分析纵差动保护的行为。

8-12　变压器相间短路的后备保护有几种保护方式，试比较它们的优缺点和适用范围。

8-13　BCH-1 型差动继电器与 BCH-2 型差动继电器相比在结构和工作原理上有何

不同？

8‐14　在三绕组变压器中，若采用过电流保护作为后备保护，试分别就变压器为单侧、两侧和三侧有电源时说明保护的配置和保证保护选择性的措施。

8‐15　说明 QJ-80 型气体继电器的构造和工作原理。

8‐16　说明变压器差动保护的整定计算原则，如何应用这些原则来躲过不平衡电流？

8‐17　变压器过负荷保护如何构成？有什么特点？

8‐18　某降压变电所由单侧电源供电，变压器容量为 6300kV・A，电压为 $35\pm2\times2.5\%/10.5$kV、接线为 Yd11，在 10.5kV 侧母线上的最大三相短路电流为 3605A，最小两相短路电流为 2130A。拟采用 BCH-2 型继电器构成的纵差动保护，并对差动继电器的参数进行整定计算。

第九章　母　线　保　护

第一节　母线故障及其保护方式

　　为了电能的汇集和分配，电力系统中发电厂和变电所均装有各种类型的母线。母线是具有众多进出线的公共电气联络点，是汇集和分配电能的场所。

　　同线路相比，母线不长；同其他电气设备相比，构造也简单。但是，母线也有发生故障的可能性。母线支持绝缘子损坏，或者因空气污秽其中含有破坏绝缘的气体或固体物质而导致闪络。而且母线上连接的设备较多，母线电压互感器和电流互感器的故障，运行人员误操作，造成带地线合闸或带负荷拉开隔离开关等，都会引起母线故障。

　　母线发生短路故障，主要是单相接地和相间短路故障，其后果非常严重。母线故障不但会造成大范围停电，而且可能把电力系统分解为功率不平衡的几个独立部分，从而破坏电力系统的稳定运行。

　　为了提高电力系统工作可靠性，设计母线时，应充分考虑到母线上发生故障时停电的范围尽可能缩小。为此，应将母线分段，并装设备用母线等。但是，如果没有灵敏、快速、可靠的母线保护装置，将发生故障的母线切除，也不能保证一次系统设计目的的实现。所以，电力系统中枢的重要母线上，都要装设专用的母线保护。

　　按母线的构成方式和对工作可靠性的要求，母线保护有以下两种方式：

　　(1) 不设专用的母线保护，利用母线上其他供电元件的保护装置切除母线故障。

　　(2) 装设母线的专用保护。

第二节　变电所非专用母线保护

　　在小容量发电厂和变电所中，大都采用单母线或单母线分段方式。这些母线离电力系统的电气距离通常较远，如果利用带时限的保护来切除母线的短路故障，而不致对电力系统的稳定运行带来严重影响时，就可在这些母线上装设非专用的母线保护。

　　非专用母线保护中，不需要专用电流互感器和母线保护继电器。因此，非专用母线的保护接线简单，费用较小。

　　(1) 如图9-1所示，对单侧电源供电的降压变电所，当B变电所母线在k点处故障时，可利用线路AB上的电流保护的第Ⅱ段或第Ⅲ段来切除。

　　(2) 如图9-2所示的独立运行的发电厂采用单母线接线，当母线上故障时，可利用发电机的过电流保护使断路器1QF、2QF跳闸，以切除母线故障。

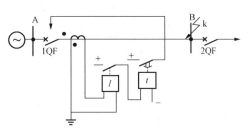

图9-1　利用线路电流保护切除母线故障

　　(3) 如图9-3所示的具有两台变压器的降

压变电所，正常时变电所的低压侧母线分列运行，当低压侧母线发生故障时（如 k 点），可由相应变压器的过电流保护跳开变压器断路器 1QF、2QF，将母线短路故障切除。

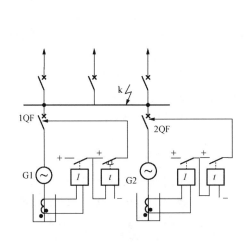

图 9-2　利用发电机的过电流
保护切除母线故障

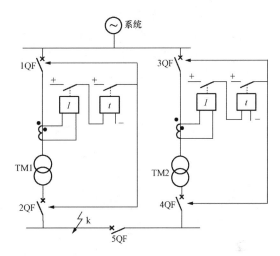

图 9-3　利用变压器的过电流保护
切除低压母线故障

虽然，利用供电元件可以切除母线上的故障，但它切除故障的时间较长，在某些情况下是不允许的，因此，必须采取更有效的保护措施。

第三节　变电所专用母线保护

（1）对 220～500kV 母线，应装设专用的、能快速且有选择地切除故障的母线保护。

（2）110kV 及以上的双母线和分段母线上，为保证有选择性地切除任一组（或段）母线上的故障，而使另一组（或段）无故障的母线仍能继续运行，应装设专用的母线保护。

（3）110kV 及以上的单母线、重要发电厂或 110kV 及以上重要变电所的 35～66kV 母线，按照装设全线速动保护的要求，必须快速切除母线上的故障时，应装设专用的母线保护。

（4）对发电厂和主要变电所 6～10kV 分段母线及并列运行的双母线，在下列情况下应装设专用母线保护。

1）需快速而有选择地切除一段或一组母线上的故障，以保证发电厂和电网的安全运行，以及对重要负荷可靠供电。

2）当线路断路器不允许切除线路电抗器前的短路故障时。

由此可见，母线保护除应满足其速动性和选择性外，还应特别强调其可靠性并使接线尽量简化。电力系统中的母线保护，一般采用差动保护就可以满足要求。因此，母线差动保护得到广泛的应用。下面介绍几种常用的母线差动保护。

第四节 单 母 线 保 护

一、母线完全电流差动保护

（一）母线完全电流差动保护的工作原理

母线完全差动保护的原理接线如图 9-4 所示，和其他元件的差动保护一样，也是按环流法的原理构成。在母线的所有连接元件上必须装设专用的电流互感器，而且这些电流互感

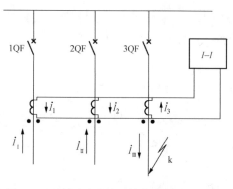

图 9-4 母线完全电流差动保护的原理接线图

器的变比和特性完全相同，并将所有电流互感器的二次绕组在母线侧的端子互相连接，在外侧的端子也互相连接，差动继电器则接于两连接线之间，差动电流继电器中流过的电流是所有电流互感器二次电流的相量和。这样，在一次侧电流总和为零时，在理想的情况下，二次侧电流的总和也为零。图 9-4 为母线外部 k 点短路的电流分布图，设电流流进母线的方向为正方向。图中线路Ⅰ、Ⅱ接于系统电源，而线路Ⅲ则接于负载。

（1）在正常和外部故障时（k 点），流入母线与流出母线的一次电流之和为零，即

$$\sum \dot{I} = \dot{I}_{\mathrm{I}} + \dot{I}_{\mathrm{II}} - \dot{I}_{\mathrm{III}} = 0 \tag{9-1}$$

而流入继电器的电流为

$$\dot{I}_{\mathrm{g}} = \dot{I}_1 + \dot{I}_2 - \dot{I}_3 = \frac{1}{K_{\mathrm{TA}}}(\dot{I}_{\mathrm{I}} + \dot{I}_{\mathrm{II}} - \dot{I}_{\mathrm{III}}) \tag{9-2}$$

因电流互感器变比 n_{TA} 相同，在理想情况下流入差动继电器的电流为零，即 $\dot{I}_{\mathrm{g}} = 0$。

但实际上，由于电流互感器的励磁特性不完全一致和误差的存在，在正常运行或外部故障时，流入差动继电器的电流为不平衡电流，即

$$\dot{I}_{\mathrm{g}} = \dot{I}_{\mathrm{unb}} \tag{9-3}$$

式中 $\dot{I}_{\mathrm{unb}}$——电流互感器特性不一致而产生的不平衡电流。

（2）母线故障时，所有有电源的线路，都向故障点供给故障电流，则

$$\dot{I}_{\mathrm{g}} = \frac{1}{K_{\mathrm{TA}}}(\dot{I}_{\mathrm{I}} + \dot{I}_{\mathrm{II}}) = \frac{1}{K_{\mathrm{TA}}}\dot{I}_{\mathrm{k}} \tag{9-4}$$

式中 $\dot{I}_{\mathrm{k}}$——故障点的总短路电流，此电流数值很大，足以使差动继电器动作。

（二）母线完全差动保护的整定计算

（1）当采用带速饱和变流器的差动继电器、电流互感器采用 D 级且按 10% 误差曲线选择时，差动继电器的动作电流按下述条件计算，并取较大者为整定值。

1）按躲过电流互感器二次回路断线时的负荷电流，即

$$I_{\mathrm{op \cdot KA}} = K_{\mathrm{rel}} \frac{I_{\mathrm{L \cdot max}}}{K_{\mathrm{TA}}} \tag{9-5}$$

式中 K_{rel}——可靠系数，一般取 1.3；

$I_{\mathrm{L \cdot max}}$——连接于母线上任一元件的最大负荷电流。

2）躲过外部故障时差动回路中可能产生的最大不平衡电流，即

$$I_{\text{op·KA}} = 10\% K_{\text{rel}} \frac{I_{\text{k·max}}}{K_{\text{TA}}} K_{\text{oper}} \qquad (9-6)$$

式中　K_{rel}——可靠系数，一般取 1.3；

　　　K_{oper}——非周期分量影响系数，如差动继电器具有速饱和变流器时，可取 $K_{\text{oper}} = 1$；

　　　$I_{\text{k·max}}$——母线外部故障时，流过连接元件的最大短路电流。

（2）灵敏度校验。起动元件和选择元件的灵敏度按下式计算

$$K_{\text{sen}} = \frac{I_{\text{k·min}}}{K_{\text{TA}} I_{\text{op·KA}}} \geqslant 2 \qquad (9-7)$$

式中　$I_{\text{k·min}}$——母线短路故障的最小短路电流。

母线完全差动保护适用于大接地电流系统中的单母线或双母线经常只有一组母线运行的情况。

二、母线不完全电流差动保护

母线完全差动保护要求连接于母线上的全部元件都装设电流互感器。这对于出线很多的 6~66kV 母线，要实现完全差动保护就很困难。因为，其一是设备费用贵，其二是使保护接线复杂。为了解决上述问题，可根据母线的重要程度，采用母线不完全差动保护。

（一）母线不完全差动保护的工作原理

为实现母线不完全差动保护，则只需在有电源的元件上装设变比和特性完全相同的 D 级电流互感器。如图 9-5 所示，只在发电机、变压器、分段断路器（母联断路器）上装设电流互感器，且电流互感器只装设在 A、C 两相上，按差动原理连接，在差动回路中接入 1KD、2KD 差动继电器。因没有将所有连接元件都接入差动回路，故称不完全电流差动保护。正常运行时，差动继电器中流过的是各馈电线路负荷电流之和；馈电线路上发生短路故障时，差动继电器流过的是短路电流。

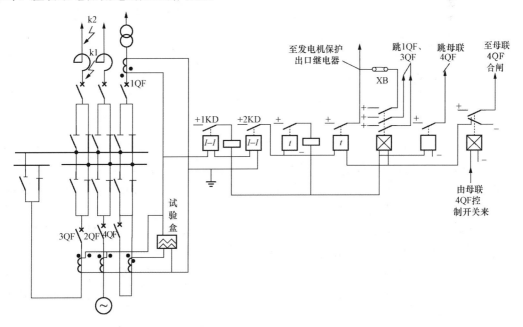

图 9-5　母线不完全电流差动保护原理接线图

（二）母线不完全差动保护的整定计算

母线不完全差动保护由差动电流速断和差动过电流两段组成。第Ⅰ段由差动继电器1KD实现，当在母线上或馈电线路电抗器前（如图中k1点）发生短路故障时，能瞬时将供电元件的断路器跳开（各馈电线路断路器因采用轻型断路器，故不能断开本线路电抗器前的短路故障）。因此，继电器的动作电流应躲过在馈电线路电抗器后发生短路故障（如图中k2点）时流过1KD的最大电流，即

$$I_{op \cdot k}^{I} = \frac{K_{rel}}{K_{TA}}(I_{k \cdot max} + I_{L \cdot max}) \tag{9-8}$$

式中 K_{rel}——可靠系数，取1.2；

$I_{k \cdot max}$——馈电线路电抗器后发生短路故障时的最大短路电流；

$I_{L \cdot max}$——除故障线路外各馈电线路负荷电流之和的最大值。

第Ⅱ段为过电流保护，由差动继电器2KD实现。作为电流速断的后备，动作电流应按躲过母线上的最大负荷电流整定，即

$$I_{op \cdot k}^{II} = \frac{K_{rel} K_{Ms}}{K_{re} K_{TA}} I_{L \cdot max} \tag{9-9}$$

式中 K_{rel}——可靠系数，取1.3；

K_{Ms}——自起动系数，取2～3；

K_{re}——差动继电器（2KD）的返回系数，取0.8；

$I_{L \cdot max}$——各馈电线路负荷电流之和的最大值。

动作时限应比馈电线路过电流保护最大动作时限长一个时限级差 Δt。

电流速断灵敏度校验，按照母线上短路流过保护的最小短路电流与保护动作电流之比来计算，要求灵敏系数不小于1.5；过电流保护灵敏度校验，按照引出线末端短路流过保护的最小短路电流与保护动作电流之比来计算，要求灵敏系数不小于1.2。

实质上，上述保护是一个接于所有电源支路电流之和的电流速断保护，因此，它就比简单的电流速断保护具有更高的灵敏度。由于它动作迅速、灵敏度高，而且接线也比较简单、经济，因此，在6～10kV发电厂及变电所的母线上得到了广泛的应用。

三、电流比相式母线保护构成原理

电流比相式母线保护是根据母线外部故障或内部故障时连接在该母线上各元件电流相位的变化来实现的。如图9-6所示，假设母线上只有两个元件。当母线上k点故障时，电流 $\dot{I}_1$ 和 $\dot{I}_2$ 都流向母线，在理想的情况下两者相位相同，如图9-6（a）所示。而当线路正常运行或外部（k1点）故障时，如图9-6（b）所示，电流 $\dot{I}_1$ 流入母线，电流 $\dot{I}_2$ 由母线流出，两者大小相等、相位相反。显然，利用比相元件比较各元件电流的相位，便可判断内部故障或外部故障，从而确定保护的动作情况。

为判别各连接元件电流的相位关系，先将各电流变换成电压，实际上是将各相电流变换为电压后进行双半波整流，然后在小母线上按相叠加。于是，在理想情况下若小母线电压波形连续（负值），即说明至少有一个电流与其他电流反相位，可判别为正常运行或区外发生短路故障；若小母线电压波形间断，且间断角较大时，说明各连接元件电流同相位，判别为母线上发生了短路故障。

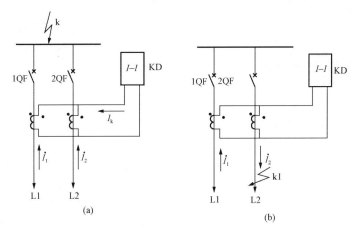

图 9 - 6 外部与内部短路时的电流分布
(a) 外部故障；(b) 内部故障

最后指出，当区外发生短路故障时，若短路电流中含有较大的非周期分量电流，将导致电流互感器铁心严重饱和，使二次无输出或引起波形畸变，如不采取特殊措施，电流比相式母线保护可能发生误动作。此外，母线经较大的过渡电阻发生短路故障时，由于负荷电流的影响，保护存在拒动的可能性。

第五节 双 母 线 保 护

一、双母线固定连接运行的母线完全差动保护

双母线差动保护要有：①能区别哪一组母线故障的选择元件；②能区别区内故障和区外故障的起动元件。

（一）双母线固定连接的母线完全差动保护组成和工作原理

1. 双母线固定连接的母线完全差动保护的组成

双母线固定连接方式的差动保护单相原理接线图，如图 9 - 7 所示，它主要由三部分组成。第一部分用于选择母线Ⅰ的故障，它包括电流互感器 1、2、6 和差动继电器 1KD。第二部分用于选择母线Ⅱ的故障，它包括电流互感器 3、4、5 和差动继电器 2KD。第三部分实际上是将母线Ⅰ、Ⅱ都包括在内的完全差动保护，它包括电流互感器 1～6 和差动继电器 3KD。无论母线Ⅰ或母线Ⅱ故障，3KD 都动作；当外部故障时，3KD 不动作。3KD 作为整个保护的起动元件。

2. 双母线固定连接的母线完全差动保护的工作原理

（1）正常运行或保护区外部（k 点）故障时，流经差动电流继电器 1KD、2KD 和 3KD 的电流均为不平衡电流。而保护装置是按躲过外部故障时最大不平衡电流来整定的。所以，差动保护不会误动作。

（2）任一组母线区内故障时，如母线Ⅰ上 k 点发生故障，流经差动电流继电器 1KD、3KD 的电流为全部故障二次电流，而差动继电器 2KD 中仅有不平衡电流流过，所以，1KD 和 3KD 动作，2KD 不动作。

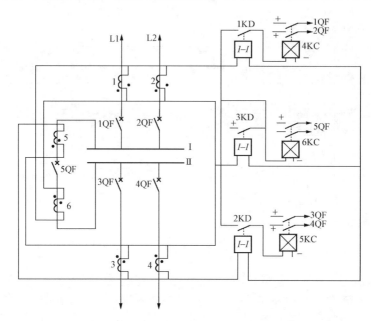

图 9-7　双母线固定连接方式的差动保护单相原理接线图

（二）母线固定连接方式破坏时保护动作情况的分析

母线固定连接方式的优点是，任一母线故障时，能有选择地、迅速地切除故障母线，没有故障的母线继续照常运行，从而提高了电力系统运行的可靠性。但在实际运行过程中，由于设备的检修、元件故障等原因，母线固定连接常常被破坏。

当Ⅰ组母线故障时，差动继电器 1KD、2KD、3KD 都有故障电流流过，这样，起动元件 3 和选择元件 1、2 都动作，从而将两组母线上的引出线全部切除。这样就扩大了故障范围，这是不允许的。因此，就希望尽量保证固定连接的运行方式不被破坏，从而限制了电力系统运行调度的灵活性，这是该保护的主要缺点。

二、母联电流相位比较式母线差动保护

双母线固定连接运行的完全差动保护的缺点是缺乏灵活性。为克服这一缺点，目前广泛采用另一种差动保护——母联电流相位比较式母线差动保护。它适用于双母线连接元件运行方式经常改变的母线上。下面简单介绍母联电流相位比较式母线差动保护的基本工作原理。

母联电流相位比较式母线差动保护的原理是比较母线联络断路器回路的电流与总差动电流的相位关系。该保护的单相原理接线图如图 9-8 所示。它的主要元件是起动元件 KD 和选择元件 1KW、2KW。起动元件 KD 接于所有引出线（不包括母联断路器回路）的总差动电流，KW 的两个绕组分别接入母联断路器回路的电流和总差动回路的电流，通过比较这两个回路中电流的相位来获得选择性。

在图 9-8（a）所示双母线接线中，假设Ⅰ、Ⅱ母线并列运行，Ⅰ母线和Ⅱ母线的连接元件中均有电源线路，规定母联电流 $\dot{i}_5$ 的正方向为由Ⅱ母线流向Ⅰ母线，则当Ⅰ母线上的 k1 点发生短路故障时，母联电流 $\dot{i}_5$ 为

$$\dot{i}_5 = \dot{i}_3 + \dot{i}_4 \qquad\qquad (9-10)$$

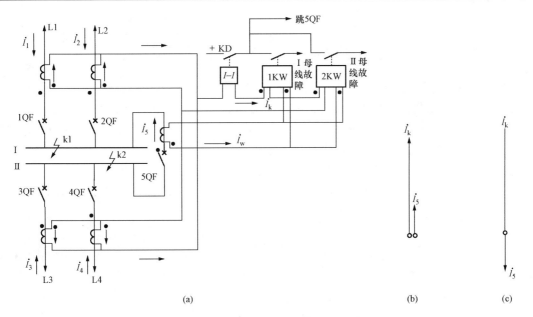

图 9‑8　母联电流与短路电流相位比较

(a) 原理接线图；(b)、(c) 相量关系

短路电流 $\dot{I}_k$ 为

$$\dot{I}_k = \dot{I}_1 + \dot{I}_2 + \dot{I}_3 + \dot{I}_4 \qquad (9\text{-}11)$$

显然，当不计各电源间的相角差和各元件阻抗角的不同时，$\dot{I}_5$ 和 $\dot{I}_k$ 同相位，如图 9‑8 (b) 所示。

Ⅱ母线上的 k2 点发生短路故障时，母联电流 $\dot{I}_5$ 为

$$\dot{I}_5 = -(\dot{I}_1 + \dot{I}_2) \qquad (9\text{-}12)$$

短路电流 $\dot{I}_k$ 仍如式 (9‑11) 所示，所以此时 $\dot{I}_5$ 和 $\dot{I}_k$ 反相位，如图 9‑8 (c) 所示。

可见，以图 9‑8 所示 $\dot{I}_5$ 为正方向时，若 $\dot{I}_5$ 和 $\dot{I}_k$ 同相位，则判断为Ⅰ母线上发生了短路故障，若 $\dot{I}_5$ 和 $\dot{I}_k$ 反相位，则判断为Ⅱ母线上发生了短路故障。

在图 9‑8 (a) 接线中，差动继电器 KD 中的电流 $\dot{I}_k = \dfrac{\dot{I}_k}{K_{TA}}$，所以电流 $\dot{I}_k$ 的相位就是短路电流 $\dot{I}_k$ 的相位，并且 KD 动作时，即表示Ⅰ母线或Ⅱ母线发生了短路故障。1KW、2KW 是故障母线的选择元件，进行 $\dot{I}_5$ 与 $\dot{I}_k$ 的相位比较，即对 $\dot{I}_w = \dfrac{\dot{I}_5}{K_{TA}}$ 和 $\dot{I}_k = \dfrac{\dot{I}_k}{K_{TA}}$ 进行相位比较。当 $\dot{I}_k$ 和 $\dot{I}_w$，同时从 1KW 的两个绕组的同极性端流进时，1KW 处于动作状态（对 2KW 处，从同极性端流出，处于不动作状态）；当 $\dot{I}_k$ 与 $-\dot{I}_w$，同时从 2KW 的两个绕组的同极性端流进时，2KW 处于动作状态（对 1KW 处，$-\dot{I}_w$ 从同极性端流出，处于不动作状态）。

由以上分析可见 KD、1KW 动作时，判别为Ⅰ母线短路故障；KD、2KW 动作时，判别为Ⅱ母线上发生了短路故障。

第六节　断路器失灵保护

高压电网的保护装置和断路器，都应考虑一定的后备方式，以便在保护装置拒动或断路器失灵时，仍能够可靠地切除故障。相邻元件的远后备保护是最简单、最有效的后备方式，它既是保护拒动的后备，又是断路器拒动的后备。但在高压电网中，由于各电源支路的助增作用，实现这种后备方式往往不能满足灵敏度要求，且动作时间较长，容易引起事故范围的扩大甚至破坏系统稳定。所以，对于重要的 220kV 及以上电压等级的主干线路，为防止保护拒动，通常装设两套独立的主保护（即保护双重化），针对断路器拒动即断路器失灵，则装设断路器失灵保护。

断路器失灵保护又称后备保护。在同一发电厂或变电所内，当断路器拒绝动作时，它能以较短时限切除与拒动断路器连接在同一母线上所有电源支路的断路器，将断路器拒动的影响限制到最小。

（一）装设断路器失灵保护的条件和要求

在 220～500kV 电网及 110kV 电网中的个别重要部分，可按下列规定装设断路器失灵保护。

（1）线路保护采用近后备方式时，对 220～500kV 分相操作的断路器，可只考虑断路器单相拒动的情况。

（2）线路保护采用远后备方式，由其他线路或变压器的后备保护切除故障将扩大停电范围（如采用多角形接线、双母线或单母线分段接线等）并引起严重后果的情况。

（3）如断路器与电流互感器之间发生的短路故障不能由该回路主保护切除，而是由其他线路或变压器后备保护来切除，从而导致停电范围扩大并引起严重后果的情况。

对失灵保护的要求如下：

（1）失灵保护必须有较高的安全性，不应发生误动作。

（2）当失灵保护动作于母联和分段断路器后，相邻元件保护以相继动作切除故障时，失灵保护不能动作其他断路器。

（3）失灵保护的故障判别元件和跳闸闭锁元件应保证断路器所在线路或设备末端发生故障时有足够的灵敏度。对于分相操作的断路器，只要求校验单相接地故障的灵敏度。

（二）断路器失灵保护工作原理

图 9-9 所示为断路器失灵保护的原理框图，保护由起动元件、时间元件、闭锁元件和跳闸出口元件等部分组成。

起动元件由该组母线上所有连接元件的保护出口继电器和故障判别元件构成。只有在故障元件的保护装置出口继电器动作后不返回（表示继电保护动作，断路器未跳开），同时在保护范围内仍然存在故障且故障判别元件处于动作状态时，起动元件才动作。

时间元件 T 的延时按断路器跳闸时间与保护装置返回时间之和整定（通常 t 取 0.3～0.5s）。当采用单母线分段或双母线接线时，延时可分两段，第 I 段动作于分段断路器或母联断路器，第 II 段动作跳开有电源的出线断路器。

为进一步提高工作可靠性，采用低电压元件和零序过电压元件作为闭锁元件，通过"与"门构成断路器失灵保护的跳闸出口回路。

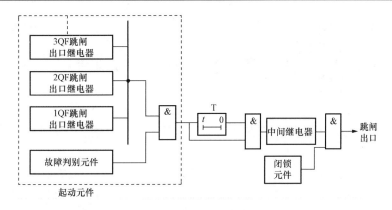

图 9-9 断路器失灵保护原理图

对于起动元件中的故障判别元件，当母线上连接元件较少时，可采用检查故障电流的电流继电器，当连接元件较多时，可采用检查母线电压的低电压继电器。当采用电流继电器时，在满足灵敏度的情况下，应尽可能大于负荷电流，当采用低电压继电器时，动作电压应按最大运行方式下线路末端发生短路故障时保护有足够的灵敏度来整定。

思 考 题 与 习 题

9-1 母线发生短路故障时，有哪些消除方法？试说明之。

9-2 何谓母线的完全电流差动保护和不完全电流差动保护？试说明不同点。

9-3 元件固定连接的双母线完全电流差动保护中，当元件固定连接破坏时，保护性能如何？试分析之。

9-4 在双母线固定接线的母线保护中，当某一连接元件电流互感器的二次回路发生断线时，若无断线闭锁，试分析区内、区外短路故障时保护的性能。

9-5 元件固定连接的双母线电流差动保护，当元件固定连接破坏后，例如将图 9-7 中，3QF 由 II 组母线转接到 I 组母线，试作出 II 组母线故障时的电流分布图，并说明此时母线保护的动作行为。

9-6 在母联电流相位比较式的母线保护中，母联电流互感器二次回路断线或二次极性接反时，试分析上述两种情况下区内、区外短路故障时保护的性能。

9-7 双母线接线中，如何选择出故障母线？试对每一种选择方法作出基本评价。

9-8 双母线接线中，若在母联断路器和母联电流互感器之间发生短路故障，母线保护性能如何？试分析之。

9-9 什么是断路器失灵保护？

第十章 厂用电保护

第一节 电动机的故障、不正常工作状态及其保护方式

电力用户中常采用异步电动机和同步电动机作为动力设备，它们在运行中可能发生各种故障及不正常运行状态。因此，必须设置相应的保护装置，以确保它们的安全运行。本章重点讲述了厂用电动机的纵差保护、电流速断保护、单相接地保护等的工作原理、接线及整定计算，另外还介绍了电力电容器的几种常见的保护。

在发电厂厂用机械中大多数采用异步电动机，但是，在厂用大容量给水泵和低速磨煤机等设备上，则采用同步电动机。电动机的主要故障是定子绕组的相间短路，其次是单相接地故障引起一相绕组的匝间短路。

定子绕组的相间短路是电动机最严重的故障，它会引起电动机本身的严重损坏，使供电网络的电压显著下降，破坏其他用电设备的正常工作。因此，对于容量为 2000kW 及其以上的电动机，或容量小于 2000kW，但有 6 个引出线的重要电动机，都应该装设纵差保护。对一般高压电动机则应该装设两相式电流速断保护，以便尽快地将故障电动机切除。

单相接地对电动机的危害程度取决于供电网络中性点的接地方式。对于小接地电流系统中的高压电动机，当接地电容电流大于 5～10A 时，若发生接地故障就会烧坏绕组和铁心，因此应该装设接地保护，当接地电流大于 5A 动作于信号，当接地电流大于 10A 时，动作于跳闸。

一相绕组匝间短路，会破坏电动机的对称运行，并使相电流增大。最严重的情况是，电动机的一相绕组全部短接，此时，非故障相的两个绕组将承受线电压，使电动机遭到损坏。但是，目前还没有简单而又完善的方法来保护匝间短路，所以，一般不装设专门的匝间短路保护。

电动机的不正常工作状态，主要是过负荷运行。产生过负荷的原因是：所带机械过负荷；供电网络电压和频率的降低而使转速下降；熔断器一相熔断造成两相运行；电动机起动和自起动的时间过长。较长时间的过负荷会使电动机温升超过它的允许值，这样就加速了绕组绝缘的老化，甚至会将电动机烧坏。对于容易发生过负荷的电动机应该装设过负荷保护，动作于信号，以便及时进行处理。

电动机电源电压因某种原因降低时，电动机的转速将下降，当电压恢复时，由于电动机自起动，将从系统中吸取很大的无功功率，造成电源电压不能恢复。为保证重要电动机的自起动，应装设低电压保护。

由于运行中的电动机，大部分都是中小型的，因此，不论是根据经济条件还是根据运行的要求，它们的保护装置都应该力求简单、可靠。对电压在 500V 以下的电动机，特别是 75kW 及其以下的电动机，广泛采用熔断器来保护相间短路和单相接地故障。对于容量较大的高压电动机，应该装设由继电器构成的相间短路保护，瞬时作用于跳闸。

第二节　异步电动机保护

一、电动机的相间短路保护和过负荷保护

对于厂用电动机容量为 2000kW 以下时，一般可以装设电流速断保护。容量在 2000kW 及其以上的电动机，或容量小于 2000kW，但有 6 个引出线的重要电动机，当电流速断保护不能满足灵敏系数的要求时，都应该装设纵差保护。此外，对生产过程中容易发生过负荷的电动机应该装设过负荷保护。

（一）纵差动保护

在小接地电流系统供电网络（3～6kV）中，电动机的纵差保护一般采用两相式接线，保护的原理接线图如图 10-1 所示。电动机的纵差保护由两个差动继电器构成，保护装置瞬时动作于断路器跳闸。

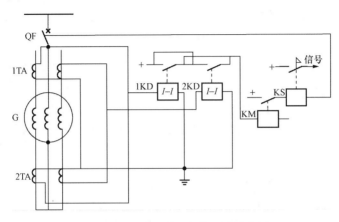

图 10-1　电动机纵差保护原理接线图

高压电动机纵差保护所用的电流互感器的变比和型号应该相同而且满足 10％误差曲线的要求。

保护装置的动作电流可以按照躲过电动机额定电流来整定（考虑二次回路断线），即

$$I_{op \cdot KD} = \frac{K_{rel}}{K_{TA}} I_{N \cdot M} \qquad (10-1)$$

式中　K_{rel}——可靠系数，当采用 BCH-2 型继电器时取 1.3，当采用电磁型电流继电器时取 1.5～2；

$I_{N \cdot M}$——电动机的额定电流；

K_{TA}——电流互感器的变比。

保护装置的灵敏系数可以按照下式进行整定

$$K_{sen} = \frac{K_{con} I_{k \cdot min}^{(2)}}{K_{TA} I_{op \cdot KD}} \geqslant 2 \qquad (10-2)$$

式中　$I_{k \cdot min}^{(2)}$——最小运行方式下，电动机出口两相短路电流。其最小灵敏系数应不小于 2。

数字式异步电动机保护装置，除保护功能外，还有遥测、遥控、遥信功能，与保护装置综合为一体，构成异步电动机保护测控装置。遥测量有各相电流、各相电压、有功功率、无

功功率、功率因数、有功电能、无功电能和脉动电能等。

（二）电流速断保护

中小容量的电动机一般采用电流速断保护作为电动机相间短路故障的主保护。为了在电动机内部及电动机与断路器之间的连接电缆上发生故障时，保护装置均能动作，电容互感器应尽可能安装在断路器侧。

（1）电流速断保护的原理接线。按满足灵敏度的要求，电流速断保护装置可以采用两相电流差继电器的接线方式，也可以采用两相两继电器的接线方式。保护装置的原理接线如图10‐2所示。

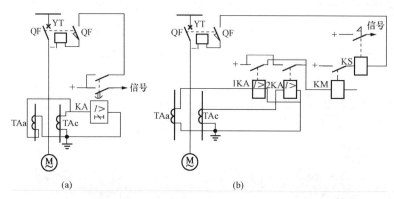

图 10‐2　电动机的电流速断保护原理接线图
（a）两相电流差接线方式；（b）两继电器的两相式接线方式

对不容易产生过负荷的电动机，接线中可以采用电磁型电流继电器；对于容易产生过负荷的电动机，则采用感应型电流继电器（GL‐14）。感应型电流继电器瞬间动作元件作用于断路器跳闸，作为电动机相间短路的保护；继电器反时限元件可以根据拖动机械的特点，动作于信号、减负荷或跳闸，作为电动机的过负荷保护。

（2）电流速断保护的整定计算。电动机电流速断保护的动作电流可以按照下式计算，即

$$I_{\text{op·KA}} = \frac{K_{\text{con}} K_{\text{rel}}}{K_{\text{TA}}} I_{\text{ss}} \qquad (10‐3)$$

式中　K_{rel}——可靠系数，对电磁型继电器采用 1.4～1.6，对感应型电流继电器采用 1.8～2；

　　　K_{con}——接线系数，当采用不完全星形接线时取 1，当采用两相电流差接线时取 $\sqrt{3}$；

　　　I_{ss}——电动机的起动电流（周期分量）；

　　　K_{TA}——电流互感器的变比。

保护装置的灵敏系数可以按照下式进行校验

$$K_{\text{sen}} = \frac{I_{\text{k·min}}^{(2)}}{I_{\text{op}}} \qquad (10‐4)$$

式中　$I_{\text{k·min}}^{(2)}$——系统最小运行方式下，电动机出口两相短路电流；

　　　I_{op}——速断保护一次侧动作电流。

根据规程规定，最小灵敏系数不小于 2。

（三）过负荷保护

电动机过负荷保护的动作电流按躲过电动机额定电流整定，可以按下式计算

$$I_{op} = \frac{K_{rel}}{K_{re}} I_{N \cdot M} \qquad (10 - 5)$$

式中 K_{rel}——可靠系数,动作于信号时取 1.05~1.1,动作于跳闸或减负荷时取 1.2~1.25;

K_{re}——返回系数,取 0.85。

过负荷保护的动作时限应按躲过电动机的起动电流的持续时间,而电动机的起动电流持续时间由于其形式、起动方式、所带负荷情况有关,一般约为 10~15s,故过负荷保护动作时间一般取 15~20s。

二、电动机单相接地保护

在小接地电流系统中的高压电动机,当容量小于 2000kW,而接地电容电流大于 10A;或容量等于 2000kW 及其以上,而接地电容电流大于 5A 时,应装设接地保护,无延时地作用于断路器跳闸。

高压电动机单相接地的零序电流保护装置的原理接线图如图 10-3 所示。图中 TAN 为一环形导磁体的零序电流互感器。正常运行以及相间短路时,由于零序电流互感器一次侧三相电流的相量和为零,故铁心内磁通为零,零序电流互感器二次侧无感应电动势,因此电流继电器 KAZ 中无电流通过,保护不会动作。外部单相接地时,零序电流互感器将流过电动机的电容电流。

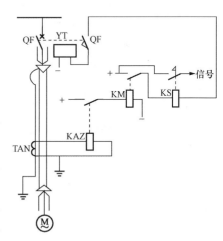

图 10-3 高压电动机零序电流保护
装置原理接线图

保护装置的动作电流,应该大于电动机本身的电容电流,即

$$I_{op} = K_{rel} 3I_{0C \cdot M \cdot max} \qquad (10 - 6)$$

式中 K_{rel}——可靠系数,取 4~5;

$3I_{0C \cdot M \cdot max}$——外部发生单相接地故障,由电动机本身对地电容产生的流经保护装置的最大接地电容电流。

保护装置的灵敏系数可以按下式校验,即

$$K_{sen} = \frac{3I_{0C \cdot min}}{I_{op}} \geq 2 \qquad (10 - 7)$$

式中 $3I_{0C \cdot min}$——系统最小运行方式下,被保护设备上发生单相接地故障时,流过保护装置的最小接地电容电流。

三、电动机的低电压保护

当电动机的供电母线电压短时降低或短时中断又恢复时,为了防止电动机自起动时使电源电压严重降低,通常在次要电动机上装设低电压保护,当供电母线电压降低到一定值时,延时将次要电动机切除,使供电母线有足够的电压,以保证重要电动机自起动。

低电压保护的动作时限分为两级,一级是为了保证重要电动机的自起动,在其他不重要的电动机上装设带 0.5s 时限的低电压保护,动作于断路器跳闸;另一级是当电源电压长时间降低或消失时,对于根据生产过程和技术安全等要求不允许自起动的电动机,应装设低电压保护,经 9~10s 时限动作于断路器跳闸。

对于 3~6kV 高压厂用电动机的低电压保护接线,一般有以下四点基本要求:

（1）当母线出现对称和不对称的电压，且低于保护整定值时，低电压保护装置应可靠动作。

（2）当电压互感器一次侧发生一相或两相断线时，保护装置均应不动作，并应发出断线信号。

（3）当电压互感器一次侧隔离开关或隔离触头因误操作被断开时，低电压保护不应误动作，并应该发出断线信号。

（4）对不重要的电动机和不允许"长期"失电后再自起动的重要电动机，低电压保护的动作时间和动作电压应分别整定。

在厂用电动机中，对于有中间煤仓制粉系统的磨煤机和灰浆泵、灰渣泵、碎煤机、空气压缩机、热网水泵、冲洗水泵等的电动机低压保护的动作电压为

$$U_{op} = \begin{cases} (65\% \sim 70\%)U_N, & \text{高压电动机} \\ (60\% \sim 70\%)U_N, & \text{低压电动机} \end{cases} \qquad (10 \text{-} 8)$$

动作时限为 0.5s，保护动作于跳闸。

对于具有自动投入备用机械的给水泵和凝结水泵以及循环水泵等的电动机，低电压保护的动作电压为

$$U_{op} = \begin{cases} (45\% \sim 50\%)U_N, & \text{高压电动机} \\ (40\% \sim 45\%)U_N, & \text{低压电动机} \end{cases} \qquad (10 \text{-} 9)$$

动作时限为 9～10s，保护动作于跳闸。

第三节　同步电动机保护

1kV 以上的电动机应该装设以下几种保护：相间短路保护、单相接地保护、低电压保护、过负荷保护、非同步冲击保护、失步保护、失磁保护、相电流不平衡保护、堵转保护。下面对其中的四种保护进行说明。

一、过负荷保护

过负荷保护的构成和异步电动机的相同。保护的动作电流整定为额定电流的 1.4～1.5 倍。保护延时动作于信号或跳闸，其动作时限大于同步电动机的起动时间。

二、非同步冲击保护

同步电动机在电源中断又重新恢复时，由于直流励磁仍然存在，会像同步发电机非同步并入电网那样，受到巨大的冲击电流和非同步冲击力矩。根据理论分析，在同步电动机的定子电动势和系统电源电动势夹角为 135°，滑差接近于零的最不利条件下合闸时，非同步冲击电流可能高达出口三相短路的 1.8 倍；非同步冲击力矩可能高达出口三相短路时冲击力矩的 3 倍以上。在这样大的冲击电流和冲击力矩的作用下可能发生同步电动机绕组崩断，绝缘损伤，联轴器扭坏等后果，还可能进一步发展成为电动机内部短路的严重事故。因此，规程规定：当大容量同步电动机不允许非同步冲击时，宜装设防止电源短路时中断再恢复而造成非同步冲击保护。

同步电动机在电源中断时，有功功率方向发生变化，因而可用逆功率继电器，作为同步冲击保护。同时，由于断电时转子转速在不断地降低，反映在电动机端电压上，是其频率在不断降低，因此也可以利用反应频率降低、频率下降速度的保护作为非同步冲击保护。

非同步冲击保护应确保在供电电源重新恢复之前动作。保护作用于励磁开关跳闸和再同步控制回路。这样，电源恢复时，由于电动机已灭磁，就不会遭受非同步冲击。同时，电动

机在异步力矩作用下，转速上升，滑差减小，等到滑差达到允许滑差时，再给电动机励磁，使其在同步力矩的作用下，很快拉入同步。对于不能再同步或根据生产过程不需要再同步的电动机，保护动作时应用于断路器和励磁开关跳闸。

三、失步保护

同步电动机正常运行时由于动态稳定或静态稳定破坏，而导致的失步运行主要有两种情况：一种是存在直流励磁时的失步（以下简称带励失步）；另一种是由于直流励磁中断或严重减少而引起的失步（以下简称失磁失步）。

带励异步运行的主要问题是出现按转差频率脉振的同步振荡力矩（其最大值为最大同步力矩，即一般电动机产品样本上所提供的最大力矩倍数所相应的值）。这个力矩的量值高达额定力矩的 1.5～3 倍。它使电动机绕组的端部绑线、电动机的轴和联轴器等部位受到正负交变的扭矩的反复作用。扭矩作用时间一长，将在这些部位的材料中引起机械应力，影响其机械强度和使用寿命。

失磁异步运行的主要问题是引起转子绕组（特别是阻尼绕组）的过热、开焊甚至烧坏。根据电动机的热稳定极限，允许电动机无励磁运行的时间一般为 10min。

从上述分析可以看出，带励失步和失磁失步都需要装设失步保护。失步保护通常按以下原理构成：

（1）利用同步电动机失步时转子励磁回路中出现的交流分量。同步电动机正常运行时，转子励磁回路中仅有直流励磁电流，而当同步电动机失步后，不论是带励失步或是失磁失步，也不论同步电动机是采用直流机励磁还是采用晶闸管励磁，转子励磁回路中都会出现交流分量，因此利用这个交流分量，可以构成带励失步和失磁失步的失步保护。

（2）利用同步电动机失步时的定子电流的增大。带励失步时，由于同步电动机的电动势和系统电源电动势夹角的增大，使定子电流也增大，因此可以利用同步电动机的过负荷保护兼作失步保护，反应定子电流的增大而动作。

同步电动机失磁运行时，其定子电流的数值决定于电动机的短路比、起动电流倍数、功率因数和负荷率。电动机的起动电流倍数和功率因数通常变化不大，因此考虑电动机的定子电流值时，主要考虑电动机的短路比和负荷率。电动机的短路比越大，电动机从系统吸取的无功功率越大，故定子电流越大。短路比大于 1 的电动机，负荷率影响不大，这种电动机失磁运行时，定子电流可达额定电流的 1.4 倍以上，因此，利用电动机的过负荷保护兼作失步保护，保护能可靠动作。但当电动机的短路比小于 1 时，负荷率的影响就较大。负荷率较低时，定子电流就达不到额定电流的 1.4 倍，此时过负荷保护不能动作，因此不能利用过负荷保护兼作失步保护。

（3）利用同步电动机失步时定子电压和电流间相角的变化。带励失步时，由于电动机定子电动势和系统电源电动势间夹角发生变化，因而定子电压和定子电流间的相角也随着变化。失磁失步时，电机正常运行时的发送无功功率变为吸收无功功率，因而定子电压和电流间的相角也会变化。因此利用定子电压和电流间相角的变化，也可以构成失步保护。

失步保护应延时动作于励磁开关跳闸并作用于再同步控制回路。对于不能再同步或根据生产过程不需要再同步的电动机，保护动作时应作用于断路器和励磁开关跳闸。

四、失磁保护

负荷变动大的同步电动机，当用反应定子过负荷的失步保护时，应增设失磁保护，保护带时限动作于跳闸。

除以上四种保护外，其他几种保护的装设原则、构成原理及整定计算和异步电动机基本相同（低电压保护的动作电压较异步电动机略低，约为其额定电压的 50%），此外在保护动作跳闸时，还须断开励磁开关。

第四节　微机电动机保护的构成原理

随着数字式保护的普及，微机电动机保护已经发展起来。本节将以 GCMT-11 电动机保护装置为例简要说明。

GCMT-11 电动机保护装置型号及其含义如下：

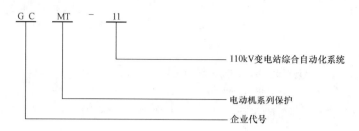

图 10-4　GCMT-11 电动机保护装置型号及其含义

GCMT-11 电动机保护装置配置了电流速断保护、起动时间过长保护、堵转保护、两段式负序过流保护、反时限负序过流保护、过负荷保护、接地保护、低电压保护并有 TV 断线检测等功能。以上各种功能均可选择投/退，并可根据实际需要来选择是否添加操作回路。作为电动机的主保护和后备保护，它可以适用于大中型异步电动机和同步电动机。

该装置的模拟输入量为三相电压、三相电流及零序电流，当用于两相电流接线时，B 相电流不接并将整定控制字设置为两相方式。如果选择两相三元件方式，则将装置的 B 相电流互感器接至 A、C 相的中线。

另外，该装置的操作回路具有防跳功能，并提供适量的位置接点。具有闭锁跳闸、合闸操作功能，以适应于液压、气压或弹簧储能等操作机构的断路器。

（一）电流速断保护

电流速断保护反应电动机的定子绕组或引线的相间短路而动作。动作时限可整定为速断或带极短的时限。其整定值应躲过电动机的起动电流。任一相电流大于整定值时，经整定时间电流速断保护跳闸。其逻辑框图如图 10-5 所示。

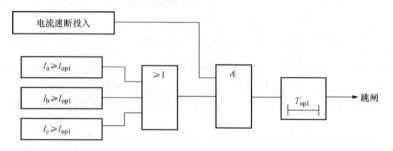

图 10-5　电流速断保护逻辑框图

（二）电动机起动过程的判断

图 10-6 为电动机正常起动后的电流变化曲线。起动前电流为零，合上断路器后，电流瞬间增大，随着电动机转速的升高，电动机的电流逐渐减小。当电动机达到额定转速后，电动机的电流也稳定在额定电流附近。

装置根据电流特征自动判断电动机的状态。如图 10-6 所示，当电动机的电流小于 $0.1I_N$ 时，认为电动机处于停止状态。从时刻 t_1 开始，电动机电流从无到有，认为电动机进入了起动状态。当电流由大变小，并稳定在额定电流附近时（t_2 时刻），则认为电动机已进入稳定运行状态。

如图 10-7 所示，图中的 T_{set} 为整定值，整定时应使 T_{set} 稍大于电动机的最长起动时间。当电动机起动后，电流经过时间 T_{set} 依然不能降到额定电流附近时，即认为电动机已进入运行状态。

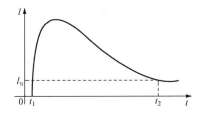
图 10-6 电动机正常起动电流

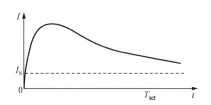
图 10-7 电动机起动时间的整定

（三）起动时间过长保护

起动时间过长保护在电动机起动过程中对电动机提供保护。在电动机运行过程中，起动时间过长保护自动退出。在电动机起动过程中，任一相电流大于整定值至整定时间，起动时间过长保护跳闸。其逻辑框图如图 10-8 所示。

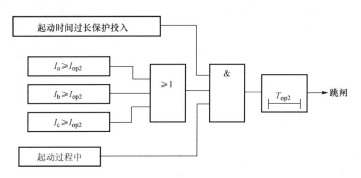
图 10-8 起动时间过长保护逻辑框图

（四）堵转保护

堵转保护在电动机运行过程中对电动机提供保护，在电动机起动过程中自动退出。在电动机运行过程中，任一相电流大于整定值至整定时间，堵转保护跳闸。其逻辑框图如图 10-9 所示。

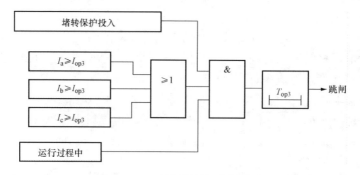

图 10 - 9　堵转保护逻辑框图

（五）过负荷保护

过负荷保护反应定子、转子绕组的平均发热状况，防止电动机过热。它主要保护电动机的过负荷及不对称过负荷。过热后，在装置中设置一个模拟电动机发热的模型：因为正、负序电流的发热效应不同，用等效电流 $I_{eq}^2 = k_1 \times I_1^2 + k_2 \times I_2^2$ 表示其发热，其中，I_1 为正序电流，I_2 为负序电流。对于 k_1 值，由内部确定。为防止电动机在正常起动过程中误动，在起动过程中，取 $k_1 = 0.5$，起动完毕后，I_1^2 值不再故意减小，取 $k_1 = 1.0$。对于 k_2 值，为模拟负序电流的增强发热效应，取 $k_2 = 1 \sim 8$，一般取为 6。过负荷反时限保护模拟电动机的发热，当等效电流大于过负荷电流 I_1 时，电动机开始热量积累，当等效电流小于过负荷电流时，热积累通过散热逐渐减少。当热量积累至告警或跳闸定值时，保护动作于信号或跳闸，其 $t\text{-}I_{eq}$ 动作特性为

$$t = \frac{T}{I_{eq}^{*2} - I_1^{*2}} \tag{10-10}$$

式（10 - 10）中，$I_{eq}^* = I_{eq}/I_N$，$I_1^* = I_1/I_N$，T 为电动机发热时间常数。

当过负荷保护动作，跳开电动机后，电动机有一个散热过程，需要等待热量散发到一定程度时，跳闸出口返回，才允许再次合闸。而电动机停转后，电动机的散热效果变差，此时散热时间常数应相应延长。

过负荷保护跳闸后，在需要紧急起动电动机的情况下，需按下装置上的复位键，强制收回跳闸出口，方可再次起动。

过负荷保护逻辑框图如图 10 - 10 所示。

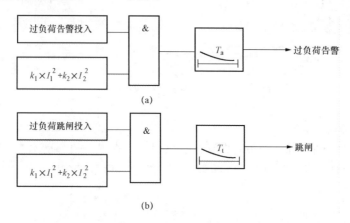

图 10 - 10　过负荷保护逻辑框图

（六）接地保护

接地保护为电动机接地故障提供保护。整定值应躲过外部发生接地故障时流过保护安装点的电容电流。保护可用于发信号，也可用于跳闸。其逻辑框图如图 10 - 11 所示。

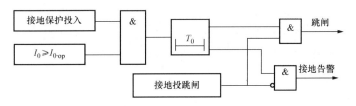

图 10 - 11　接地保护逻辑框图

（七）低电压保护

三相相间电压均小于低电压保护定值的时间超过整定时间时，低电压保护动作。当电动机三相均无电流时，低电压保护自动退出。其逻辑框图如图 10 - 12 所示。

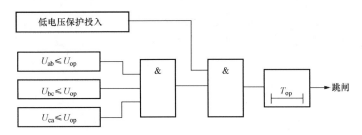

图 10 - 12　低电压保护逻辑框图

第五节　电力电容器保护

本节讨论的电力电容器的保护是指并联电容器组，它的主要作用是利用其无功功率补偿工频交流电力系统中感性负荷，提高电力系统的功率因数、改善电网质量、降低线路损耗。

电容器组一般由许多单台小容量的电容器串并联组成。安装时可以集中于变电所进行集中补偿，也可以分散到用户进行就地补偿。接线方式是并联在交流电气设备、配电网以及电力线路上。为了抑制高次谐波电流和合闸涌流，并且能够同时抑制开关熄弧后的重燃，一般在电容器组主回路中串联接入一只小电抗器。为了确保电容器组停运后的人身安全，电容器组均装有放电装置，低压电容器一般通过放电电阻放电，高压电容器通常用电抗器或电压互感器作为放电装置。为了保证电力电容器安全运行，与其他电气设备一样，电力电容器也应该装设适当的保护装置。

一、并联电容器组的主要故障及其保护方式

1. 电容器组与断路器之间连线的短路

电容器组与断路器之间连线的短路故障应采用带短时限的过电流保护而不宜采用电流速断保护，因为速断保护要考虑躲过电容器组合闸冲击电流及对外放电电流的影响，其保护范围和效果不能充分利用。

2. 单台电容器内部极间短路

单台电容器内部绝缘损坏将发生极间短路，因此，通常对每台电容器分别装设专用的熔断器，其熔丝的额定电流可以取电容器额定电流的1.5～2倍。熔断器的选型以及安装由厂家专业完成。有的制造厂已将熔断器装在电容器壳内。单台电容器内部由若干带埋入式熔丝和电容元件并联组成。一个元件故障，由熔丝熔断自动切除，不影响电容器的运行，因而对单台电容器内部极间短路，理论上可以不安装外部熔断器，但是为防止电容器箱壳爆炸，一般都装设外部熔断器。

3. 电容器组多台电容器故障

电容器组多台电容器故障包括电容器的内部故障及电容器之间连线上的故障。如果仅仅一台电容器故障，由其专用的熔断器切除，而对整个电容器组无多大影响，因为电容器具有一定的过载能力。但是当多台电容器故障并切除后，就可能使留下来继续运行的电容器严重过载或过电压，这是不允许的。电容器之间连线上的故障同样会产生严重后果。为此，需要考虑保护措施。

电容器组的继电保护方式随其接线方案的不同而异。总的来说，尽量采用简单可靠而又灵敏的接线把故障检测出来。常用的保护方式有零序电压保护、电压差动保护、电桥差电流保护、中性点不平衡电流或不平衡电压保护、横差保护等。

二、电容器组不正常运行状态及其保护方式

1. 电容器组过负荷

电容器过负荷是由系统过电压及高次谐波所引起，按照国标规定，电容器在有效值为1.3倍额定电流下长期运行，对于电容器具有最大正偏差的电容器，过电流允许达到1.43倍额定电流。由于按照规定电容器组必须装设反映母线电压稳态升高的过电压保护，又由于大容量电容器组一般需要装设抑制高次谐波的串联电抗器，因而可以不装设过负荷保护。仅当系统高次谐波含量较高，或电容器组投运后经过实测在其回路中的电流超过允许值时，才装设过负荷保护。保护延时动作于信号。为了与电容器的过载特性相配合，宜采用反时限特性的继电器。当用反时限特性继电器时，可以与前述的过电流保护结合起来。

2. 母线电压升高

电容器组只能允许在1.1倍额定电流下长期运行，因此，当系统引起母线稳态电压升高时，为保护电容器组不致损坏，应装设母线过电压保护，且延时动作于信号或跳闸。

3. 电容器组失压

当系统故障线路断开引起电容器组失去电源，而线路重合又使母线带电电容器端子上残余电压又没有放电到0.1倍的额定电压时，可能使电容器组承受长期允许的1.1倍额定电压的合闸过电压而使电容器组损坏，因而应装设失压保护。

三、电容器的几种常用保护

1. 电容器组与断路器之间连线短路故障的电流保护

当电容器组与断路器之间连线发生短路时，应装设反应外部故障的过电流保护，电流保护可以采用二相二继电器式或二相电流差接线，也可以采用三相三继电器式接线。电容器组三相三继电器式接线的电流保护原理接线图如图10-13所示。

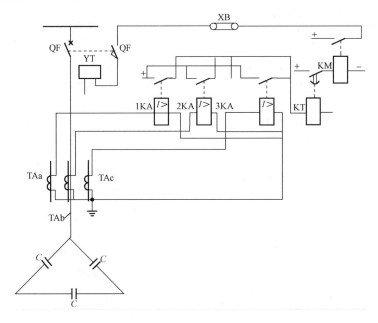

图 10-13　电容器组过电流保护原理接线图

当电容器组和断路器之间连接线发生短路时，故障电流使电流继电器动作，动合触点闭合，接通 KT 线圈回路，KT 触点延时闭合，使 KM 动作，其触点接通断路器跳闸线圈 YT，使断路器跳闸。

过电流保护也可以用作电容器内部故障后的后备保护，但只有在一台电容器内部串联元件全部击穿而发展成相间故障时才能动作。

电流继电器的动作电流可以按照下式整定

$$I_{op} = \frac{K_{rel}}{K_{re}} I_{NC} \tag{10-11}$$

式中　K_{rel}——可靠系数，一般时限在 0.5s 以下时取 2.5，较长时限时取 1.3；

　　　K_{re}——返回系数；

　　　I_{NC}——电容器组的额定电流。

保护的灵敏系数按照下式校验

$$K_{sen} = \frac{I_{k\cdot min}}{I_{op}} \geqslant 2 \tag{10-12}$$

式中　$I_{k\cdot min}$——最小运行方式下，电容器首端两相短路时，流过保护的一次电流。如果用两相电流差接线，电流互感器装在 A、C 相上，则取 AB 或 BC 两相短路时的电流。

2. 电容器组的横联差动保护

电容器组的横联差动保护，用于保护双三角形连接电容器组的内部故障，其原理接线图如图 10-14 所示。

在 A、B、C 三相中，每相都分成两个臂，在每个臂中接入一只电流互感器，同一相两臂电流互感器二次侧按电流差接线，即流过每一相电流继电器的电流是该相两臂电流之差，也就是说它是根据两臂中电流的大小来进行工作的，所以叫做差动保护。各相差动保护是分相装设的，而三相电流继电器差动接成并联。

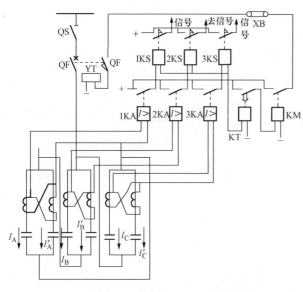

图 10-14   电容器组的横联差动保护原理接线图

由于电容器组接成双三角形接线，对于同一相的两臂电容量要求比较严格，应该尽量做到相等。对于同一相两臂中的电流互感器，其变比也应相同，而且其特性也尽量一致。

在正常运行情况下，电流继电器都不会动作，如果在运行中任意一个臂的某一台电容器的内部有部分串联元件击穿，则该臂的电容量增大，其容抗减小，因而该臂的电流增大，使两臂的电流失去平衡。当两臂的电流之差大于整定值时，电流继电器动作，并经过一段时间后，中间继电器动作，作用于跳闸，将电源断开。由图 10-14 可以看出，差动和信号回路是各自分开的，而时间及出口回路是各相共用的。

电流继电器的整定按以下两个原则进行计算：

（1）为了防止误动作，电流继电器的整定值必须躲开正常运行时电流互感器二次回路中由于各臂的电容量配置不一致而引起的最大不平衡电流，即

$$I_{op} = K_{rel} I_{unb \cdot max} \qquad (10-13)$$

式中 K_{rel}——横差保护的可靠系数，取 2；

     $I_{unb \cdot max}$——正常运行时可能产生的最大不平衡电流。

（2）在某台电容器内部有 50%～70% 串联元件击穿时，保证装置有足够的灵敏系数，即

$$I_{op \cdot KA} = \frac{I_{unb}}{K_{sen}} \qquad (10-14)$$

式中 K_{sen}——横差保护的灵敏系数，取 1.8；

     I_{unb}——电容器内部 50%～70% 串联元件击穿时，电流互感器二次回路中的不平衡电流。

为了躲开电容器投入合闸瞬间的充电电流，以免引起保护的误动作，在接线中采用了延时 0.2s 的时间继电器。

横差动保护的优点是原理简单、灵敏系数高、动作可靠、不受母线电压变化的影响，因而得到了广泛的利用。其缺点是装置电流互感器太多，对同一相臂电容量的配合选择比较费事。

四、中性线电流平衡保护

中性线电流平衡保护用于保护双星形接线电容器组的内部故障，其原理接线图如图 10-15 所示。

由图 10-15 可见，在两个星形的中性点之间的连线上，接入一只电流互感器 TA，其二次侧接入电流继电器 KA。这种接线方式的原理实质是比较每相并联支路中电流的大小。当两组电容器各对应相电容量的比值相等时，中性点连接线上的电流为零，而当其中任一台电容器内部故障有 70%～80% 串联元件击穿时，中性点连接线上出现的故障电流会使电流继电器动作，使断路器跳闸。

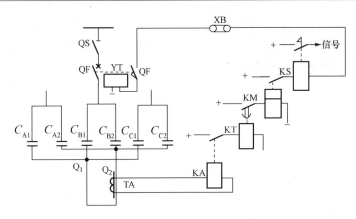

图 10 - 15　电容器组中性线电流平衡保护原理图

电流继电器动作电流的整定原则同横差保护，即：

（1）为了防止误动作，电流继电器的整定值必须躲开正常运行时电流互感器二次回路中由于各臂的电容量配置不一致而引起的最大不平衡电流，公式同式（10 - 11），其中可靠系数取 1.5；

（2）在某台电容器内部有 70%～80% 串联元件击穿时，保证装置有足够的灵敏系数，公式同式（10 - 12）。

电流继电器动作电流的整定原则同横差保护，即：

（1）为了防止误动作，电流继电器的整定值必须躲开正常运行时电流互感器二次回路中由于各臂的电容量配置不一致而引起的最大不平衡电流，公式同式（10 - 11），其中可靠系数取 1.5；

（2）在某台电容器内部有 70%～80% 串联元件击穿时，保证装置有足够的灵敏系数，公式同式（10 - 12）。

五、电容器组的过电压保护

为了防止在母线电压波动幅度比较大的情况下，导致电容器组长期过电压运行，应该装设过电压保护装置，其原理接线图如图 10 - 16 所示。

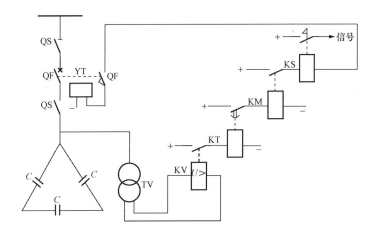

图 10 - 16　电容器组的过电压保护原理接线图

当电容器组有专用的电压互感器时，过电压继电器 KV 接于专用电压互感器的二次侧，如无专用电压互感器时，可以将电压继电器接于母线电压互感器的二次侧。

过电压继电器的动作电压按下式整定计算，即

$$U_{op \cdot KV} = K_{ov} \frac{U_{NC}}{K_{TV}} \tag{10 - 15}$$

式中　U_{NC}——电容器的额定电压；

　　　K_{TV}——电压互感器变比；

　　　K_{ov}——决定于电容器承受过电压能力的系数，一般取 1.1。

当运行中的电压超过式（10 - 15）所整定的值时，电压继电器动作，起动 KT，经过一定时间起动中间继电器，使断路器跳闸。

思 考 题 与 习 题

10 - 1　为什么容易过负荷的电动机的电流速断保护宜采用 GL-10 系列的感应型电流继电器？

10 - 2　电动机装设低电压保护的目的是什么？对电动机低电压保护有哪些基本要求？

10 - 3　同步电动机和异步电动机的保护装置有何不同？

10 - 4　同步电动机的失步保护按照什么原理来构成的？

10 - 5　移相电容器的过电流保护有什么作用？

10 - 6　说明电容器组横联差动保护的作用和工作原理。在什么情况下电容器组可以装设横联差动保护？

10 - 7　在什么情况下电容器组可以采用中性线平衡保护？这种保护的原理实质是什么？

10 - 8　电容器组为什么要装设过电压保护？过电压继电器从哪里获得电压？

10 - 9　异步电动机有哪些故障形式？应配置哪些保护？其基本原理分别是什么？

10 - 10　同步电动机采用哪些保护种类？其基本原理分别是什么？

第十一章 输电线路自动重合闸装置

第一节 概 述

一、采用自动重合闸装置的意义与作用

在电力系统的各种故障中,输电线路(特别是架空线路)是发生故障几率最多的设备,约占电力系统总故障的 90% 左右。因此,采取措施提高输电线路的可靠性对电力系统的安全稳定运行具有非常重要的意义。

输电线路故障的性质大多数是瞬时性故障,此类故障几率又占输电线路故障的 80%~90%。所谓瞬时性故障,就是在故障出现后,输电线路继电保护快速动作,使相应断路器迅速跳闸,短路点的电弧立即熄灭,周围介质的绝缘强度也迅速恢复,故障便自行消除。如雷电引起的绝缘子表面闪络、线路对树枝放电、大风引起的碰线、鸟害以及绝缘子表面污闪等。若输电线路采用自动重合闸装置,就能将被保护切除的线路重新投入系统运行,从而提高了线路供电的可靠性。在双电源供电的线路上采用自动重合闸装置,能使两侧系统在重合闸后稳定运行,对提高系统的稳定性是很有利的。另外,线路断路器如发生误碰跳闸、继电保护误动作时,自动重合闸装置可以予以纠正。由此可见,自动重合闸装置就是将跳闸后的断路器自动重新投入的装置,简称 AAR 装置。

如果 AAR 装置将相应断路器重合到永久性故障线路上(如倒杆、断线等现象),保护装置将断路器重新跳开,AAR 装置将不再动作,这种情况称为重合闸不成功。可以用重合成功的次数与重合总动作次数之比的百分数来表示重合闸的成功率,运行资料表明,重合闸成功率一般在 60%~90% 之间。

自动重合闸的作用可归纳为如下几点:

(1) 在线路上发生瞬时性故障时,迅速恢复供电,从而提高了供电的可靠性。

(2) 对于有双侧电源的高压输电线路,可提高系统并列运行的稳定性。

(3) 在电网设计过程中,装设自动重合闸装置的,可暂缓架设双回线路以节约投资。

(4) 对于断路器本身的机构不良,或继电保护误动作而引起的误跳闸,自动重合闸能起到纠正作用。

重合于永久性故障时带来的不利影响有以下两点:

(1) 电力系统再一次地受到故障的冲击,加重了设备的进一步损坏。重合闸时间整定不当的,还可能引起系统动稳定的破坏。

(2) 在很短的时间内,连续切断两次短路电流,加重了断路器的工作条件。

由于自动重合闸是保证电力系统安全运行、可靠供电、提高电力系统稳定的一项有效措施,并且所需费用极低,所以自动重合闸装置极为广泛地应用在各种电压等级的输电线路上。

二、三相自动重合闸的装设原则和分类

所谓三相重合闸是指不论在输、配电线上发生单相短路还是相间短路时的继电保护装置

均将线路三相断路器同时跳开，然后起动自动重合闸再同时重合三相断路器的方式。如是瞬时性故障，则重合闸成功；否则保护再次动作，跳开三相断路器。这时，是否再重合要视情况而定。目前，一般只允许重合闸动作一次，称为三相一次自动重合闸装置。在特殊情况下，如无人值班的变电所的无遥控单回线，无备用电源的单回线重要负荷供电线，断路器遮断容量允许时，可采用三相二次重合闸装置。

（一）装设原则

《继电保护和安全自动装置技术规程》（DL400—1991）规定自动重合闸的装设原则是：

（1）1kV 及以上架空线路及电缆与架空混合的线路，在具有断路器的条件下，当用电设备允许且无备用电源自动投入时，应装设自动重合闸装置。

（2）旁路断路器和兼作旁路母联断路器或分段断路器，应装设自动重合闸装置。

（3）低压侧不带电源的降压变压器，可装设自动重合闸装置。

（4）必要时，母线故障也可采用自动重合闸装置。

（二）分类

单侧电源线路的三相自动重合闸按不同特征，可进行如下分类：

（1）按照自动重合闸的动作方法，分为机械式和电气式。

（2）按照起动方法，分为不对应起动式和保护起动式。

（3）按照重合次数，分为一次重合式、二次重合式和三次重合式。

（4）按照复归方式，分为自动复归式和手动复归式。

（5）按照与继电保护的配合方式，分为重合闸前加速保护动作、重合闸后加速保护动作和重合闸不加速保护动作。

三、对自动重合闸装置的基本要求

1. 动作迅速

自动重合闸装置在满足故障点去游离（介质强度恢复）所需的时间和断路器消弧室及断路器的传动机构准备好再次动作所需时间条件下，自动重合闸装置的动作时间应尽可能短。因为从断路器断开到自动重合闸发出合闸脉冲时间越短，用户的停电时间也可以相应缩短，从而可减轻故障对用户和系统带来的不良影响。重合闸动作的时间，一般采用 0.5~1s。

2. 在下列情况下，自动重合闸装置不应动作

（1）手动跳闸时不应重合。当运行人员手动操作或遥控操作使断路器跳闸时，不应自动重合。

（2）手动合闸于故障线路时，继电保护动作使断路器跳闸后，不应重合。因为在手动合闸前，线路没有电压，如合闸到已存在的有故障线路上，则线路故障多属于永久性故障。

3. 不允许任意多次重合

自动重合闸的动作次数应符合预先规定的次数。如一次重合闸应保证只重合一次，当重合于永久性故障时再次跳闸后就应不再重合，因为在永久性故障时，多次重合将使系统多次遭受冲击，还可能会使断路器损坏，扩大事故。

4. 动作后应自动复归

自动重合闸装置的合闸脉冲应足够长，以保证可靠投入断路器，自动重合闸装置动作后，应能自动复归，准备好下次再动作。对于 10kV 及以下电压级别的线路，如无人值班时也可采用手动复归方式。

5. 用不对应原则起动

一般自动重合闸可采用控制开关位置与断路器位置不对应原则起动重合闸装置，即当控制开关在合闸位置而断路器实际上在断开位置的情况下，使重合闸起动（简称不对应起动方式）。除此之外，也可以由继电保护来起动重合闸（简称保护起动方式）。前者的优点是可以使因误碰而跳闸的断路器迅速重合上，而保护起动方式却只能在保护动作的情况下才起动 AAR，所以不能纠正由误碰引起的断路器跳闸。

6. 与继电保护相配合

自动重合闸能与继电保护相配合。在重合闸动作前或重合闸动作后加速保护动作，以便更好地与继电保护装置相配合，加速故障切除时间，提高供电的可靠性。

7. 同步问题

在双侧电源线路上实现自动重合闸时，应考虑故障点的断电时间和合闸时两侧电源间的同步问题。

第二节　单侧电源线路的三相一次自动重合闸

一、三相一次自动重合闸的基本工作原理

在我国电力系统中，三相一次重合闸方式使用非常广泛。目前我国电力系统中重合闸装置有电磁型、晶体管型和微机型三种，它们的工作原理和组成部分完全相同，只是实施方法不同。其基本原理框图如图 11 - 1 所示，其具体接线应满足对三相自动重合闸的基本要求。

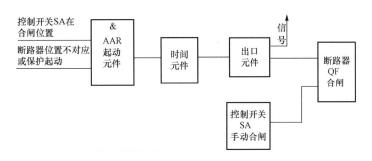

图 11 - 1　自动重合闸基本原理框图

二、电磁型三相一次自动重合闸装置

目前各厂家生产的直流一次重合闸继电器型号较多，电磁型常用的有 DH-2A(DH-1)、DH-3、DH-4 等。其内部元件结构基本相似，内部接线略有不同。

图 11 - 2 为单侧电源电磁型三相一次自动重合闸装置原理接线图（图中仅表示与自动重合闸有关部分）。它属于电气式三相一次重合闸，自动复归方式，不对应起动方式，与继电保护配合可组成自动重合闸前加速或自动重合闸后加速保护。

（一）DH-2A 型重合闸继电器（图 11 - 2 虚线框内）

它主要由电容器 C（约 $4\mu F$）、电阻 R_4（$3.4M\Omega$）、时间继电器 KT 和带有自保持线圈的中间继电器 KM 组成。

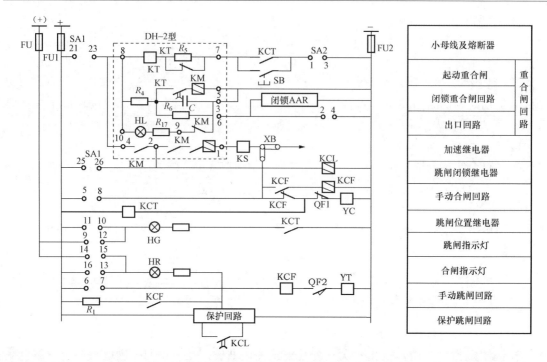

图 11-2　一次自动重合闸接线图

时间继电器 KT 用来整定重合闸装置的动作时间，实现由自动重合闸起动到闭合中间继电器 KM 电压线圈 KM(U) 电路的延时。

中间继电器 KM 是 AAR 装置的执行元件，用于发出接通断路器合闸回路的脉冲以及加速继电保护的动作。它有两个线圈，KM 的电压线圈 KM(U) 在电容器 C 放电时起动，KM 的电流线圈 KM(I) 串联在断路器的合闸回路里，在合闸时起自保持作用，直到合闸结束该继电器才失磁复归。

电容器 C 和充电电阻 R_4，用于保证重合闸的动作次数。电阻 R_4 可以限制向电容器 C 的充电速度，其所构成的时间回路可以保证手动合闸于故障线路时不致重合，以及重合不成功时装置只动作一次。

电阻 R_5 用来保证时间继电器 KT 的热稳定。

当某些不允许进行重合闸的保护动作或手动跳闸时电阻 R_6 闭锁自动重合闸，电容器 C 通过 R_6 放电。

信号灯 HL 用来监视控制开关的触点是否接通，也可以监视中间继电器 KM 触点是否粘住，HL 的熄灭表示直流电源消失或重合闸动作。

电阻 R_{17} 用来降低信号灯 HL 的电压。

下面结合图 11-2 来说明自动重合闸装置的动作情况。

（二）动作原理简述

图 11-2 是利用跳闸位置中间继电器 KCT 起动，但对于就地操作的线路可以直接利用断路器的辅助触点来起动，而不增设 KCT 继电器。

1. 线路正常运行时

断路器处于合闸状态，其动断触点 QF1 断开，跳闸位置中间继电器 KCT 失磁，KCT

动合触点断开，这时 SA 控制开关和断路器 QF 处于对应合闸状态：SA1 接通，正电源通过 SA1、R_4 对电容 C 充电，充电时间 15～25s，充电后重合闸处于准备动作状态，信号灯 HL 亮，指示直流母线 WC 的电压正常。

2. 当线路发生瞬时性故障或由于其他原因使断路器误跳闸时

输电线路断路器跳闸，而控制开关 SA 仍然处于合闸状态，这时因控制开关 SA 和断路器位置不对应而起动重合闸装置，SA1 触点 21-23 及 SA2 触点 1-3 是闭合的，触点 QF1 接通，KCT 通过 QF1 和 YC 合闸线圈励磁（但这时 YC 因电流小而不会动作）。KCT 触点通过 AAR 装置的起动回路，使 KT 励磁，一方面通过 KT2 触点断开，将 R_5 接入 KT 回路，使其仍然保持动作状态并增加了 KT 的热稳定性；另一方面 KT 的触点经延时 0.5～1.5s 后接通，电容 C 立即对中间继电器的电压线圈 KM(U) 放电，使 KM(U) 励磁，KM 动作，此时信号灯 HL 熄灭，接通合闸回路，并在合闸过程中利用 KM 继电器的电流线圈 KM(I) 自保持，从而起动了 AAR 装置。如果重合成功，则所有继电器自动复归到原来位置，而电容器 C 经一定时间又恢复到充好电状态，信号灯 HL 亮。

3. 用控制开关 SA 手动操作断路器跳闸时

按 AAR 装置的要求，对于输电线路自动重合闸装置，手动跳闸及遥控跳闸时不允许自动重合。该要求的实现是通过操作控制开关 SA，在手动跳闸时 SA1 触点 21-23 断开，触点 2-4 闭合，电容 C 就通过 R_6 构成放电回路，这时电容 C 上电压下降到不足以使 KM 励磁的程度，AAR 装置因电容电压不足而不能起动重合闸装置。

4. 手动合闸于永久性故障线路时

手动合闸到故障线路时，线路保护动作，相应断路器跳闸，此时由于电容 C 的充电时间很短，电容 C 充不到足够的电压（KM 动作所必需的电压），不足以起动 KM，从而保证了手动合闸到故障线路时，AAR 装置不动作。

5. 重合一次失败后

当重合一次失败后，虽然继电器 KCT 和 KT 重新起动，但是电容器 C 两端的电压仍达不到 KM 动作所必须的电压，且充电电阻 R_4 远大于继电器 KM 线圈的阻抗，从而保证了自动重合闸只能动作一次。为了防止当 KM 触点粘住而引起断路器的多次重合，设置了防跳继电器 KCF。这种防跳方式比利用跳闸机构的附加触点更可靠，因为跳闸线圈长时间通过电流有被烧坏的危险。当断路器的操动机构具有防止"跳跃"的闭锁装置时，对 3～10kV 断路器一般不装设 KCF 继电器，而对 35kV 断路器，因它较重要且影响范围较广，一般都装设 KCF 继电器。"防跳"原理在此不赘述。

6. 加速方式

图 11-2 所示接线为自动重合闸后加速方式，自动重合闸出口中间继电器 KM 的触点和 SA1 触点 25-26 并联起动 KCL 加速继电器，保证了手动合闸或自动重合于永久性故障时，后加速保护迅速动作切除故障。

按钮 SB 供试验自动重合闸用，但也可不装设。

（三）用程序实现的重合闸

在使用三相自动重合闸的中、低压线路上，自动重合闸是由该线路微机保护测控装置中的一段程序来完成的，所以可以从重合闸的程序框图来认识重合闸的基本原理，如图 11-3 所示。

1. 重合闸的准备动作状态

从线路投运开始，程序就开始做重合闸的准备。在微机保护测控装置中，常采用一个计数器计时是否满 20s（该值就是重合闸的复归时间定值，并且是可以整定的，为便于说明，这里先假设为固定值）来表明重合闸是否已准备就绪。当计数器计时满 20s 时，表明重合闸已准备就绪，允许重合闸。否则，当计数器计时未满 20s 时，即使其他条件满足，也不允许重合。如果在计数器计时的过程中，或计数器已计时满 20s 后，有闭锁重合闸的条件出现时，程序会将计数器清零，并禁止计数。程序检测到计数器计时未满，即禁止重合。这个过程是模拟了传统重合闸装置中的电容充放电原理来设计的，该原理在前面电气式重合闸装置中已做介绍。由于这个原因，所以在许多产品说明书中仍以"充电"是否完成来描述重合闸是否准备就绪。以后，把该计数器称为"充电"计数器。

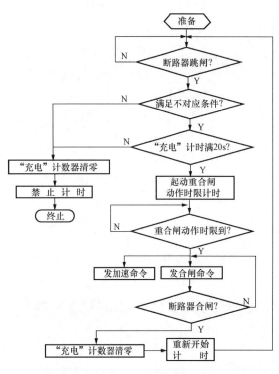

图 11-3　三相一次重合闸程序框图

2. 重合闸的起动

重合闸的起动方式通常由保护起动和不对应起动两种。在电气式重合闸回路中，一般只采用不对应起动方式来起动重合闸，而在微机保护测控装置中，常常兼用两种起动方式（注意：在有些保护装置中这两种方式不能同时投入，只能经控制字选择一种起动方式），图 11-3 中仅画出了不对应起动方式的起动过程。

当微机保护测控装置检测到断路器跳闸时，先判断是否符合不对应起动条件，即检测控制开关是否在合位。如果控制开关在分位，那么就不满足不对应条件（即控制开关在跳位，断路器也在跳闸位置，它们的位置对应），程序将"充电"计数器计时清零，并退出运行。如果没有手动跳闸信号，那么说明不对应条件满足（即控制开关在合后位，而断路器在跳闸位置，它们的位置不对应），程序开始检测重合闸是否准备就绪，即"充电"计数器计时是否满 20s。如果"充电"计数器计时不满 20s，程序将"充电"计数器清零，并禁止重合；如果"充电"计数器计时满 20s，则立即起动重合闸动作时限计时。

如果是采用遥控跳闸、合闸，只需将遥控命令与断路器的位置比较即可实现不对应起动。另外，目前许多变电站不再使用控制开关操作断路器，这时可将相应的操作开关或按钮的位置与断路器的位置比较也可实现不对应起动。总之，只要符合不对应起动的基本原理即可。

需要指出，断路器跳闸的原因很多：如线路发生故障使保护动作跳闸，线路保护误动作跳闸，断路器偷跳等。但是，不管是什么原因引起的跳闸，不对应起动方式都能起动重合。

对于保护起动方式，重合闸起动的条件是：保护动作，且断路器已跳闸。当断路器由于本身机构不良偷跳闸时，保护没有动作，此时保护起动方式不能起动重合闸。

3. 重合闸动作

重合闸起动后，并不立即发合闸命令，而是当重合闸动作时限的延时结束后才发合闸命令。在发合闸命令的同时，还要发加速保护的命令。

当断路器合闸后，重合闸"充电"计数器重新开始计时。如果是线路发生瞬时性故障引起的跳闸或是断路器误跳闸，重合命令发出后，重合成功，重合闸"充电"计数器重新从零开始计时，经20s后计时结束，准备下一次动作。如果是线路永久性故障引起的跳闸，则断路器会被线路保护再次跳开，程序将循环执行。当程序开始检测重合闸是否准备就绪时，由于重合闸"充电"计数器的计时未满20s（这是由于在断路器重合闸后，重合闸"充电"计数器是从零重新开始计时的，虽然经线路保护动作时间和断路器跳闸时间，但由于保护已被重合闸加速，所以它们的动作时间总和很短，故"充电"计数器计时不足20s），程序将"充电"计数器清零，并禁止重合。

4. 闭锁重合闸的情况

当手动操作合闸时，如果合到的是故障线路，保护会立刻动作将断路器跳闸，此时重合闸不允许起动。程序开始检测重合闸是否准备就绪时，由于重合闸"充电"计数器的计时未满20s（这是由于在断路器合闸后，重合闸"充电"计数器是从零重新开始计时的，虽然经线路保护动作时间和断路器跳闸时间，但因保护已被手动合闸加速，所以它们的动作时间总和很短，故"充电"计数器计时不足20s），程序将"充电"计数器清零，并禁止重合。

此外，常见的闭锁重合闸的条件还有：

（1）闭锁重合闸的装置，如母线差动保护、变压器保护、按频率自动减负荷装置等动作。

（2）断路器液压（或气压）操动机构的气（液）压降低到不允许合闸的程度，或断路器弹簧操动机构的弹簧未储能。

（3）断路器控制回路断线。

（4）重合闸未投。

当出现闭锁重合闸的条件时，程序将"充电"计数器计时清零，并禁止计时，闭锁重合闸（图11-3中未画出这段程序）。

（四）单侧电源线路三相自动重合闸装置的参数整定

1. 重合闸动作时限值的整定

重合闸的动作时限即图11-2中时间继电器KT的整定时限。为了尽可能缩短停电时间，重合闸的动作时限原则上应越短越好。但考虑到如下两方面的原因，重合闸的动作又必须带一定的延时。

（1）断路器跳闸后，故障点的电弧熄灭以及周围介质绝缘强度的恢复需要一定的时间，必须在这个时间以后进行重合才有可能成功。

（2）重合闸动作时，继电保护一定要返回，同时断路器操动机构恢复原状，准备好再次动作也需要一定的时间。重合闸必须在这个时间以后才能向断路器发出合闸脉冲。

因此，对单电源辐射状单回线路，重合闸动作时限 t_{op}^{AAR} 为

$$t_{op}^{AAR} = t_{dis} + t_{on} + \Delta t \tag{11-1}$$

式中　t_{dis}——故障点的去游离时间；

t_{on}——断路器的合闸时间；

Δt——时间裕度，取 0.3～0.4s。

运行经验表明，单侧电源线路的三相重合闸动作时间取 0.8～1s 较为合适。

2. 重合闸复归时间的整定

重合闸复归时间就是电容器 C 上电压从零值充电到能使中间继电器 KM 动作所需的时间。复归时间的整定需考虑以下两个方面因素：

(1) 保证当重合到永久性故障，由最长时限段的保护切除故障时，断路器不会再次重合。考虑到最严重情况下，断路器辅助触点可能先于主触头切换，提前的时间为断路器的合闸时间。于是重合闸的复归时间 t_{re}^{AAR} 为

$$t_{re}^{AAR} = t_{op \cdot max} + t_{on} + t_{op}^{AAR} + t_{off} + \Delta t \tag{11-2}$$

式中　$t_{op \cdot max}$——保护最长动作时限；

t_{on}——断路器的合闸时间；

t_{op}^{AAR}——重合闸的动作时限；

t_{off}——断路器的跳闸时间；

Δt——时间裕度。

(2) 保证断路器切断能力的恢复，即重合闸动作成功后，复归时间不小于断路器恢复到再次动作所需的时间。

综合这两方面的要求，重合闸复归时间一般取 15～25s。

第三节　双侧电源线路的自动重合闸

一、双侧电源线路装设重合闸装置应重点考虑的两个问题

双电源线路是指两个及两个以上电源间的联络线。在双电源线路上实现重合闸的特点是要考虑断路器跳闸后，电力系统可能分列为两个独立部分，有可能进入非同步运行状态，因此除需满足前述基本要求外，还应考虑故障点的断电时间和同步两个问题。

(1) 所谓故障点的断电时间问题，是指线路两侧保护装置可能以不同时限断开两侧断路器，为保证故障电弧的熄灭和足够的去游离时间，以使 AAR 装置动作有可能成功，线路两侧 AAR 装置应保证在两侧断路器都跳闸以后约 0.1～0.5s，再进行重合。

(2) 所谓同步问题，是指当线路两侧断路器断开后，线路两侧电源间电动势相位差将增大，有可能失去同步，这时候合闸一侧的断路器重合时，应考虑线路两侧电源是否同步以及是否允许非同步合闸问题。在采用三相自动重合闸时一般都采用检查线路无电压和检查同步的 AAR 装置。

二、双侧电源线路的自动重合闸装置

(一) 检定线路无电压和检定同步的三相自动重合闸

为鉴别线路有无电压及检查同步，线路两侧均需设置电压互感器或电压抽取装置。图 11-4 所示为双电源线路检查无电压和同步的三相自动重合闸示意图。

在线路 M 侧装有一套同步检查继电器 KSY 的 AAR 装置，在线路 N 侧装有一套带鉴定线路无电压的 AAR 装置，其原理说明如下：

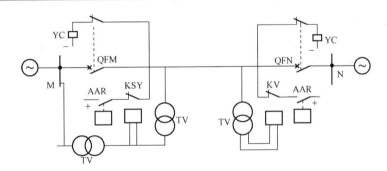

图 11-4 双电源线路检查无电压和同步的三相自动重合闸示意图

线路上发生瞬时故障时，两侧继电器保护动作，使 QFM 和 QFN 跳闸，线路上无电压。在 N 侧（称无压侧）低电压继电器 KV 触点闭合，AAR 装置鉴定无电压起动后，经整定的时间延时，QFN 合闸。在 N 侧尚未重合时，M 侧（称为同步侧）因同步继电器 KSY 感受两侧不同步，动断触点打开，闭锁重合闸；在 N 侧重合闸后，KSY 继电器开始测量两侧电压是否同步，待符合同步要求时，KSY 触点闭合，且其动断触点闭合的时间足够长，使 AAR 动作，将 QFM 合闸，线路恢复同步运行。由于同步继电器 KSY 和 AAR 装置配合工作，从而使重合时产生的冲击电流值在预定值之内，保证了系统稳定的要求。

当线路发生永久故障时，无电压侧重合至故障线路时，保护加速跳闸，这个过程中同步侧始终不可能合闸。

当继电器保护误动作或误碰时，在 N 侧，因线路有电压，KV 继电器触点打开，断路器无法合闸。因此，要求在 N 侧也装设同步检查继电器，这样就能保证利用重合闸恢复由于继电保护误动或误碰引起的断路器误跳闸，来恢复同步运行。如果继电保护误动作或断路器误碰跳闸发生在 M 侧时，同步继电器检查两侧同步后，AAR 装置就立即发出自动合闸命令。

由以上分析可见，两侧断路器工作状态，以无压侧切除故障次数多。为使两侧断路器工作状态接近相同，在两侧均装设低电压继电器和同步检查继电器，利用连接片定期更换两侧重合闸起动方式，即在一段时间内 M 侧改为无电压侧，N 侧为同步侧。值得注意的是，在作为同步侧时，该侧的无电压检查是不能投入工作的，只有切换为无电压侧时，无电压检查才能投入工作，否则两侧无电压检查继电器均动作，起动重合闸，将造成非同步合闸的严重后果。

（二）非同步自动重合闸

非同步自动重合闸就是当线路两侧断路器因故障被断开以后，不管两侧电源是否同步就进行重合，合闸后由系统将其拉入同步。采用非同步自动重合闸的条件如下：

（1）非同步重合闸时产生的实际可能最大冲击电流应不超过规定的允许值。

（2）避免在大容量发电机组附近采用非同步重合闸，其目的是防止机组轴系损伤，影响机组的使用寿命。

（3）非同步重合闸后，拉入同步的过程是一种振荡状态，各点电压均出现不同程度波动，应注意减小其对重要负荷的影响。

（4）应设法避免非同步重合闸的振荡过程，以及断路器三相触头不同时闭合时所引起的保护误动作问题。

（三）三相快速自动重合闸

快速自动重合闸，就是当线路上发生故障时，继电保护能瞬时断开线路两侧断路器，并紧接着进行自动重合闸。从短路开始到重新合上断路器的整个时间为 0.5～0.6s，在这样短的时间内两侧电源电动势来不及摆开到危及系统稳定的程度，因而能使系统稳定地恢复正常运行。因此，三相快速自动重合闸是提高系统并列运行稳定性和供电可靠性的有效措施。

采用三相快速自动重合闸方式应具备下列条件：

（1）线路两侧都装有瞬时切除全线故障的快速保护，如高频保护等。

（2）线路两侧都需装有可以进行快速重合闸的断路器，如快速空气断路器。

（3）断路器合闸时，线路两侧电动势的相角差为实际运行中可能的最大值时，通过设备冲击电流周期分量 $I_{ch.max}$ 不得超过规定的允许值。

（4）快速重合于永久性故障时，电力系统有保持暂态稳定的措施。

第四节　AAR 装置与继电保护的配合

在电力系统中，继电保护和自动装置配合使用可以简化保护装置，加速切除故障，提高供电的可靠性。AAR 装置与继电保护装置配合方式有自动重合闸前加速和自动重合闸后加速两种。

一、自动重合闸前加速

重合闸前加速简称"前加速"，多用于单侧电源供电的干线式线路中。"前加速"是指当线路发生短路时，第一次由靠近电源侧的无选择性电流速断保护瞬时切除故障，然后再重合闸，如果是瞬时性故障，则重合闸后恢复了供电，如果是永久性故障，第二次保护动作按有选择性方式切除故障，也就是借助自动重合闸来纠正这种非选择性动作。

重合闸前加速保护，是由无选择性的电流速断保护、过电流保护和重合闸配合组成的。它主要用于 35kV 以下的发电厂和变电所引出的直配线上，以便快速切除故障，保证母线电压水平。

图 11-5 所示为 AAR 前加速保护动作原理说明图，为单电源供电的辐射式网络。图中每条线路均装设定时限过电流保护，过电流保护动作时限按阶梯原则选择。AAR 装置仅装在靠近电源的线路 AB 的断路器 3QF 上，同时在 3QF 上加装无选择性的电流速断保护，其整定值躲过变压器低压侧故障时流过保护的最大短路电流。当线路 AB 和 BC 及变电站 C 出线上发生故障时，3QF 上的电流速断保护都将瞬时动作使 3QF 跳闸，然后自动重合闸装置动作，合上断路器 3QF，若故障已消除，则恢复供电；若故障为永久性，则该电流速断保护退出工作，各有关保护（包括变电所 B 和 C 的线路有关保护）再次起动，有选择性地切除故障。

综上所述，采用自动重合闸前加速保护的优点是：①能够快速消除瞬时性故障，减少对非故障线路供电的用户的影响；②可能使瞬时性故障来不及发展成永久性故障，从而提高了自动重合闸的动作成功率；③在几段串联线路上可仅用一套自动重合闸，简单经济。其缺点为：①始端断路器的工作条件严重，动作次数多，因而维修工作量大；②永久性故障的切除时间长；③如自动重合闸或始端断路器拒绝合闸，则要扩大事故，会导致装自动重合闸的线路供电范围内全部用户停电。

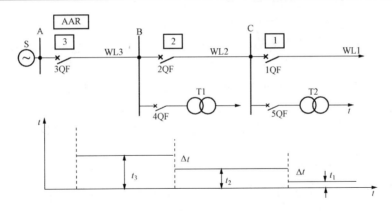

图 11-5　AAR 装置前加速保护动作原理说明图

自动重合闸前加速保护适用于系统要求快速切除故障及用速断电流保护整定值不能保证选择性动作的较短线路，或者受端降压变电所的断路器不能适应自动重合闸要求的情况。

二、自动重合闸后加速

自动重合闸后加速，简称"后加速"。"后加速"是指线路发生故障时，继电保护先按正常的动作时限有选择性地切除故障，然后重合闸 AAR 装置动作，瞬时性故障合闸成功，永久性故障，第二次保护无选择性地切除故障。

"后加速"保护网络接线图如图 11-6 所示，在单侧电源电网中，每条线路都装有选择性保护和自动重合闸装置。当任一线路发生故障时，例如 WL2 上发生故障，首先由保护 2 经延时动作跳开 2QF，然后 AAR 动作重合闸，同时将有选择性保护延时部分退出工作。如果是瞬时性故障则重合成功，如果是永久性故障则保护第二次无选择性切除故障，加速切除故障时间。

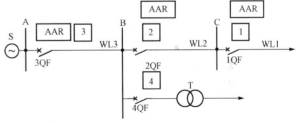

图 11-6　重合闸 AAR 装置后加速保护动作原理说明图

由以上分析可见，虽然重合闸后加速切除故障的时间没有前加速保护快，因而重合闸成功率较低，但保护动作有选择性，不会将故障影响扩大，且应用场合不受限制。因此，可广泛应用于线路保护中，被加速的保护可以是电流保护、接地保护或距离保护等。

综上所述，采用后加速保护的优点是：①第一次有选择性的动作不会扩大事故，在 35kV 级以上的重要配电网中，一般都不允许无选择性的动作；②自动重合闸后加速保护能迅速切除永久性故障。后加速保护的缺点是：①第一次故障时如该线路的主保护拒绝动作，而由线路的后备保护跳闸，则故障的切除时间将延长，对大型电动机的自起动不利；②由于比重合闸前加速保护切除瞬时性故障时间较长，因此重合成功率不如前加速保护高。

自动重合闸与后加速保护配合方式广泛的应用与重要负荷和 35kV 电压的配电网中，一般第一次保护有选择性动作时间并不长（瞬时动作或带 0.5s 延时）且为系统所允许，而自动重合闸后加速保护动作，就可以瞬时切除永久性故障。

第五节 重合器与分段器

运行积累的资料表明，配电网 95% 的故障，在起始时是暂时性的，主要是由于雷电、风、雨、雪以及树或导线的摆动造成的。采用具有多次自动重合闸功能的线路设备，即可有选择地、有效地消除瞬时性故障，使其不致发展成永久性故障，又可切除永久性故障，故而能够极大地提高供电可靠性。

自动重合器和自动分段器（简称重合器、分段器）是比较完善的、具有高可靠性的自动化设备，它不仅能可靠及时地消除瞬时故障，而且能将永久性故障引起的停电范围限制到最小。由于重合器、分段器适用于配电网络，因此在有些国家配电网络中已得到广泛应用。

一、线路自动重合器的功能与特点

自动重合器是一种具有保护、检测、控制功能的自动化设备，具有不同时限的安秒曲线和多次重合闸功能，是一种集断路器、继电保护、操动机构为一体的机电一体化新型电器。它可自动检测通过重合器主回路的电流，当确认是故障电流后，持续一定时间按反时限保护自动开断故障电流，并根据要求多次自动地重合，向线路恢复供电。如果故障是瞬时性的，重合器重合后线路恢复正常供电；如果故障是永久性故障，重合器在完成预先整定的重合闸次数（通常为三次）后，确认线路故障为永久性故障，则自动闭锁，不再对故障线路送电，直至人为排除故障后，重新将重合闸闭锁解除，恢复正常状态。

重合器的具体功能与特点：

（1）重合器在开断性能上具有开断短路电流、多次重合闸操作、保护特性的顺序、保护系统的复位等功能。

（2）重合器的结构由灭弧室、操动机构、控制系统合闸线圈等部分组成。

（3）重合器是本体控制设备，在保护控制特性方面，具有自身故障检测、判断电流性质、执行开合等功能，并能恢复初始状态，记忆动作次数，完成合闸闭锁等操作顺序选择等。用于线路上的重合器，无附加操作装置，其操作电源直接取自高压线路，用于变电站内具有低压电源可供操作机构的分合闸电源。

（4）重合器适用于户外柱上各种安装方式，既可在变电所内，也可在配电线路上。

（5）不同类型重合器的闭锁操作次数、分闸快慢动作特性、重合间隔等特性一般都不同，其典型的四次分断三次重合的操作顺序为：分→合分→合分→合分，其中 t_1、t_2 可调，且随不同产品而异，它可以根据运行中的需要调整重合次数及重合闸间隔时间。

（6）重合器的相间故障开断都采用反时限特性，以便与熔断器的安秒性相配合（但电子控制重合器的接地故障开断一般采用定时限）。重合器有快、慢两种安秒特性曲线。

通常它的第一次开断都整定在快速曲线，使其在 $0.03\sim0.04\text{s}$ 内即可切断额定短路开断电流，以后各次开断，可根据保护配合的需要，选择不同的安秒曲线。

二、线路自动分段器的功能特点

分段器是配电系统中用来隔离故障线路区段的自动保护装置，通常与自动重合器或断路器配合使用。分段器不能开断故障电流。当分段线路发生故障时，分段器的后备保护重合器或断路器动作，分段器的计数功能开始累计重合器的跳闸次数。当分段器达到预定的记录次数后，在后备装置跳开的瞬间自动跳闸，分断故障线路段。重合器再次重合，恢复其他线路供电。若重合器跳闸次数未达到分段器预定的记录次数就已消除了故障，分段器的累计计数在经过一段时间后自动消失，恢复初始状态。

分段器按相数分为单相与三相式两种，按控制方式分为液压控制和电子控制。液压控制式的分段器采用液压控制计数，而电子控制式的分段器用电子控制计数。自动分段器的功能与特点主要有以下几个方面：

（1）分段器具有自动对上一级保护装置跳闸次数的计数功能。

（2）分段器不能切除故障电流，但是与重合器配合可分断线路永久性故障。由于它能切除满负荷电流，所以可作为手动操作的负荷开关使用。

（3）分段器可进行自动和手动跳闸，但合闸必须是手动的。分段器跳闸后呈闭锁状态，只能通过手动合闸恢复供电。

（4）分段器有串接于主电路的跳闸线圈，更换线圈即可改变最小动作电流。

（5）分段器与重合器之间无机械和电气的联系，其安装地点不受限制。

（6）分段器没有安秒特性，故在使用上有特殊的优点。例如，它能用在两个保护装置的保护特性曲线很接近的场合，从而弥补了在多级保护系统中有时增加步骤也无法实现配合的缺点。

三、重合器与分段器的配合

自动重合器和自动分段设备的配合动作可实现排除瞬时故障、隔离永久性故障区域、保证非故障线段的正常供电。由于重合器和分段器的功能不同，首先应根据系统运行条件合理确定线路的分段布局，以提高配电线路自动化的程度和供电的可靠性。其典型结构图如图11-7所示。

从理论上讲，线路上的每一个分支点都应作为一个分断点考虑，这样，即使在较短分支线路出现永久性故障时，也可有选择地予以分段，保持其他区段的正常供电。但出于经济和运行条件的限制，往往不可能做到这点，因而需从实际出发，因地制宜。

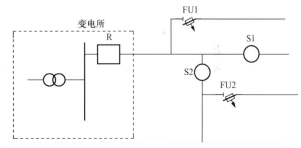

重合器、分段器均是智能化设备，具有自动化程度高等诸多优点。但是只有当正确配合使用时才能发挥其作用，因此应遵守以下配合使用的原则：

图11-7　重合器与分段器配合的典型结构
R—自动重合器；S1、S2—自动分段器；
FU1、FU2—跌开式熔断器

（1）分段器必须与重合器蝉联，并装在重合器的负荷侧。

（2）后备重合器必须能检测到并能作用于分段器保护范围内的最小故障电流。

（3）分段器的起动电流必须小于其保护范围内的最小故障电流。

（4）分段器的热稳定额定值和动稳定额定值必须满足要求。

（5）分断期的起动电流必须小于80%后备保护的最小分闸电流，大于预期最大负荷电流的峰值。

（6）分段器的记录次数必须比后备保护闭锁前的分闸次数少1次以上。

（7）分段器的记忆时间必须大于后备保护的累积故障开断时间（TAT）。后备保护动作的总累积时间（TAT），为后备保护顺序中的各次故障涌流时间与重合间隔之和。

由于分段器没有安秒特性，所以重合器与控制分段器的配合不要求研究保护曲线。后备保护重合器整定为四次跳闸后闭锁，这些操作可以是任何快速和慢速（或延时）操作方式的组合，分段器的整定次数选择三次计数。如果分段器负荷侧线路发生永久性故障。分段器将在重合器第三次重合前分开并隔离故障，然后重合器再对非故障线路供电。

假如另有串联配制的分段器，它们整定的闭锁次数应一级比一级小。最末级分段器负荷侧线路故障时，重合器动作，串联的分段器都记录重合器的开断电流次数最末级达到动作次数后分闸，隔离故障，重合器再重合接通非故障线路恢复正常供电。未达到计数次数的分段器在规定的复位时间后复位到初始状态。

思 考 题 与 习 题

11-1 供电系统对自动重合闸的基本要求是什么？

11-2 电力线路为什么要装设自动重合闸装置？

11-3 什么是自动重合闸装置的前加速和后加速？各有什么特点？

11-4 三相一次重合闸装置是如何保证只重合一次的？

11-5 在重合闸接线中，如果电容 C 绝缘电阻降低较为严重，运行中有何现象发生？为什么？

11-6 在重合闸接线中，改换电阻 R 时，数值减小 1000 倍，运行中有何现象发生？为什么？

11-7 重合器和分段器分别有什么特点？

第十二章 备用电源和设备的自动投入装置

第一节 备用电源和设备自动投入的基本概念

一、备自投装置的装设原则

备用电源和备用设备自动投入装置是当工作电源因故障被断开以后，能迅速自动地将备用电源或备用设备投入工作，使用户不至于停电的一种装置，简称 AAT 装置。主要用于 110kV 以下的中、低压配电系统中，是保证电力系统连续可靠供电的重要设备之一。

一般在下列情况下，应装设备用电源和备用设备的自动投入装置：

(1) 装有备用电源的发电厂厂用电源和变电所所用电源。

(2) 由双电源供电，其中一个电源经常断开作为备用的变电所。

(3) 降压变电所内有备用变压器或有互为备用的母线段。

(4) 有备用机组的某些重要辅机。

图 12 - 1 所示为电力系统使用 AAT 装置的几种典型一次接线图。

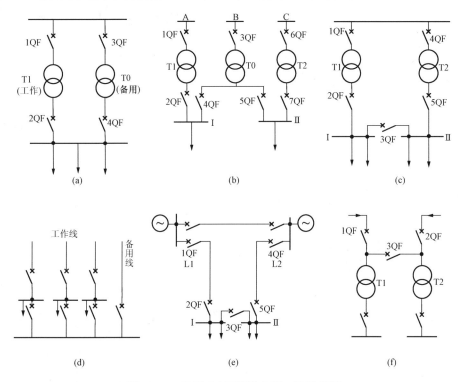

图 12 - 1 应用 AAT 装置典型一次接线图

图 12 - 1 (a) 所示为备用变压器自动投入的典型一次接线。图中 T1 为工作变压器，T0 为备用变压器。正常情况下 1QF、2QF 闭合，T1 投入运行，3QF、4QF 断开，T0 不投入

运行，工作母线由 T1 供电；当工作变压器 T1 发生故障时，T1 的继电保护动作，使 1QF、2QF 断开，然后 AAT 装置动作将 3QF、4QF 迅速闭合，使工作母线上的用户由备用变压器 T0 重新恢复供电。

图 12-1（e）所示的接线，正常情况下变电所的 I 段和 II 段母线分别由线路 L1 和 L2 供电，分段断路器 3QF 断开。当线路 L1 发生故障时，线路 L1 的继电保护动作将断路器 1QF、2QF 断开，然后 AAT 装置动作将分段断路器 3QF 迅速闭合，使接在 I 段母线上的用户由线路 L2 重新恢复供电。

图 12-1（f）主要用在中小容量发电厂和变电所，高压侧为内桥接线，正常为两条线路和两台变压器同时运行，当线路故障时，故障线路断路器 1QF（或 2QF）断开，内桥断路器 3QF 自动投入。

二、AAT 装置的两种备用方式

比较图 12-1 中各种使用 AAT 装置的典型一次接线图，可见，备用电源的备用方式有两种：第一种备用方式是装设有专用的备用电源或设备，称为明备用，如图 12-1 中的（a）、（b）、（d）所示。明备用电源通常只有一个，根据实际情况和备用电源的容量不同，有时一个明备用电源可以同时为两个或几个工作电源作备用。第二种备用方式是不装设专用的备用电源或设备，是工作电源或设备之间的互为备用，称为暗备用，如图 12-1 中的（c）、（e）、（f）所示。

在暗备用方式中，每个工作电源的容量应根据两个分段母线的总负荷来考虑，否则在 AAT 动作后，要减去相应负荷。

三、采用 AAT 装置的优点

从图 12-1 所示接线的工作情况可以看出，采用 AAT 装置后有以下优点：

（1）提高供电的可靠性，节省建设投资。

（2）简化继电保护，因为采用了 AAT 装置后，环形网络可以开环运行，如图 12-1（e）所示继电保护装置可以简化。

（3）限制短路电流、提高母线残余电压。在受端变电所，如果采用开环运行和变压器分列运行，将使短路电流受到一些限制，供电母线上的残余电压相应也提高一些，在某些场合，由于短路电流受到限制，不需要再装出线电抗器，这样，既节省了投资，又使运行维护方便。

由于 AAT 装置在提高供电可靠性方面作用显著，装置本身接线简单、可靠性高、造价低，所以在发电厂、变电所及工矿企业中得到了广泛的应用。

第二节　对 AAT 装置的基本要求

在发电厂和变电所中，装设在不同场合下 AAT 装置的接线可以有各种不同的接线方案，但对其接线的基本要求却相同，分述如下：

（1）保证在工作电源或设备确实断开后，才投入备用电源或设备。假如工作电源发生故障，断路器尚未断开时，就投入备用电源，就可能会将备用电源投入到故障元件上，这样就势必扩大事故，加重故障设备的损坏程度。

（2）工作电源或设备上的电压，不论因任何原因消失时，AAT 装置均应动作。以图

12-1（b）为例，工作母线Ⅰ段或Ⅱ段失去电压的原因如下：工作变压器 T1 或 T2 发生故障；Ⅰ段或Ⅱ段母线发生短路故障；Ⅰ段或Ⅱ段母线上的出线发生短路故障而出线断路器没有断开；因操作机构、控制回路或者保护回路等原因，使断路器 1QF、2QF 或 6QF、7QF 误跳闸；系统侧故障使工作母线 A 或 C 失去电压等。所有这些情况 AAT 装置都应动作，使备用变压器 T0 投入工作，以提高用户供电可靠性。为实现这一要求，AAT 装置应设有独立的低电压起动部分。

（3）AAT 装置应保证只动作一次。当工作母线发生永久性短路故障或引出线上发生未被其断路器断开的永久性短路故障时，备用电源第一次投入后，由于故障仍然存在，继电保护装置动作将备用电源断开。以后，不允许再次投入备用电源，以免对系统造成不必要的再次冲击。

（4）发电厂用 AAT 装置，除满足上面几项基本要求外，还应符合下列要求：

1）当一个备用电源同时作为几个工作电源的备用时，如备用电源已代替一个工作电源后，另一工作电源又被断开，必要时，AAT 装置应仍能动作。

2）有两个备用电源的情况下，当两个备用电源为两个彼此独立的备用系统时，应各装设独立的自动投入装置，当任一备用电源都能作为全厂各工作电源的备用时，自动投入装置应使任一备用电源都能对全厂各工作电源实行自动投入。

3）AAT 装置，在条件可能时，可采用带有检定同步的快速切换方式；也可采用带有母线残压闭锁的慢速切换方式及长延时切换方式。

（5）应校验备用电源和备用设备自动投入时过负荷的情况，以及电动机自起动的情况，如过负荷超过允许限度，或不能保证自起动时，应有自动投入装置动作于自动减负荷。

（6）当备用电源自动投入装置动作时，如备用电源或设备投于永久故障，应使其保护加速动作。

（7）AAT 装置的动作时间以使用户的停电时间尽可能短为原则。所谓 AAT 装置动作时间，即指工作母线受电侧断路器断开到备用电源投入之间的时间，也就是用户供电中断的时间。停电时间短对用户有利，但当工作母线上装有高压大容量电动机，工作母线停电后，电动机反送电，使工作母线残压较高，若 AAT 装置动作时间太短，会产生较大的冲击电流和冲击力矩，损坏电气设备。所以，考虑这些情况，动作时间不能太短。

运行实践证明，在有高压大容量电动机的情况下，AAT 装置的动作的时间以 1~1.5s 为宜，低电压场合可减小到 0.5s。

（8）备用电源不满足有压条件，AAT 装置不应动作。电力系统故障有可能使工作母线、备用母线同时失电，此时 AAT 不应动作，以免负荷由于 AAT 装置动作而转移。特别是对一个备用电源对多段工作母线备用的情况，如此时 AAT 装置动作造成所有工作母线上的负荷全部转移到备用电源上，易引起备用电源过负荷。

第三节　备用电源自动投入装置接线原理

在电力系统和厂矿企业中应用 AAT 装置，接线形式多样，方案不一，但基本原理都比较相似，本节主要讨论由继电器构成的备用变压器明备用方式 AAT 装置典型接线的工作原理和参数选择。

一、AAT 装置的工作原理

1. 接线

　　发电厂厂用备用变压器自动投入装置的原理接线图如图 12-2 所示，它也适用于变电所备用变压器上，其他场合备用电源自动投入装置的接线与之相似。装置由起动部分和合闸部分组成，起动部分由 1KV、2KV、1KT、KV 及 3KM 组成，合闸部分由 1KM、2KM 组成。T1 为工作变压器，T0 为备用变压器。

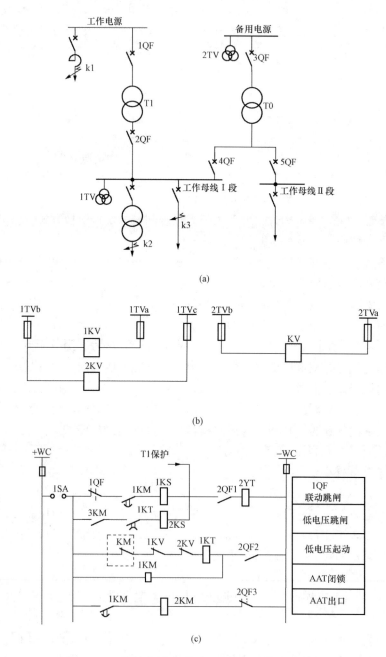

图 12-2　厂用备用变压器 AAT 装置原理接线图（一）

（a）一次接线图；（b）交流电压回路；（c）2QF 跳闸控制回路

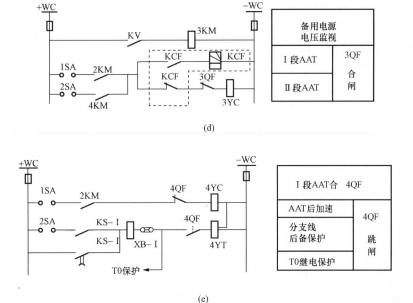

图 12‐2　厂用备用变压器 AAT 装置原理接线图（二）

(d) 3QF 合闸回路；(e) 4QF 合闸回路

1KV、2KV——反应Ⅰ母线电压降低的低电压继电器；

1KT——低电压起动 AAT 装置的时间继电器；

1KM——控制 AAT 装置是发出合闸脉冲时间的闭锁继电器，为瞬动延返，当其励磁时，触点闭合，当其线圈失电时，其触点经一定延时后才断开；

2KM——AAT 装置动作的出口中间继电器；

KV——反应备用电源母线有、无电压的过电压继电器；

3KM——备用电源电压监视中间继电器；

1SA——AAT 装置切换开关；

2YT、4YT——2QF、4QF 跳闸线圈；

3YC、4YC——2QF、4QF 合闸线圈；

KCF——防跳继电器；

1KS、2KS——信号继电器；

2. 工作原理

（1）在正常情况下，1QF、2QF 处于合闸状态，操作 1SA 将Ⅰ母线 AAT 装置投入，工作母线Ⅰ段和备用电源母线均有电压，低电压继电器的 1KV、2KV 动断触点断开，过电压继电器 KV 处于动作状态，其动合触头闭合，3KM 处于励磁动作状态，动合触头闭合，同时，2QF 辅助触点 2QF2 闭合，使 1KM 闭锁继电器励磁，为 AAT 装置动作出口做好准备。

（2）当变压器 T1 的继电保护装置（主保护或后备保护）动作时，2YC 动作，使断路器 2QF 跳闸（联跳 1QF）。2QF 跳闸后，2QF 辅助触点 2QF2 打开，使 1KM 立即失磁，因 1KM 动合触点延时打开，2QF 辅助触点 2QF3 闭合，2KM 立即得电动作。2KM 动作后，通过闭合 2KM 动合触点使 3QF、4QF 的合闸接触器 3YC、4YC 通电，3QF 和 4QF 合闸。

合闸后，由于 1KM 延时断开的动合触点已打开，于是 2KM 失磁，3QF、4QF 的合闸线圈 3YC、4YC 断电，从而保证了 AAT 装置只动作一次。

（3）当 1QF 误断开时，切换开关（1SA）指示的为投入，而断路器主触头实际为断开，呈现出位置不对应状态，AAT 装置通过 1QF 辅助触点和 2QF 辅助触点 2QF1 使 2QF 的跳闸线圈 2YT 动作，使 2QF 跳闸，2QF 跳闸后，AAT 装置动作情况如上所述。同理，2QF 误断开时也有类似的动作过程。这就说明 AAT 装置能弥补断路器误动作时的供电可靠性。

（4）当工作母线失去电压时，1KV、2KV 动作，其动断触点闭合，起动时间继电器 1KT。若备用电源母线有电压，KV 动作，使 3KM 处于动作状态，经 1KT 预定延时时间后，2YT 通电使 2QF 跳闸并联动跳 1QF，然后将备用电源投入。若备用电源母线无电压，3KM 处于失磁状态，1QF、2QF 不跳闸，备用电源不能投入。

如果备用电源自动投入到永久性故障上时，则由设置在备用变压器 T0 的继电保护加速切除（图 12-2 中 T0 继电保护未示出）。

由上述分析可看出，图 12-2 所示的 AAT 装置接线是满足基本要求的。

二、AAT 装置的接线特点

（1）采用位置不对应方式起动 AAT 装置，即切换开关处于投入位置而供电元件受电侧断路器处于跳闸位置，两者位置不对应时，AAT 装置起动。此起动方式简单明了，动作可靠，并且可加强断路器误动作时的供电可靠性。

（2）设有独立的低电压起动部分。为防止电压互感器二次侧断线时 AAT 装置的误动作，采用两个低压继电器 1KV、2KV 接在不同的相别上，将其触点串联，所以低电压起动部分动作是可靠的。

（3）AAT 装置一次合闸脉冲，采用 1KM 继电器的延时打开动合触点控制一次合闸脉冲，保证 AAT 装置只将备用电源投入一次的基本要求，电路简单、控制可靠。

三、参数整定

1. 低电压继电器 1KV、2KV 的动作电压值整定原则

（1）接在工作母线上的电抗器或变压器后发生短路故障（如图 12-2 所示 k1、k2 点）时，低电压继电器不应动作。因为这两点发生短路时，母线电压虽然下降，但残余电压相当高，AAT 装置不应动作。因此，1KV、2KV 的动作电压 U_{op} 为

$$U_{op} = \frac{U_{rem}}{K_{rel}n_{TV}} \tag{12-1}$$

式中　U_{op}——1KV、2KV 的动作电压；

　　　U_{rem}——Ⅰ 母线残余电压；

　　　K_{rel}——可靠系数，取 1.1～1.3；

　　　n_{TV}——电压互感器变比。

（2）在工作母线的引出线上发生短路故障（如图 12-2 所示 k3 点）时，故障由引出线继电保护切除后，低电压继电器的动作电压应躲过电动机自起动时的最低母线电压，即

$$U_{op} = \frac{U_{min}}{n_{TV}K_{rel}K_{re}} \tag{12-2}$$

式中　K_{re}——返回系数，一般取 0.85～0.9。

考虑上述两点，一般选择 1KV、2KV 的动作电压值等于母线额定电压的 25% 即可。

2. 时间继电器 1KT 的动作时限值

当系统发生使低电压继电器 1KV、2KV 动作的短路故障时，为保证 AAT 装置的选择性，应先由系统的继电保护切除故障而不应使 AAT 装置起动，所以 1KT 的动作时限值应满足

$$t_{1KT} = t_{op \cdot max} + \Delta t \qquad (12-3)$$

式中　$t_{op \cdot max}$——当网络内发生使低电压继电器动作的短路故障时，切除该短路故障的系统继电保护最大动作时间；

Δt——继电保护时间裕度，一般取 0.5s。

3. 闭锁继电器 1KM 延时返回时间值

1KM 延时返回时间值决定 AAT 装置动作次数，要保证 AAT 装置只动作一次，1KM 延时返回时间值 t_{1KM} 既应大于 3QF 或 4QF 的合闸时间 t_{on}（包括传动装置的动作时间），又要小于 3QF 或 4QF 两倍合闸时间，即

$$t_{on} < t_{1KM} < 2t_{on} \qquad (12-4)$$

或

$$t_{1KM} = t_{on} + \Delta t \qquad (12-5)$$

式中　Δt——时间裕度，取 0.2～0.3s。

4. 过电压继电器 KV 的动作电压值

KV 的动作电压值整定应考虑如下情况：备用电源母线带第 Ⅱ 段工作母线运行时，出线上的故障被该出线断路器切除后，由于电动机的自起动影响，备用电源母线出现最低运行电压 U_{min} 时，继电器 KV 仍应保持动作状态，以使 Ⅰ 段工作母线的 AAT 装置辅助低电压起动部分仍能起动，故继电器 KV 的动作电压 U_{op} 为

$$U_{op} = \frac{U_{min}}{K_{rel}K_{re}} \qquad (12-6)$$

式中　K_{rel}——可靠系数，取 1.1～1.2。

一般，U_{op} 取值不应低于备用母线额定电压的 70%。

5. 接线的简化

通过对图 12-2AAT 装置原理接线图的分析可知，除系统侧故障使工作母线失去电压，AAT 装置辅助低电压起动部分动作外，其他情况下都不经辅助低电压起动部分而动作。由此考虑到，AAT 装置接线中辅助低电压起动部分能否取消的问题，如果可行，这对简化 AAT 装置接线，提高 AAT 装置动作的可靠性是有好处的。为此再回顾一下低电压起动部分的作用。

低电压继电器 1KV、2KV 的主要作用是当系统侧的故障使工作母线失去电压时，跳开供电元件受电侧断路器而起动 AAT 装置，同时可作 Ⅰ 母线及所有出线保护的后备，当然前者是主要的。

过电压继电器 KV 的作用是防止系统侧的故障使工作母线、备用母线同时失压而造成 AAT 装置不必要的动作。若取消过电压继电器，势必造成此情况下，各段工作母线的 AAT 均动作，将全部负荷投到无电压的备用变压器上，一旦系统恢复正常，可能造成备用变压器过负荷，要进行复杂的倒闸操作将负荷重新投到工作变压器上。

根据低电压继电器和过电压继电器所起的作用，很显然，当工作部分和备用部分由同一

电源供电时，如图 12 - 1 (a) 或 (c) 所示，辅助低电压起动部分可以省去，并不影响 AAT 装置的效果。

对于其他供电情况下的 AAT 装置接线，可参照图 12 - 2 的 AAT 接线原则拟制。

第四节　微机型备用电源自动投入装置

微机型的备用电源自动投入装置（简称微机备自投装置）不但体积小、重量轻、可靠性高，而且使用智能化，即能够根据设定的运行方式自动识别现行运行方案，选择自投方式。自动投入过程还带有过流保护和加速功能以及自投后过负荷联切等功能。

一、微机备自投装置的特点

随着电力综合自动化技术的发展，微机备自投装置与由常规继电器组合来实现的备自投装置相比，在实现方式和逻辑功能上有很大的不同。微机备自投装置也要满足本章第二节提出的基本要求，但往往是通过逻辑判断来实现，具有以下特点：

（1）对于工作电源确实断开后，备用电源才允许投入的基本要求，微机备自投装置在工作电源失压后，无论其进线断路器是否跳开，即使已测定其进线电流为零，但还是要先跳开该断路器，并确认是已跳开后，才能投入备用电源。这是为了防止备用电源投入到故障元件上。例如工作电源故障保护拒动，被其他位置后备保护切除，若备自投装置动作，会将备用电源合于故障的工作电源上。

（2）工作母线失压时还必须检查工作电源无电流，才能起动备自投，以防止 TV 二次三相断线造成误投。

（3）备用电源自投切除工作电源断路器时，必须经延时切除工作电源进线断路器，这是为了躲过工作母线引出线故障造成的母线电压下降。因此延时时限应大于最长的外部故障切除时间。但是在有的情况下，可以不经延时直接跳开进线断路器，以加速合上备用电源。例如工作母线进线侧的断路器跳开，且进线侧无重合闸功能时，或当手动合上备用电源时也要求不经延时直接跳开工作电源进线断路器。

（4）手动、就地或遥控跳开工作电源断路器时，备自投装置不应动作。

（5）应具有闭锁备自投装置的功能。每套备用电源自投装置均应设置闭锁备用电源自投的逻辑回路，以防止备用电源投到故障的元件上，造成事故扩大的严重后果。

（6）备用电源不满足有压条件，微机型备用电源自投装置不应动作。

（7）微机型备用电源自投装置可以通过逻辑判断来实现只动作一次的要求，但为了便于理解，在阐述备用电源自投装置逻辑程序时广泛采用电容器"充放电"来模拟这种功能。备用电源自投装置满足起动的逻辑条件，应理解为"充电"条件满足；延时起动的时间应理解为"充电时间"，"充电时间"到后就完成了全部准备工作；当备用电源自投装置动作后，或者任何一个闭锁及退出备用电源自投条件存在时，立即瞬时完成"放电"。"放电"就是模拟闭锁备用电源自投装置，放电后就不会发生备用电源自投装置第二次动作。这种"充放电"的逻辑模拟与微机自动重合闸的逻辑程序相类似。

微机备自投装置一般由硬件部分和软件部分组成。

二、微机备用电源自动投入装置的硬件结构

备用电源自动投入装置的硬件结构如图 12 - 3 所示。

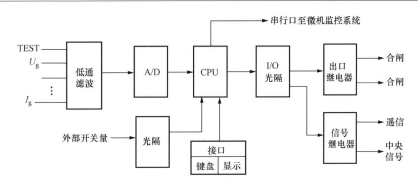

图 12-3　微机备自动投入装置硬件结构方案图

外部电流和电压输入经变换器隔离变换后，由低通滤波器输入至 A/D 模数转换器，经过 CPU 采样和数据处理后，由逻辑程序完成各种预定的功能。

这是一个较简单的单 CPU 系统。由于备用电源自动投入的功能并不是很复杂，为简单起见，采样、逻辑功能及人机接口均由同一个 CPU 完成。由于备用电源自动投入对采样速度要求不高，因此此硬件中模数转换器可以不采用 VFC 类型，宜采用普通的 A/D 转换器。开关量输入输出仍要求经光隔处理，以提高抗干扰能力。

三、微机备用电源自动投入装置的软件原理

微机备自投装置的应用方式，以两路电源互为备用的形式最为常见，根据系统一次接线方案不同，可有进线备自投、桥开关备自投和低压母线分段备自投等功能模式。每种功能模式又有几种运行方式。

1. 进线备自投单母线不分段备自投模式

图 12-4 所示为应用微机备自投装置的电源进线明备用示意图，一般在农网配电系统、小型化变电所或在厂用电系统中使用。

设电源进线 L1 和 L2 中只有一个作为主电源，另一个作为备用电源，母线 Ⅰ 为单母线，为明备用方式。可以有两种工作方式：

（1）方式 1。当 L1 作为主电源时，进线 L1 开关 1QF 合闸，进线 L2 开关 2QF 分闸，处于备用状态，当 1QF 因故跳开时，母线 Ⅰ 失电，此时 2QF 合闸，由 L2 给母线 Ⅰ 供电。

（2）方式 2。当 L2 作为主电源时，进线 L2 开关 2QF 合闸，进线 L1 开关 1QF 分闸，处于备用状态，当 2QF 因故跳开时，母线 Ⅰ 失电，此时 1QF 合闸，由 L1 给母线 Ⅰ 供电。

2. 进线单母线分段或桥备自投模式

单母线分段或桥断路器的接线方式如图 12-5 所示，L1 及 L2 均是工作电源，正常运行时工作母线分段运行，进线 L1 开关 1QF 合闸，给母线 Ⅰ 供电，进线 L2 开关 2QF 合闸，给母线 Ⅱ 供电，分段开关 3QF 分闸，两端母线互为备用。当 Ⅰ 母（或 Ⅱ 母）失电时，1QF（或 2QF）分闸，3QF 合闸，迅速恢复对用户供电。这种母线 Ⅰ 或母线 Ⅱ 既是工作电源又起备用的方式为暗备用方式。有以下的备用电源工作方式：

（1）方式 1。母线 Ⅰ、Ⅱ 分列运行，分别为 L1、L2 线供电，如 Ⅱ 母线失电，则跳开 2QF 后，3QF 自动合上，母线 Ⅰ 由 L1 供电。

（2）方式 2。母线 Ⅰ、Ⅱ 分列运行，分别为 L1、L2 线供电，如 Ⅰ 母线失电，则跳开 1QF 后，3QF 自动合上，母线 Ⅰ 由 L2 供电。

（3）方式3。3QF合闸，母线Ⅰ、Ⅱ并列为一条母线，由 L2 供电，1QF 断开，如Ⅰ、Ⅱ母线失电，则跳开 2QF 后，1QF 自动合上，母线Ⅰ、Ⅱ由 L1 供电。

（4）方式4。3QF合闸，母线Ⅰ、Ⅱ并列为一条母线，由 L1 供电，2QF 断开，如Ⅰ、Ⅱ母线失电，则跳开 1QF 后，2QF 自动合上，母线Ⅰ、Ⅱ由 L2 供电。

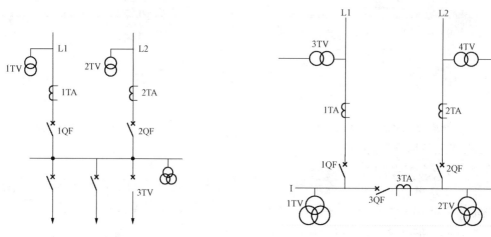

图 12-4　电源进线明备用示意图　　　　　图 12-5　母线分段或桥备自投方式

方式 1、方式 2 为暗备用方式，多用于桥备自投。方式 3、方式 4 为明备用方式，多用于进线备自投。

ATT 实现方式 1 和方式 2 的 ATT 其工作原理的逻辑框图如图 12-6 所示。

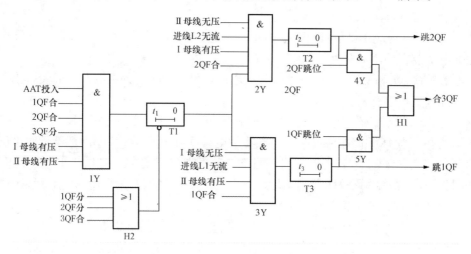

图 12-6　桥备自投工作于方式 1 和方式 2 的逻辑原理框图

正常运行时，备自投装置投入，1QF、2QF 处于合位，而 3QF 处于跳位，Ⅰ母线、Ⅱ母线有电压，与门 1Y 动作，时间元件 T1 起动，经 t_1（一般为 10s）时间充电完成，为备自投装置动作准备好。所以，备自投装置的充电条件为必须同时满足下列条件（逻辑"与"）：

（1）备自投投入。

（2）1QF 合位。

（3）2QF 合位。

（4）3QF 跳位。

（5）Ⅰ母有压。

（6）Ⅱ母有压。

备自投装置的放电条件（逻辑"或"）：

（1）备自投退出。

（2）1QF 分位。

（3）2QF 分位。

（4）3QF 合位。

（5）Ⅰ母线与Ⅱ母线同时无压 。

只要满足上述条件之一，瞬时对时间元件 T1 放电，备自投装置将闭锁。

在备自投装置工作于方式 1 时，若Ⅱ母线失去电压，应跳开 2QF 后，将 3QF 自动合上，Ⅱ母线由 L1 供电。如图 1-6 所示，当备自投装置满足下列条件时（逻辑"与"）将起动：

（1）Ⅱ母线无电压。

（2）进线 L2 无电流（若"线路检无流"投入，检查此条件，反之不检查）。

（3）Ⅰ母线有压。

（4）2QF 合位。

与门 Y2 动作，备自投起动后，经时间元件 T2 延时跳开 2QF，在 2QF 跳开后 4Y 动作，合上 3QF，发出动作信息，同时动作于信号继电器。

同理，在备自投装置工作于方式 2 时，Ⅰ母线失电，跳开 1QF 后，将 3QF 自动合上，母线Ⅰ由 L2 供电。如图 12-6 所示，当备自投装置满足下列条件时（逻辑"与"）将起动：

（1）Ⅰ母线无电压。

（2）进线 L1 无电流（若"线路检无流"投入，检查此条件，反之不检查）。

（3）Ⅱ母线有压。

（4）1QF 合位。

与门 Y3 动作，备自投起动后，经时间元件 T3 延时跳开 1QF，在 1QF 跳开后 5Y 动作，合上 3QF，发出动作信息，同时动作于信号继电器。

在起动条件中检查进线开关的合位出于以下考虑：

（1）进线线路发生故障，由对侧保护动作跳闸，使进线及所带母线失电，备自投起动。

（2）检查进线开关的合位实际上是引入的闭锁条件（进线开关不在合位则闭锁备自投）。如果母线或变压器发生故障，保护动作跳开进线开关，进线开关将处于跳位，此时备自投被闭锁。手跳进线断路器情况类似。

当 ATT 运行方式为方式 3 时，正常运行时，3QF 合闸，1QF 断开，母线Ⅰ、Ⅱ并列为一条母线，由 L2 供电。逻辑原理图如图 12-7 所示。

备自投装置的充电条件（逻辑"与"）为：

（1）进线 L1 备自投投入。

（2）1QF 分位。

（3）2QF 合位。

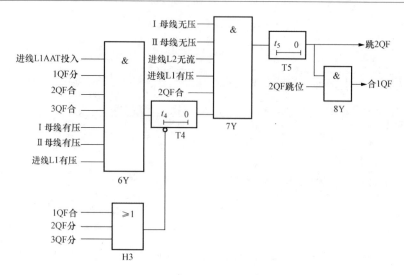

图 12-7　进线备自投方式 3 逻辑原理图

（4）3QF 合位。

（5）Ⅰ母有压。

（6）Ⅱ母有压。

（7）进线 L1 有压（"线路检有压"投入，检查此条件，反之不检查）。

放电条件（逻辑"或"）：

（1）进线 L1 备自投退出。

（2）1QF 合位。

（3）2QF 分位。

（4）3QF 分位。

（5）进线 L1 无压（"线路检有压"投入，检查此条件，反之不检查）。

备自投起动条件（逻辑"与"）：

（1）Ⅰ母无压。

（2）Ⅱ母无压。

（3）进线 L2 无流（"线路检无流"投入，检查此条件，反之不检查）。

（4）进线 L1 有压（"线路检有压"投入，检查此条件，反之不检查）。

（5）2QF 合位。

备自投起动后，经延时跳开 2QF，合上 1QF，发出动作信息，同时动作于信号继电器。起动条件中检查进线开关的合位的原因同前。

当运行方式为方式 4 时，正常运行时，3QF 合闸，2QF 断开，母线Ⅰ、Ⅱ并列为一条母线，由 L1 供电。逻辑原理图如图 12-8 所示。

工作原理与方式 3 相似，请读者自行分析。

3. 低压母线分段备自投模式

低压母线分段备自投方案的主接线如图 12-9 所示。由图可看出，当变压器 T1、T2 同时运行，而 3QF 断开时，一次系统中变压器 T1、T2 互为备用电源，此方案是暗备用接线方案。此方案有两种工作方式。

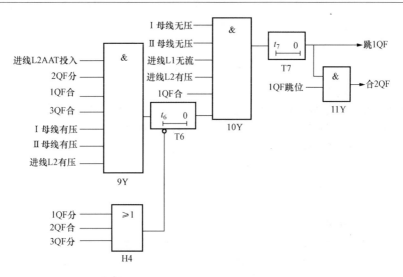

图 12 - 8　方式 4 备自投装置逻辑原理图

（1）方式 1。当变压器 T1 故障，保护跳开 1QF，或者变压器 T1 高压侧失压，均引起 I 段母线失压，L1 无流并且 II 段母线有压，即跳开 1QF，合上 3QF。备自投条件是 I 段母线失压、L1 无流、II 段母线有压、1QF 确实已跳开。检查 L1 无流是为了防止 1TV 二次三相断线引起的误投。

（2）方式 2。当发生与上述备自投方式 1 相类似的原因，II 母线失压，L2 无流并 I 段母线有压时，即跳开 2QF，合上 3QF。自投条件是 II 段母线失压、L2 无流、I 段母线有压，2QF 确实已跳开。

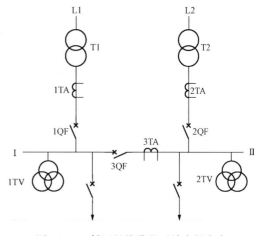

图 12 - 9　低压母线分段开关自投方案

思 考 题 与 习 题

12 - 1　备用电源自动投入装置有何用途？

12 - 2　备用电源自动投入装置应满足哪些基本要求？

12 - 3　备用电源自动投入装置 AAT 按备用形式不同可分哪两类？

12 - 4　AAT 装置为何只允许动作一次？在图中是如何保证只动作一次的？

12 - 5　为什么要对 AAT 装置实现有压监视？AAT 装置是如何实现有压监视的？

12 - 6　在图 12 - 2 的 k3 点发生两相或三相短路而未被该出线断路器切除时，AAT 是如何动作的？说出各继电器的动作过程。

12 - 7　试述 AAT 装置中低电压起动元件的实际作用。在什么情况下可省去该起动元件？

12 - 8　能否取消 AAT 装置中的过电压继电器？试说明之。

参 考 文 献

[1] 葛耀中. 新型继电保护与故障测距原理和技术. 西安：西安交通大学出版社，1996.

[2] 杨新民，杨隽琳. 电力系统微机保护培训教材. 北京：中国电力出版社，2000.

[3] 张保会，尹项根. 电力系统继电保护. 北京：中国电力出版社，2000.

[4] 谷水清. 电力系统继电保护. 北京：中国电力出版社，2006.

[5] 陈德树，等. 微机继电保护. 北京：中国电力出版社，2000.

[6] 杨奇逊. 微型机继电保护基础. 北京：水利电力出版社，1994.

[7] 许建安. 电力系统微机继电保护. 北京：中国水利水电出版社，2001.

[8] 丁书文. 电力系统自动装置原理. 北京：中国电力出版社，2007.

[9] 刘学军. 继电保护原理. 北京：中国电力出版社，2006.

[10] 陈继森，熊为群. 电力系统继电保护. 北京：水利电力出版社，1995.

[11] 许建安. 电力系统继电保护. 2版. 北京：中国水利水电出版社，2005.

[12] 贺家李，宋从矩. 电力系统继电保护原理. 北京：中国电力出版社，2005.

[13] 熊为群，陶然. 继电保护自动装置及二次回路. 北京：中国电力出版社，2002.

[14] 祝敏，许郁煌. 电气二次部分. 北京：中国水利水电出版社，2004.

[15] 高又权. 配电系统继电保护. 北京：中国电力出版社，2005.

[16] 何首贤，葛廷友，姜秀玲. 供配电技术. 北京：中国水利水电出版社，2005.

[17] 何仰赞，温增银. 电力系统分析. 武汉：华中科技大学出版社，2007.

[18] 蓝之达. 供用电工程. 北京：中国电力出版社，2001.

[19] 张瑛. 电力系统自动装置. 北京：中国电力出版社，2006.